Android 应用程序开发基础教程

主　编　史宪美　邹贵财

副主编　朱辉强　赵　军　孙　凯

参　编　谢　嵘　李毓仪　周键飞　张维辉

北京理工大学出版社

BEIJING INSTITUTE OF TECHNOLOGY PRESS

内容简介

本书根据 Android 应用程序开发的最新内容，从入门基础开始，选取了界面布局、常用控件、简单活动应用、广播应用、多媒体简单应用、数据库操作等方面的近五十个案例。本书介绍了 Android 应用开发涉及到的 java 语言、框架、能力、调试等内容，帮助开发者快速全面的了解 Android 应用开发的各方面技能细节，读者在 Android 应用开发的学习中，或可达到从入门到熟练应用的学习效果。

本书可作为 Android 应用开发感兴趣的入门者自学用书，也可作为院校计算机类相关专业的教材，适合培养学生的 Android 应用开发基础技能。

图书在版编目(CIP)数据

Android 应用程序开发基础教程 / 史宪美，邹贵财主编. -- 北京 : 北京理工大学出版社，2021. 11
ISBN 978-7-5763-0727-6

Ⅰ. ①A… Ⅱ. ①史… ②邹… Ⅲ. ①移动终端-应用程序-程序设计-教材 Ⅳ. ①TN929. 53

中国版本图书馆 CIP 数据核字(2021)第 248249 号

出版发行 / 北京理工大学出版社有限责任公司
社　　址 / 北京市海淀区中关村南大街 5 号
邮　　编 / 100081
电　　话 / (010)68914775(总编室)
(010)82562903(教材售后服务热线)
(010)68944723(其他图书服务热线)
网　　址 / http://www.bitpress.com.cn
经　　销 / 全国各地新华书店
印　　刷 / 定州市新华印刷有限公司
开　　本 / 889 毫米×1194 毫米 1/16
印　　张 / 13
字　　数 / 259 千字
版　　次 / 2021 年 11 月第 1 版 2021 年 11 月第 1 次印刷
定　　价 / 37.00 元

责任编辑 / 张荣君
文案编辑 / 张荣君
责任校对 / 周瑞红
责任印制 / 边心超

PREFACE 前言

Android Studio 是一个 Android 集成开发工具，基于 IntelliJ IDEA，类似于 Eclipse ADT。Android Studio 提供了集成的 Android 开发工具用于开发和调试，开发者可以在编写程序的同时看到自己的应用在不同尺寸屏幕中的样子。本书讲解的 Android 程序设计，以 Android Studio 作为开发工具环境，实现各种程序任务的设计。

1. 本书特点

本书根据中等职业学校计算机类专业的学习特点，设计了适合于课堂时间内尽可能完成的教学任务，每个任务以实现效果为技能学习目标，在讲解过程中，注意引导学生逐步掌握技能要点。在任务讲解过程中，注意结合中职学生学习需要，把许多常见的经验分享于案例操作过程中，希望能达到更好的学习效果。

2. 内容安排

本书分为界面布局、常用控件、活动、消息通知及广播、数据存储、多媒体等分成六个单元，每个单元以任务的实现过程讲解程序设计的技能，讲述了近 50 个案例。为了让学生有更好的技能提升，还根据每单元的特点，设计了拓展训练任务，只要学生坚持学习任务的设计，就可以不断地积累开发的技能。

3. 课时安排

单元	单元任务	建议学时
单元 1　界面布局	任务 1 小试牛刀；任务 2 添加背景图；任务 3 添加渐变背景图；任务 4 添加线框；任务 5 更换图标；任务 6 线性布局；任务 7 帧布局；任务 8 表格布局；任务 9 约束布局	12
单元 2　常用控件	任务 1 按钮；任务 2 文本框；任务 3 输入框；任务 4 单选按钮；任务 5 复选框；任务 6 进度条；任务 7 列表；任务 8 下拉列表	12
单元 3　活动	任务 1 界面跳转；任务 2 点击屏幕随机设置颜色；任务 3 随机抽数字；任务 4 猜数字小游戏；任务 5 登录功能；任务 6 篮球积分器；任务 7 简易积分器；任务 8 计算身体质量指数	12
单元 4　消息通知及广播	任务 1 Toast 提示；任务 2 状态栏显示通知；任务 3 提醒用户更新应用程序；任务 4 选择喜欢的蔬菜；任务 5 选择最喜欢的语言；任务 6 选择日期；任务 7 简单广播消息；任务 8 模拟唤起支付界面	12

续表

单元	单元任务	建议学时
单元5　数据存储	任务1 记住账号密码；任务2 保存收货地址；任务3 保存学籍信息；任务4 记录每月体重信息；任务5 完善登录功能；任务6 单词记录本；任务7 日记本；任务8 创建记事本；任务9 获取联系人	12
单元6　多媒体	任务1 简单音乐播放器；任务2 简单视频播放器；任务3 设置动态背景；任务4 打电话；任务5 录音机；任务6 获取本地图片；任务7 调用摄像头；任务8 获取当前位置	12
合计		72

本书由史宪美、邹贵财担任主编，朱辉强、赵军、孙凯担任副主编，参与本书编写或指导编写的还有广东财经大学的谢嵘、中国铁路广州局集团有限公司的李毓仪、珠海市理工职业技术学校的周键飞、胡锦超职业技术学校的张维辉。

由于作者水平有限，时间仓促，在编写过程中难免有错误之处，恳请广大读者批评指正。

编　者

CONTENTS 

单元 1　界面布局　/1

学习目标　/1

单元概述　/2

任务 1　小试牛刀　/3

任务 2　添加背景图　/5

任务 3　添加渐变背景图　/7

任务 4　添加线框　/9

任务 5　更换图标　/12

任务 6　线性布局　/14

任务 7　帧布局　/16

任务 8　表格布局　/19

任务 9　约束布局　/22

单元小结　/25

拓展任务　/25

训练 1　添加文本边框　/25

训练 2　模拟显示设置　/26

训练 3　设置颜色方块　/26

训练 4　手机号码登录　/27

单元 2　常用控件　/28

学习目标　/28

单元概述　/29

任务 1　按钮　/30

任务 2　文本框　/32

任务 3　输入框　/34

任务 4　单选按钮　/37

任务 5　复选框　/40

任务 6　进度条　/42

任务 7　列表　/44

任务 8　下拉列表　/46

单元小结　/49

拓展任务　/49

训练 1　更改按钮颜色　/49

训练 2　设置文字大小　/50

训练 3　选择喜欢的颜色　/51

训练 4　选择喜欢的运动项目　/52

训练 5　开机进度条　/53

训练 6　显示公司列表　/54

单元 3　活动　/56

学习目标　/56

单元概述　/57

任务 1　界面跳转　/59

任务 2　点击屏幕随机设置颜色　/62

任务 3　随机抽数字　/64

任务 4　猜数字小游戏　/66

任务 5　登录功能　/69

任务 6　篮球积分器　/72

任务 7　简易积分器　/75

任务 8　计算身体质量指数　/79

单元小结　/83

拓展任务　/83

训练 1　关闭程序　/83

训练 2　注册界面　/84

训练 3　简易计算器　/85

训练 4　模拟保存电话号码功能　/86

单元 4　消息通知及广播　/88

学习目标　/88

单元概述 /89
任务 1 Toast 提示 /89
任务 2 状态栏显示通知 /91
任务 3 提醒用户更新应用程序 /94
任务 4 选择喜欢的蔬菜 /97
任务 5 选择最喜欢的语言 /100
任务 6 选择日期 /103
任务 7 简单广播消息 /106
任务 8 模拟唤起支付界面 /109
单元小结 /112
拓展任务 /113
训练 1 提示用户输入内容 /113
训练 2 操作确认对话框 /114
训练 3 通过广播改变值 /115
单元 5 数据存储 /117
学习目标 /117
单元概述 /118
任务 1 记住账号密码 /118
任务 2 保存收货地址 /123
任务 3 保存学籍信息 /128
任务 4 记录每月体重信息 /135
任务 5 完善登录功能 /141
任务 6 单词记录本 /147
任务 7 日记本 /156
任务 8 创建记事本 /160
任务 9 获取联系人 /164
单元小结 /166
拓展任务 /167
训练 1 记录每个月工资 /167
训练 2 用对话框实现新增单词 /169
单元 6 多媒体 /173
学习目标 /173
单元概述 /174
任务 1 简单音乐播放器 /174
任务 2 简单视频播放器 /177
任务 3 设置动态背景 /180
任务 4 打电话 /183
任务 5 录音机 /185
任务 6 获取本地图片 /190
任务 7 调用摄像头 /194
任务 8 获取当前位置 /197
单元小结 /200
拓展任务 /201
训练 1 更换头像 /201

UNIT 1 单元 1

界面布局

学习目标

本单元通过任务设计，学习小试牛刀、添加背景图、添加渐变背景图、添加线框、更换图标、线性布局、帧布局、表格布局、约束布局等应用。学习者在学习任务的引导下，完成任务描述的效果，初步掌握安卓应用界面的基本布局技能。

【单元概述】

Android Studio 是一个安卓(Android)集成开发工具，基于 IntelliJ IDEA，类似 Eclipse ADT。Android Studio 提供了集成的 Android 开发工具用于开发和调试。

Android Studio 常用于开发安卓平台运行的软件，可以用来生成、测试、运行应用程序和软件包。

使用 Android Studio 进行软件开发，一般先创建一个工程项目，工程项目文件中包括许多文件资源，在程序设计过程中，常常要处理的文件包括扩展名为 . xml 和 . java 的文件。

例：activity_ main. xml

activity_ main. xml 常位于工程中的 layout 文件夹中，layout 就是布局，所以 activity_ main. xml 其实就是一个布局文件。

例：MainActivity. java

android 手机其实都只会运行 java 程序。当手机执行 MainActivity. java 文件时，MainActivity. java 文件可以通过 setContentView(R. layout. activity_ main)命令链接 activity_ main. xml 实现程序布局，显示程序界面效果。

在布局文件中，常常会用到许多控件组成界面的元素。

例：

文本显示控件 TextView 用于在界面上显示文本信息。

在编程过程中，还可以通过设置 . xml 文件的标签属性、控件的属性等实现更多的界面视图效果，通过 Java 的编写实现应用软件的逻辑功能。

例：界面的背景图

android: background = " @ mipmap/a"

该属性可设置 . xml 文件的背景图。

例：界面的渐变背景色

设置<gradient>标签属性可以实现渐变背景色。

. xml 文件上的控件元素是通过布局实现界面效果的，学会布局的技能才能实现预期的界面效果。

Android Studio 提供了约束布局(ConstraintLayout) 的基础布局方式，此外还提供了线性布局(LinearLayout) 、相对布局(RelativelLayout) 、帧布局(FrameLayout) 、表格布局(TableLayout) 、绝对布局(AbsoluteLayout) 等 5 种常见布局方式。

任务 1 小试牛刀

【任务描述】

新建一个 hello word 应用程序，如图 1-1 所示。

(1) 创建一个默认的 hello word 应用程序。

(2) 将程序运行到安卓设备。

图 1-1

经验分享

第一个程序的创建只需要按照操作步骤操作即可。我们编写程序选择的安卓版本要低于运行安卓设备的版本或和运行安卓设备的版本相同。

【操作步骤】

(1) 打开 Android Studio 软件，执行“File”-“New”-“New Project”命令，新建一个工程，如图 1-2 所示。

操作视频

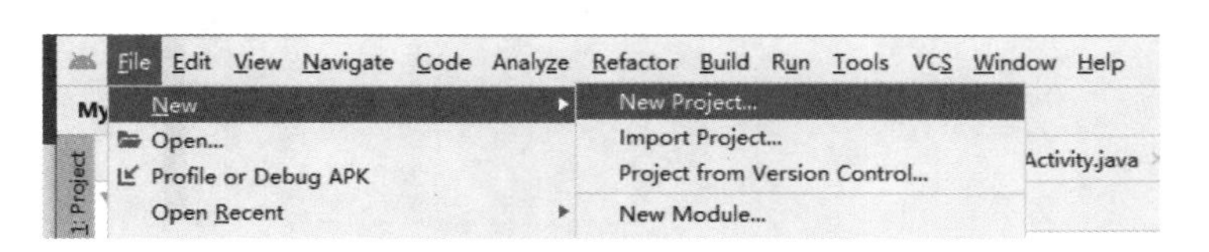

图 1-2

(2) 在打开的“Create New Project”对话框中选择“Empty Activity”模板，如图 1-3 所示。

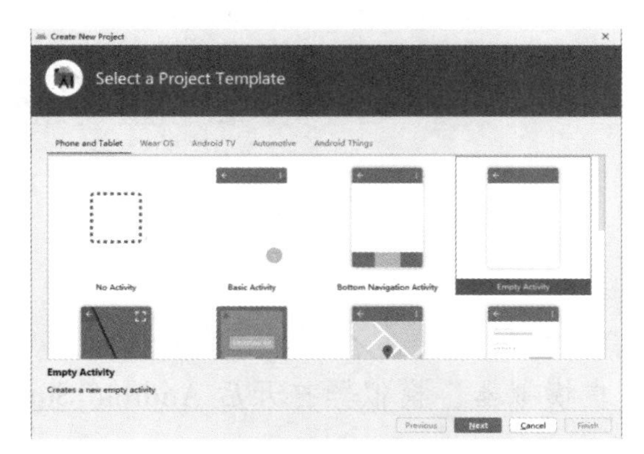

图 1-3

(3)输入工程名称，选择安卓系统的版本，单击“Finish”按钮，如图 1-4 所示。

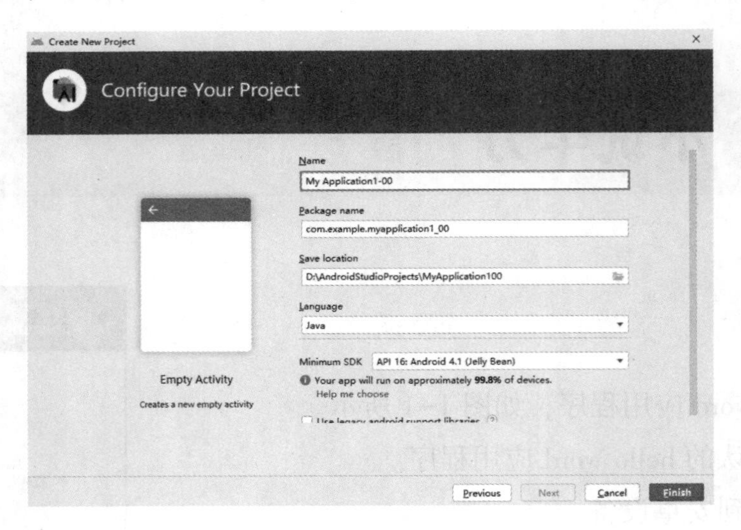

图 1-4

(4)默认的 hello word 应用程序创建成功，如图 1-5 所示。

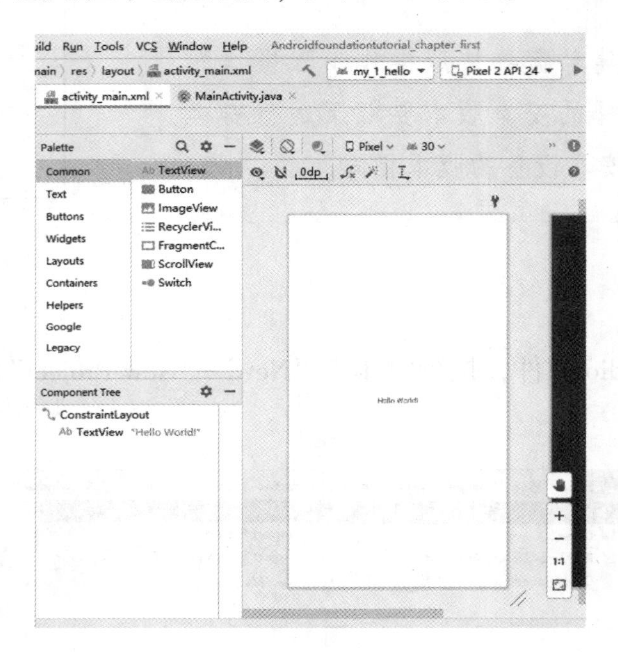

图 1-5

(5)单击工具栏中的“run”按钮▶，将应用程序运行到安卓设备中，如图 1-6 所示。

图 1-6

经验分享

运行设备尽量选择安卓模拟器，模拟器打开后 Android Studio 会自动连接。

任务 2 添加背景图

【任务描述】

设计一个应用程序主页，显示给定的背景图，如图 1-7 所示。

(1)界面文本显示控件显示内容为“你好，安卓!”。

(2)界面背景采用提供的图片。

图 1-7

经验分享

在写一个安卓应用程序时，为了让界面更加美观，通常会添加一张背景图，图片一般放到资源文件夹中。除了界面使用背景图，一些按钮和显示框也会使用背景图。

【操作步骤】

操作视频

(1)打开 Android Studio 软件，新建一个工程。

(2)打开工程，复制背景图片，在 mipmap 文件夹上单击鼠标右键，在弹出的快捷菜单中选择“Paste”命令，如图 1-8 所示。弹出“Choose Destination Directory”对话框，在对话框中选择需要存放图片的文件夹，如图 1-9 所示。背景图添加完成，如图 1-10 所示。

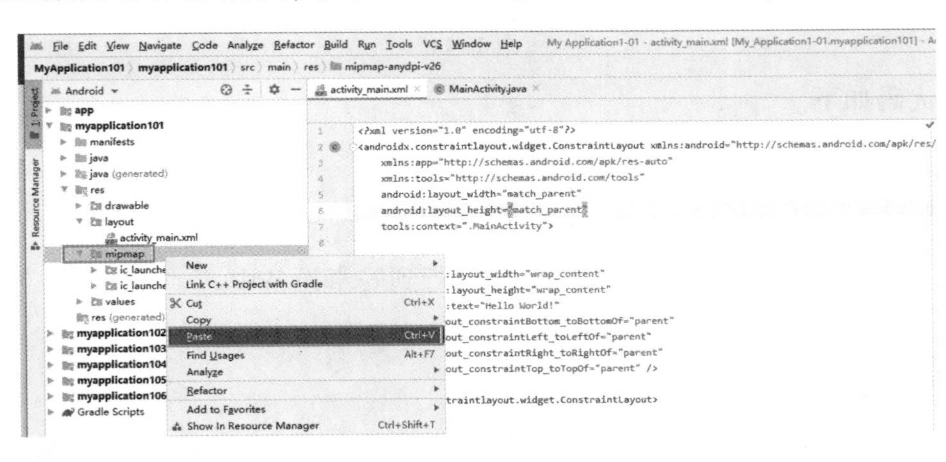

图 1-8

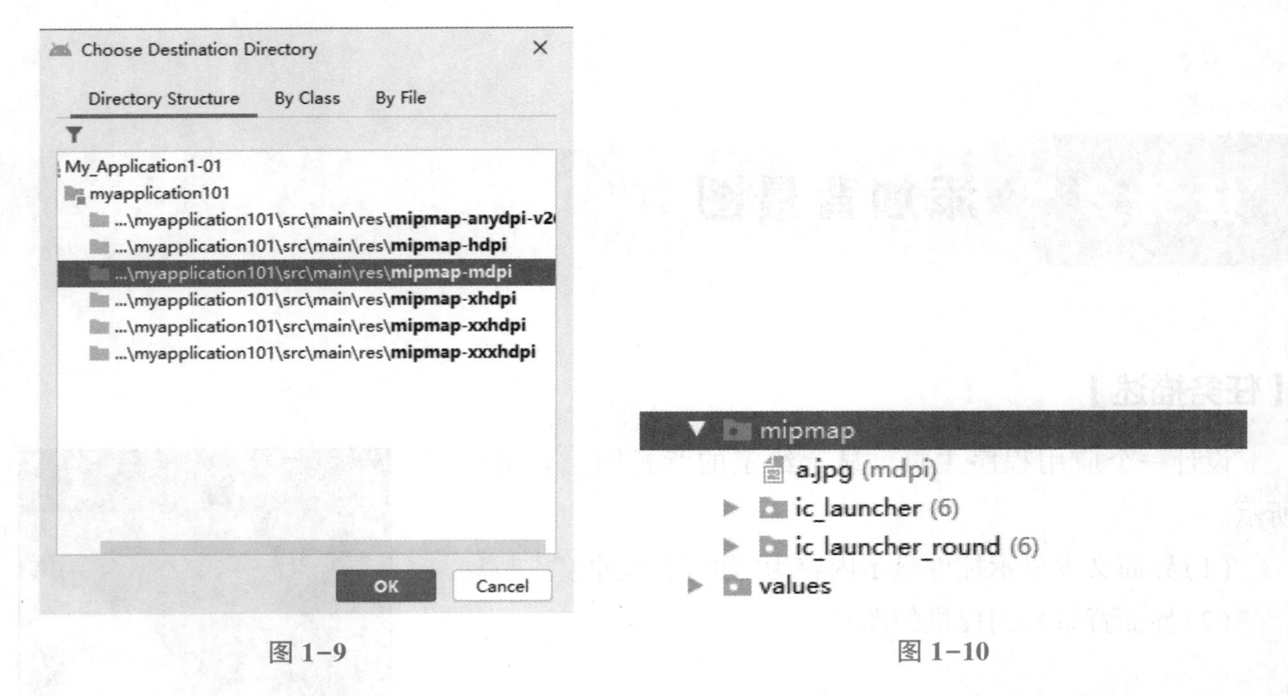

图 1-9　　　　图 1-10

(3)在 activity_ main. xml 文件中添加背景图代码，并更改文本显示控件中的文本内容，如图 1-11 所示。

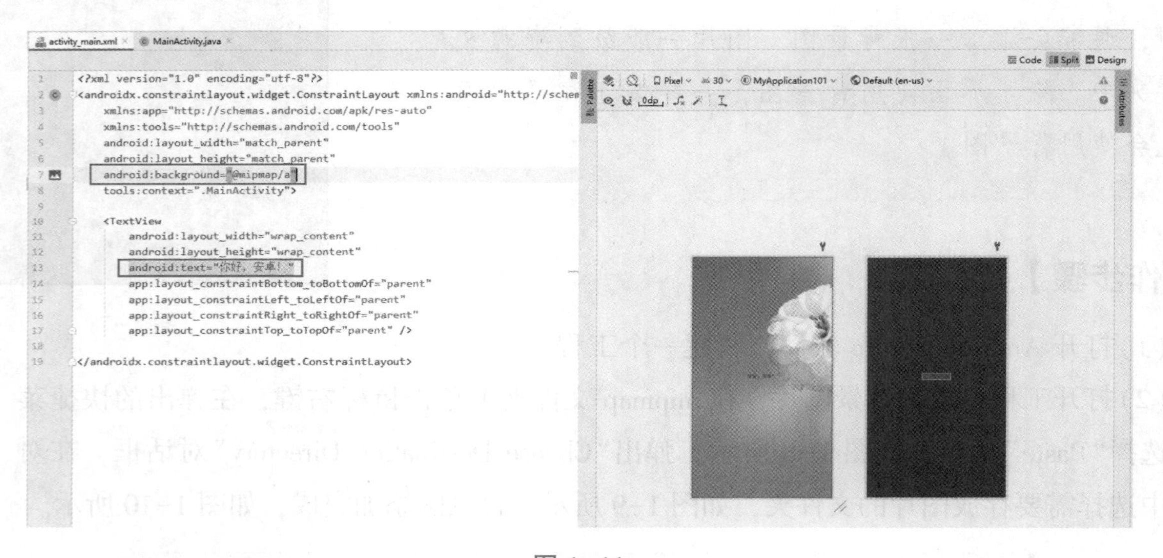

图 1-11

主要参考代码如下。

```
android:background="@ mipmap/a"
    android:text="你好,安卓!"
```

(4)单击工具栏中的“run”按钮▶，将程序运行到安卓设备中。

经验分享

“android: background="@ mipmap/a"”表示调用 mipmap 文件夹下 a. jpg 图片文件。

任务3 添加渐变背景图

【任务描述】

设计一个背景为渐变颜色的应用程序，如图1-12所示。

(1)设计一个应用程序，背景是渐变颜色。

(2)界面背景使用淡蓝色，颜色编码为：#3AA4DD。

图1-12

经验分享

背景采用渐变的颜色作为背景颜色，需要自己新建一个颜色渐变文件并调用。

【操作步骤】

(1)打开Android Studio软件，新建工程。

(2)在项目工程目录res/drawable文件夹上单击鼠标右键，在弹出的快捷菜单中执行“New”-“Drawable Resource File”命令，如图1-13所示。

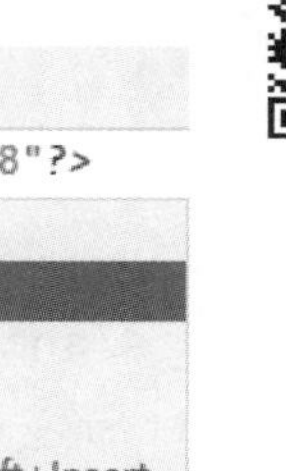

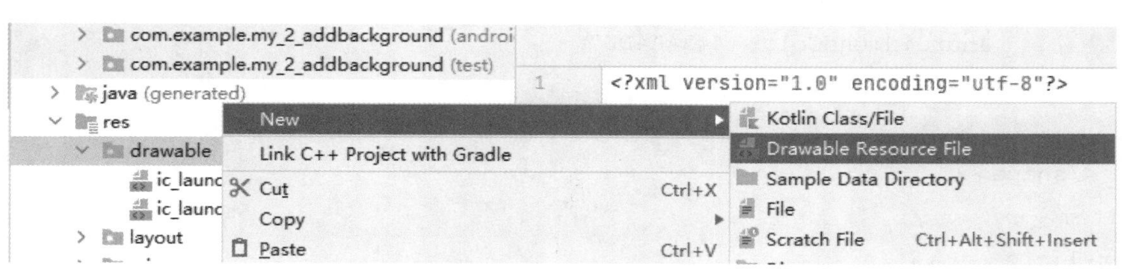

图1-13

(3)打开“New Resource File”对话框，在“File name”文本框中填写back_beijin，在“Root element”文本框中填写layer-list，单击“OK”按钮，如图1-14所示。

(4)在新建的back_beijin.xml文件中设置gradient属性，实现渐变背景效果。

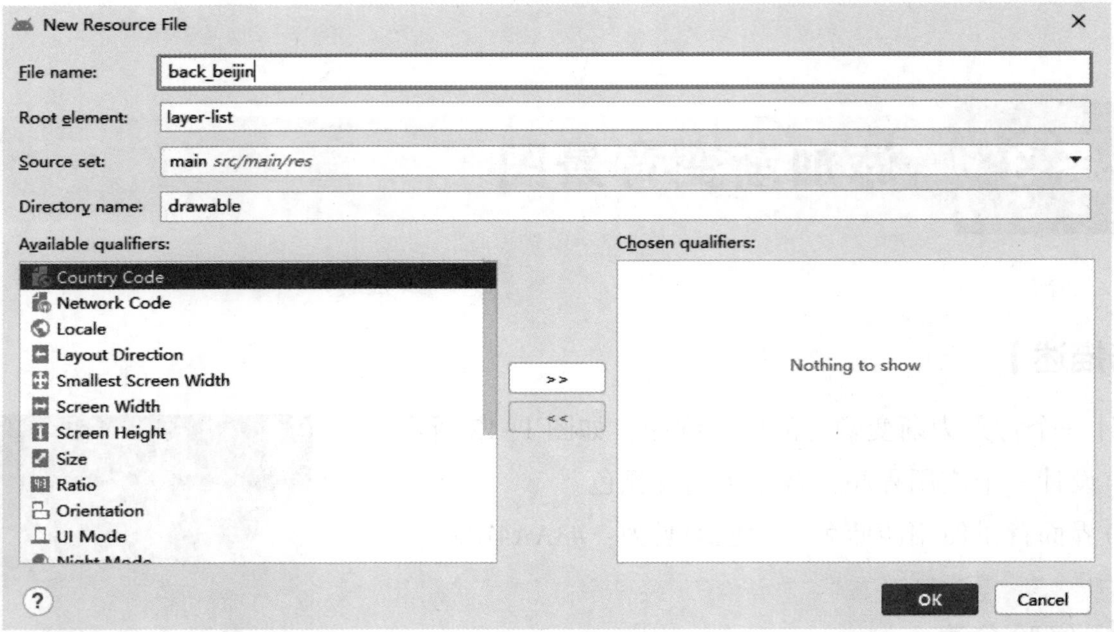

图 1-14

参考代码如下。

```
<? xml version="1.0" encoding="utf-8"? >
<layer-list xmlns:android="http://schemas.android.com/apk/res/android">
    <item android:id="@ android:id/background">
        <shape>
            <corners android:radius="5dip" />
            <gradient
                android:startColor="#3AA4DD"
                android:centerColor="#ffffff"
                android:centerY="0.50"
                android:endColor="#3AA4DD"
                android:angle="270"
                />
        </shape>
    </item>
</layer-list>
```

（5）打开 activity.xml 文件，添加界面背景代码，如图 1-15 所示。

参考代码如下。

```
android:background="@ drawable/back_beijin"
```

（6）单击工具栏中的“run”按钮▶，将程序运行到安卓设备中。

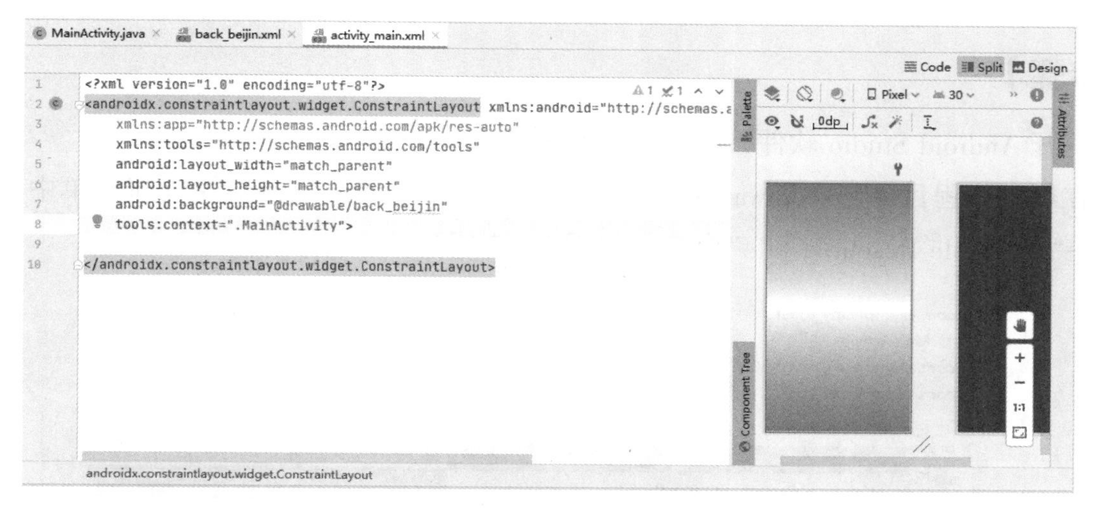

图 1-15

经验分享

“startColor = "#3AA4DD"”表示设置起始颜色。

“centerColor = "#ffffff"”表示设置中间颜色。

“endColor = "#3AA4DD"”表示设置末尾颜色。

“angle = "270"”表示设置颜色渐变的方向及角度。

任务 4 添加线框

【任务描述】

设计一个带边框的按钮，如图 1-16 所示。

(1)设计一个按钮，边框为淡黄色。

(2)界面边框宽度为 3dp(注：dp 为安卓长度单位)。

经验分享

为按钮添加边框颜色，或者为有些界面添加一个自定义的线框使其显示得更加美观，这就需要自己新建一个边框样式文件方便调用。

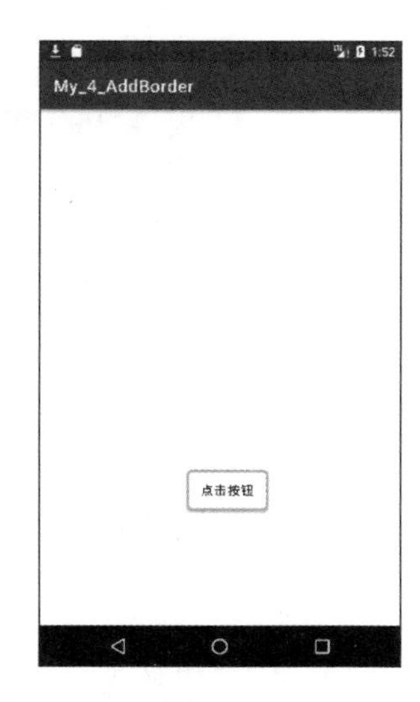

图 1-16

【操作步骤】

操作视

(1)打开 Android Studio 软件，新建一个工程。

(2)在项目工程目录 res/drawable 文件夹上单击鼠标右键，在弹出的快捷菜单中执行“New”-“Drawable Resource File”命令，如图 1-17 所示。

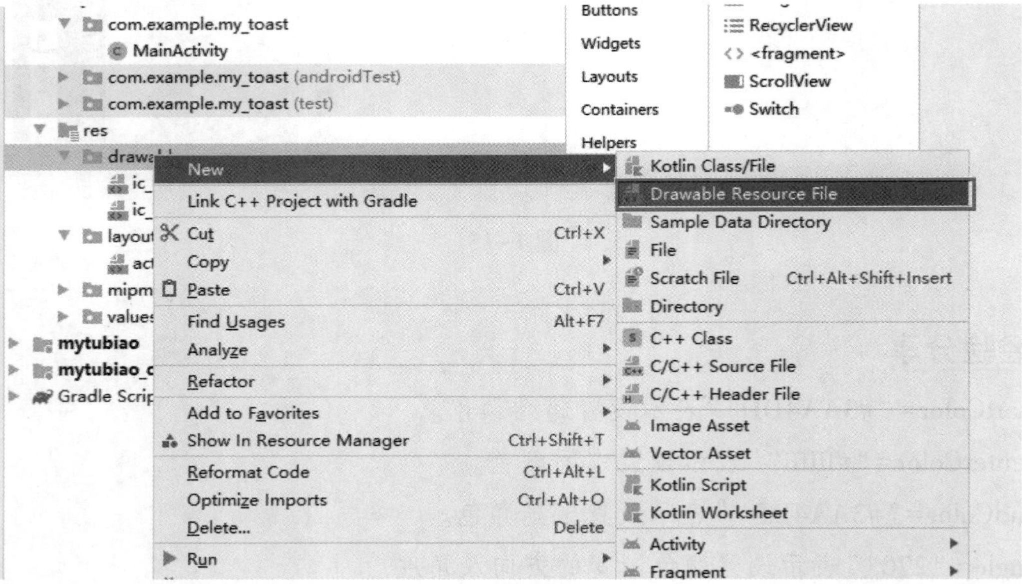

图 1-17

(3)打开“New Resowe File”对话框，在“File name”文本框中填写文件名 button_ style，在“Root element”文本框中填写 shape，单击“OK”按钮，如图 1-18 所示。

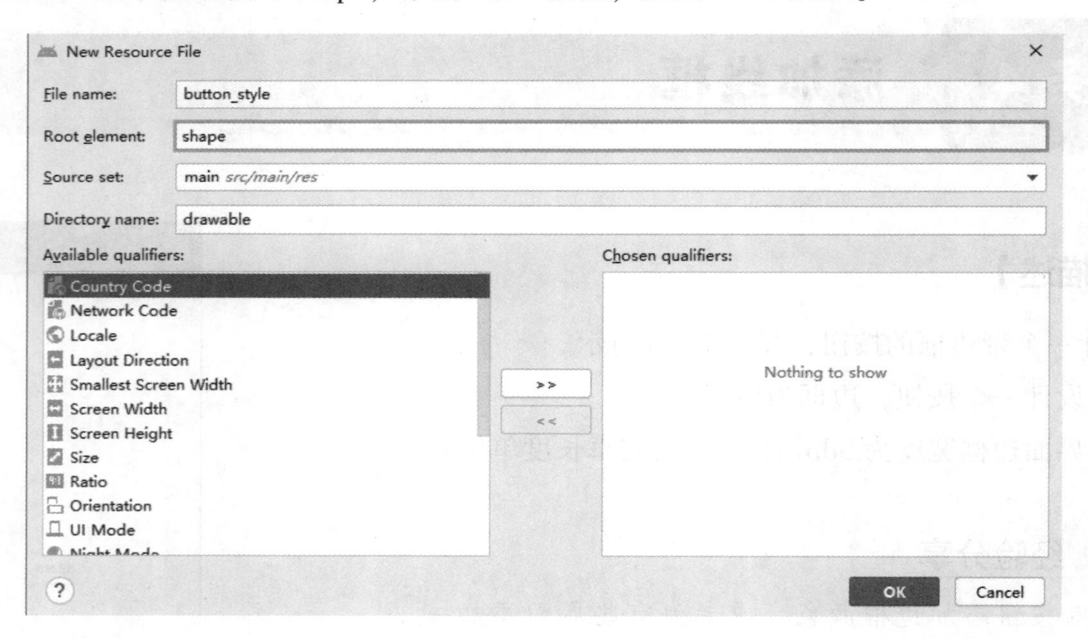

图 1-18

(4)在新建的 button_ style. xml 文件中，设置 corners 属性的 radius 值为 5dp，设置 solid 属性的 color 值为@ color/white，设置 stroke 属性 width 值为 3dp、color 值为#ffa600，如图 1-19 所示。

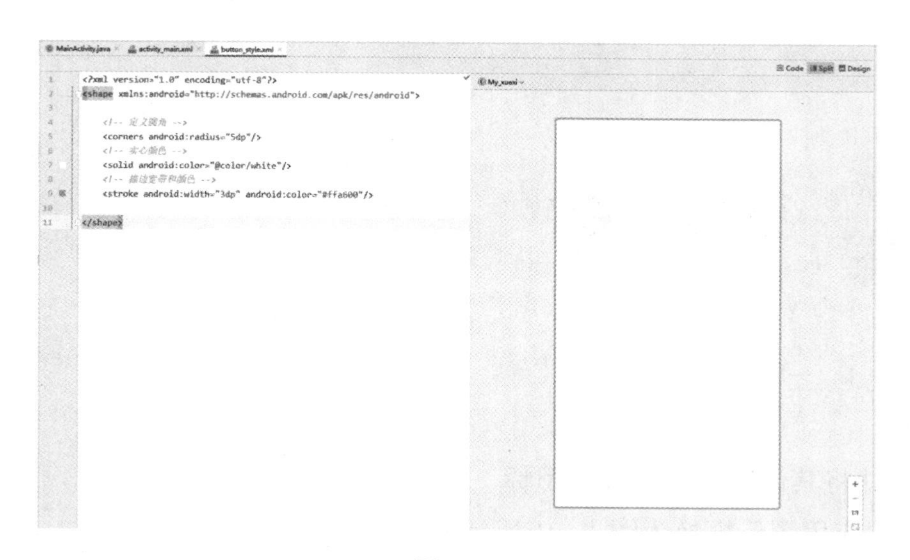

图 1-19

参考代码如下。

```
<? xml version="1.0" encoding="utf-8"? >
<shape xmlns:android="http://schemas.android.com/apk/res/android">
    <!-- 定义圆角 -->
    <corners android:radius="5dp"/>
    <!-- 实心颜色 -->
    <solid android:color="@color/white"/>
    <!-- 描边宽度和颜色 -->
    <stroke android:width="3dp" android:color="#ffa600"/>
</shape>
```

(5)在 activity_main. xml 文件里添加代码，设置按钮显示的文字并设置文字颜色为黑色，设置背景色为透明，设置按钮边框样式，如图 1-20 所示。

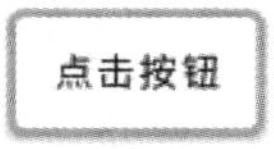

点击按钮

图 1-20

参考代码如下。

```
android:text="点击按钮"
android:textColor="@color/black"
app:backgroundTint="@android:color/transparent"
app:backgroundTintMode="add"
android:background="@drawable/button_style"
```

(6)单击工具栏中的“run”按钮▶，将程序运行到安卓设备中。

经验分享

corners 属性，定义圆角。

solid 属性，设置填充颜色。

stroke 属性，设置边框颜色。

任务 5 更换图标

【任务描述】

图 1-21

设计图标，并将其设置为应用程序图标，如图 1-21 所示。

(1)将默认的应用图标更换为图 1-21 所示的图标。

(2)将应用程序命名为 Mytubiao。

经验分享

本任务更换应用程序图标，将图标换成自己想要的图标。在界面中常常需要自己设置界面图标，这样显示既美观又个性化。

【操作步骤】

(1)打开 Android Studio 软件，新建一个工程。

(2)在左侧需要更改的项目工程目录上单击鼠标右键，在弹出的快捷菜单中执行“New”-“Image Asset”命令，添加图片，如图 1-22 所示。

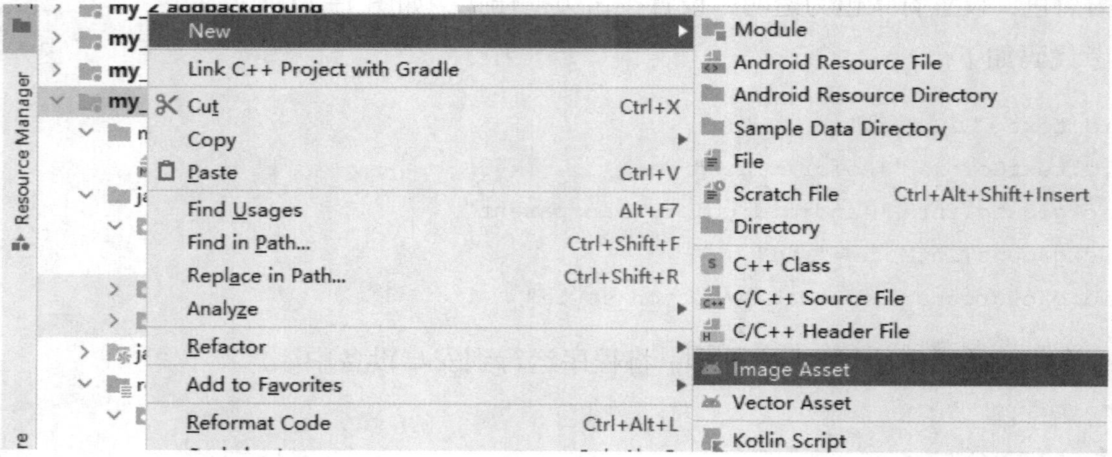

图 1-22

(3)打开“Asset Studio”对话框，将对话框中的“Path”选项设置为我们所需要的图标所在位置，如图 1-23、图 1-24 所示。

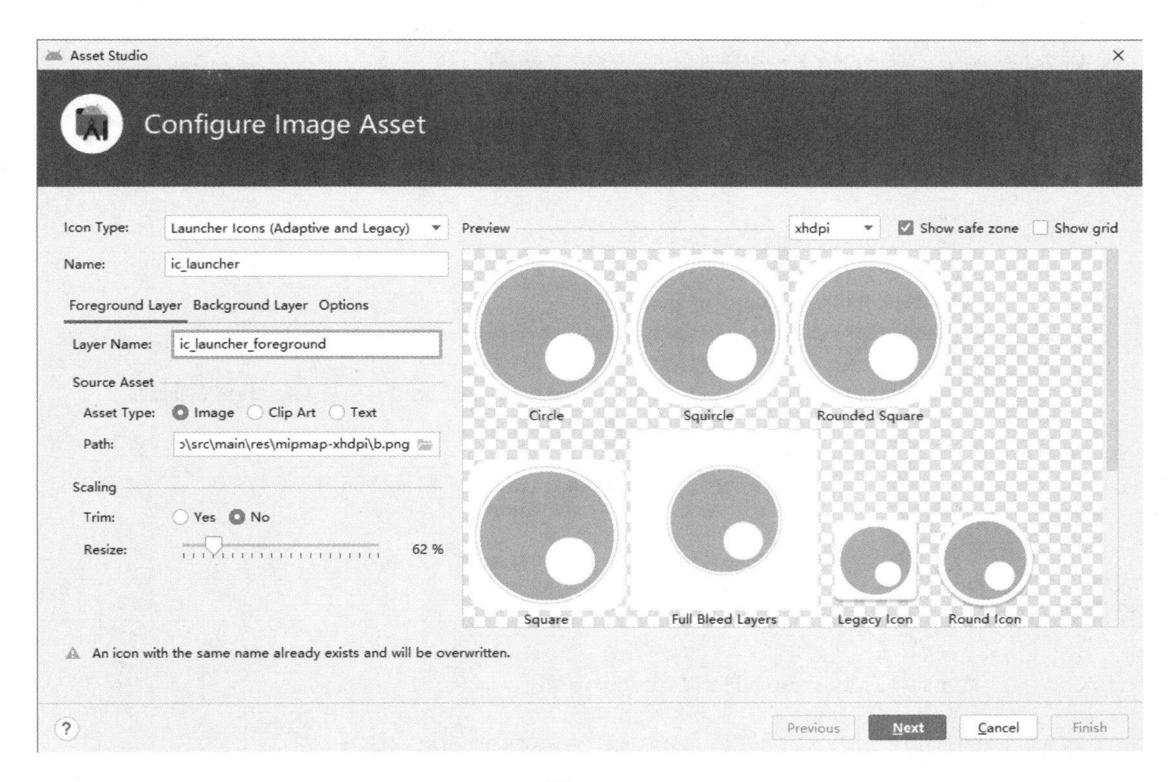

图 1-23

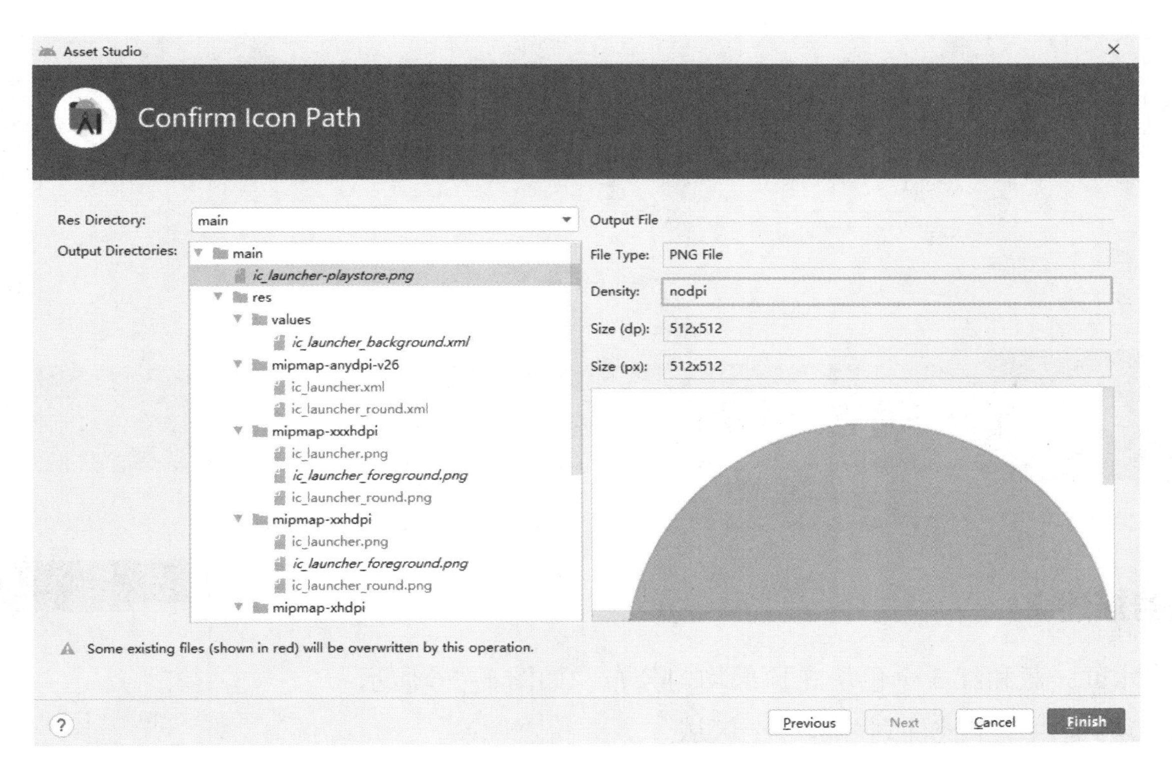

图 1-24

(4)打开 AndroidManifest. xml 文件，添加更改应用程序图标的代码，如图 1-25 所示。

图 1-25

参考代码如下。

```
android:icon="@ mipmap/ic_launcher_foreground"
```

（5）单击工具栏中的“run”按钮▶，将程序运行到安卓设备中。

（6）应用图标正常呈现，如图 1-21 所示。

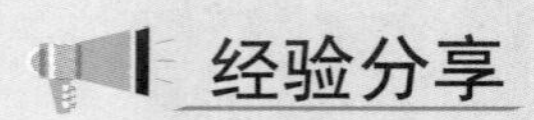

经验分享

“icon="@ mipmap/ic_launcher_foreground"”表示设置控件图标。

任务 6 线性布局

【任务描述】

设计黄、蓝和红 3 个色块在顶部均匀分布，如图 1-26 所示。

（1）界面由 3 个控件划分为 3 个区域。

（2）顶部 3 个色块的颜色分别为黄、蓝和红。

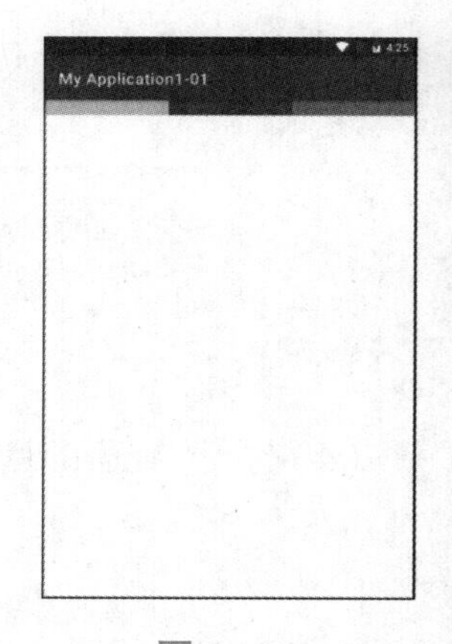

图 1-26

经验分享

线性布局，顾名思义是将控件摆放在水平线上或者摆放在竖直线上的布局。在水平线上或者竖直线上摆放多个控件时涉及每个控件在屏幕中所占的比例，这就需要用到weight属性。该属性的值有两种：wrap _ content 与 match _ parent。另外还要注意LinearLayout的orientation属性值。它决定沿水平方向还是竖直方向等比例划分。

【操作步骤】

操作视频

(1)打开Android Studio软件，新建一个工程。

(2)打开activity_ main. xml文件，添加LinearLayout代码。

参考代码如下。

```
<LinearLayout
    android:layout_width="match_parent"
    android:layout_height="match_parent"
    android:orientation="horizontal"
    app:layout_constraintEnd_toEndOf="parent"
    app:layout_constraintTop_toTopOf="parent">
</LinearLayout>
```

(3)在LinearLayout里面添加3个文本显示控件，设置控件权重和控件背景颜色，如图1-27所示。

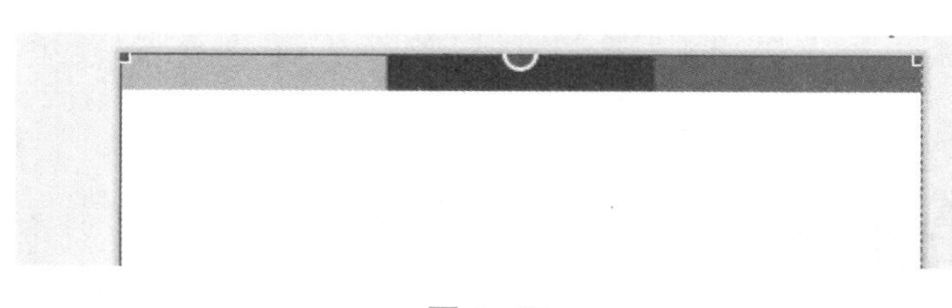

图 1-27

参考代码如下。

```
<TextView
    android:id="@ +id/textView"
    android:layout_width="wrap_content"
    android:layout_height="wrap_content"
    android:layout_weight="1"
    android:background="#CDDC39"
    android:text="" />
<TextView
    android:id="@ +id/textView2"
```

```
    android:layout_width="wrap_content"
    android:layout_height="wrap_content"
    android:layout_weight="1"
    android:background="#3F51B5"
    android:text="" />
<TextView
    android:id="@ +id/textView3"
    android:layout_width="wrap_content"
    android:layout_height="wrap_content"
    android:layout_weight="1"
    android:background="#F44336"
    android:text="" />
```

经验分享

“android: orientation="horizontal"”中, horizontal 表示控件水平摆放。若为 vertical, 则控件竖直摆放。

“android: layout_width="wrap_content"”中, wrap_content 表示控件宽度和自身内容宽度一致。若为 match_parent, 则控件宽度和父控件宽度一致。

“android: layout_weight="1"”表示控件所占位置权重。

“android: background="#CDDC39"”表示控件的背景颜色。

(4)单击工具栏中的“run”按钮▶, 将程序运行到安卓设备中。

任务 7 帧布局

【任务描述】

利用帧布局设计一个界面, 如图 1-28 所示。

(1)界面由 5 个色块组成, 5 个色块宽度和高度都为 100dp。

(2)5 个色块分别在界面的左上角、右上角、左下角、右下角和中心显示。

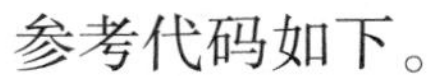

经验分享

帧布局，这个布局默认会把控件放在左上角，最开始摆放的控件会放在底层，后面摆放的控件会放在上层，可以通过 layout_gravity 属性指定控件摆放的位置。

【操作步骤】

操作视频

(1)打开 Android Studio 软件，新建一个工程。

(2)打开 activity_main. xml 文件，添加 FrameLayout 代码。

参考代码如下。

```
<FrameLayout
    android:layout_width="match_parent"
    android:layout_height="match_parent"
    app:layout_constraintEnd_toEndOf="parent"
    app:layout_constraintTop_toTopOf="parent">
</FrameLayout>
```

(3)在 FrameLayout 里面添加 5 个文本控件，设置控件背景颜色和控件布局，如图 1-29 所示。

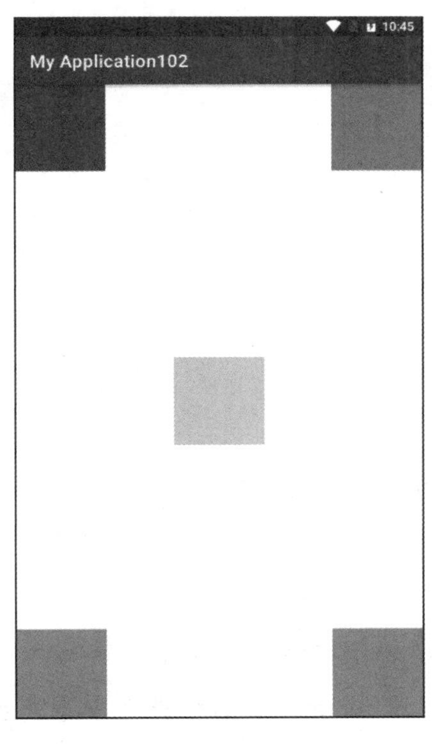

图 1-28

图 1-29

参考代码如下。

```
<TextView
    android:layout_width="100dp"
    android:layout_height="100dp"
    android:background="#F44336"
    android:layout_gravity="right"
    android:text="" />
<TextView
    android:layout_width="100dp"
    android:layout_height="100dp"
    android:background="#673AB7"
    android:layout_gravity="left"
    android:text="" />
<TextView
    android:layout_width="100dp"
    android:layout_height="100dp"
    android:background="#FFC107"
    android:layout_gravity="center"
    android:text="" />
<TextView
    android:layout_width="100dp"
    android:layout_height="100dp"
    android:background="#4CAF50"
    android:layout_gravity="left|bottom"
    android:text="" />
<TextView
    android:layout_width="100dp"
    android:layout_height="100dp"
    android:background="#03A9F4"
    android:layout_gravity="right|bottom"
    android:text="" />
```

(4)单击工具栏中的“run”按钮▶，将程序运行到安卓设备中。

经验分享

“android:layout_gravity="center"”中，center 表示控件居中显示。

“android:layout_gravity="left|bottom"”中，left|bottom 表示控件在左下角显示。

任务8 表格布局

【任务描述】

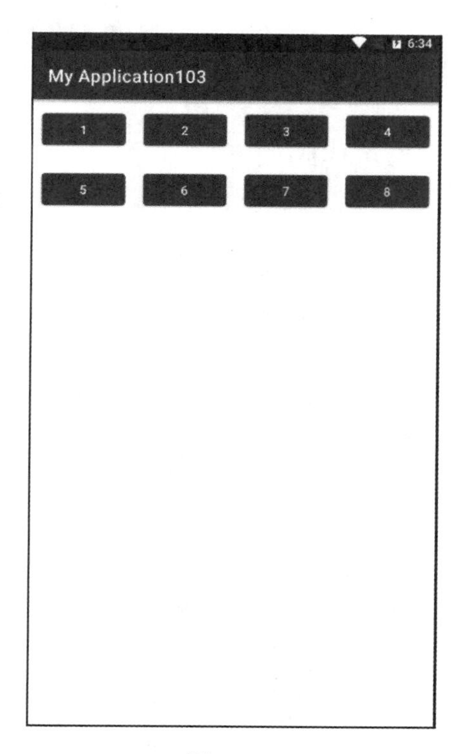

图 1-30

利用表格布局设计一个界面。如图 1-30 所示。

(1)界面由 8 个按钮组成，两个按钮的间距是 10dp，按钮的文本大小为 25。

(2)按钮分为两排，第一排 4 个，第二排 4 个。

经验分享

表格布局以行和列的形式对控件进行管理，每一行为一个 TableRow 对象，或一个 View 控件。当为 TableRow 对象时，可在 TableRow 下添加子控件，默认情况下，每个子控件占据一列。当为 View 控件时，该控件将独占一行。

【操作步骤】

操作视频

(1)打开 Android Studio 软件，新建一个工程。

(2)打开 activity_main. xml 文件，添加 FrameLayout 代码。

参考代码如下。

```
<TableLayout
    android:layout_width="match_parent"
    android:layout_height="match_parent"
    app:layout_constraintEnd_toEndOf="parent"
    app:layout_constraintTop_toTopOf="parent">
    <TableRow
        android:layout_width="match_parent"
        android:layout_height="match_parent">
    </TableRow>
    <TableRow
        android:layout_width="match_parent"
```

```
    android:layout_height="match_parent" >
    </TableRow>
</TableLayout>
```

(3)在第一个 TableRow 里面添加 4 个按钮控件，如图 1-31 所示。

图 1-31

参考代码如下。

```
<Button
    android:id="@ +id/button"
    android:layout_width="wrap_content"
    android:layout_height="wrap_content"
    android:layout_margin="10dp"
    android:layout_weight="1"
    android:text="1"
    android:textSize="25dp"/>
<Button
    android:id="@ +id/button2"
    android:layout_width="wrap_content"
    android:layout_height="wrap_content"
    android:layout_margin="10dp"
    android:layout_weight="1"
    android:text="2"
    android:textSize="25dp"/>
<Button
    android:id="@+id/button3"
    android:layout_width="wrap_content"
    android:layout_height="wrap_content"
    android:layout_margin="10dp"
    android:layout_weight="1"
    android:text="3"
    android:textSize="25dp"/>
<Button
    android:id="@ +id/button4"
    android:layout_width="wrap_content"
    android:layout_height="wrap_content"
    android:layout_margin="10dp"
    android:layout_weight="1"
```

```
    android:text="4"
    android:textSize="25dp"/>
```

（4）在第二个 TableRow 里面添加 4 个按钮控件，如图 1-32 所示。

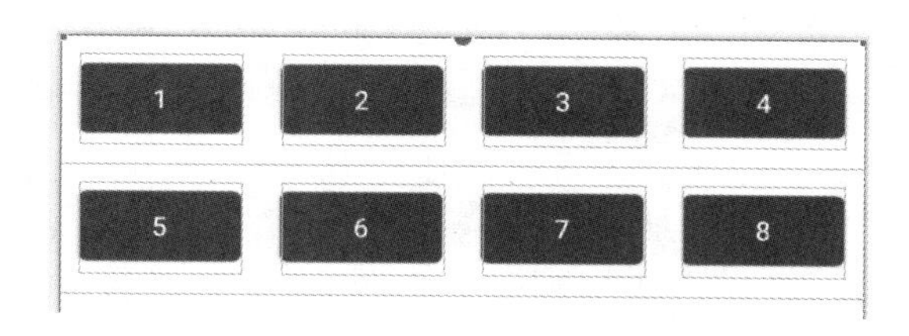

图 1-32

参考代码如下。

```
<Button
    android:id="@+id/button5"
    android:layout_width="wrap_content"
    android:layout_height="wrap_content"
    android:layout_margin="10dp"
    android:layout_weight="1"
    android:text="5"
    android:textSize="25dp"/>
<Button
    android:id="@+id/button6"
    android:layout_width="wrap_content"
    android:layout_height="wrap_content"
    android:layout_margin="10dp"
    android:layout_weight="1"
    android:text="6"
    android:textSize="25dp"/>
<Button
    android:id="@+id/button7"
    android:layout_width="wrap_content"
    android:layout_height="wrap_content"
    android:layout_margin="10dp"
    android:layout_weight="1"
    android:text="7"
    android:textSize="25dp"/>
<Button
    android:id="@+id/button8"
    android:layout_width="wrap_content"
    android:layout_height="wrap_content"
    android:layout_margin="10dp"
```

```
android:layout_weight="1"
android:text="8"
android:textSize="25dp"/>
```

(5)单击工具栏中的“run”按钮▶，将程序运行到安卓设备中。

经验分享

“android:layout_margin="10dp"”设置控件距离其他控件10dp。

“android:layout_weight="1"”设置控件的权重为1。

“android:textSize="25dp"”设置文本大小为25dp。

任务9 约束布局

【任务描述】

利用约束布局设计一个界面，如图1-33所示。

(1)登录界面由“账号”和“密码”文本显示控件“登录”和“注册”按钮控件，以及输入框控件组成。

(2)按钮为默认颜色，按钮显示文本“登录”和“注册”。

(3)文本采用默认大小。

图1-33

经验分享

约束布局是比较灵活的一种布局，是Android Studio提供的几个布局中相对比较简单的一种布局，采用拖曳式布局，可以按照比例约束控件位置和尺寸，能够更好地适配不同屏幕大小。

【操作步骤】

(1)打开Android Studio软件，新建一个工程。

(2)打开activity_main.xml文件，添加文本显示控件，如图1-34所示；添加输入框控件，如图 1-35 所示；添加按钮控件，如图 1-36 所示。

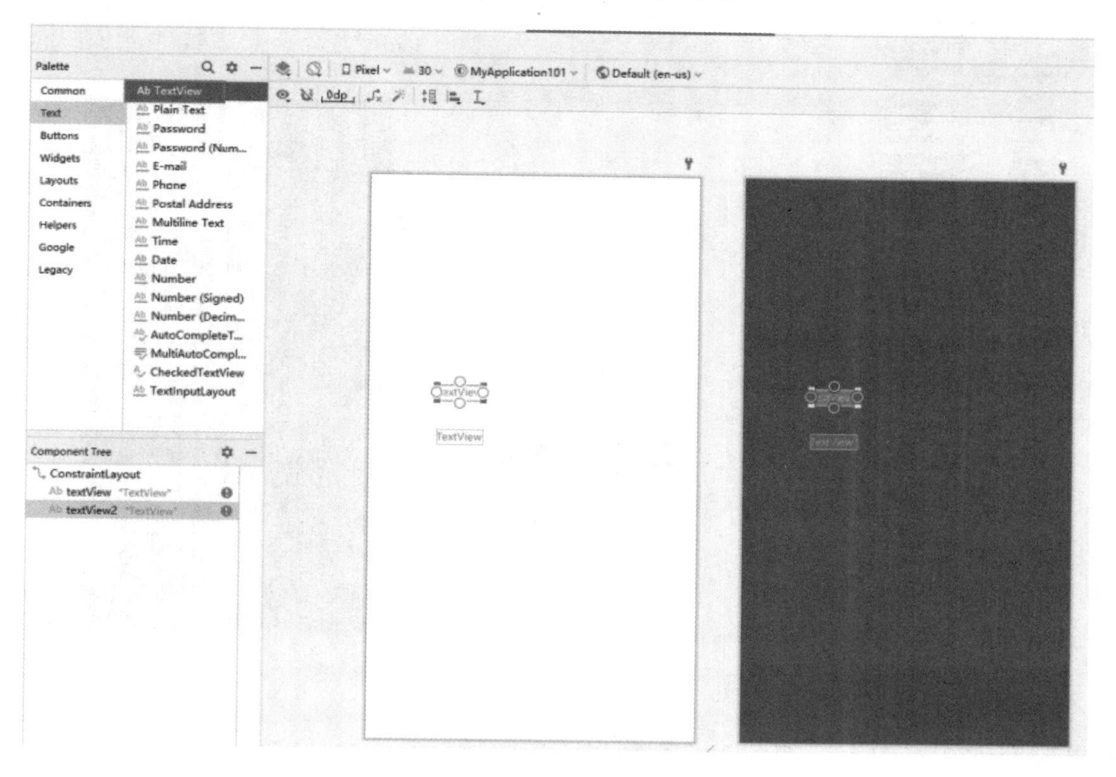

图 1-34

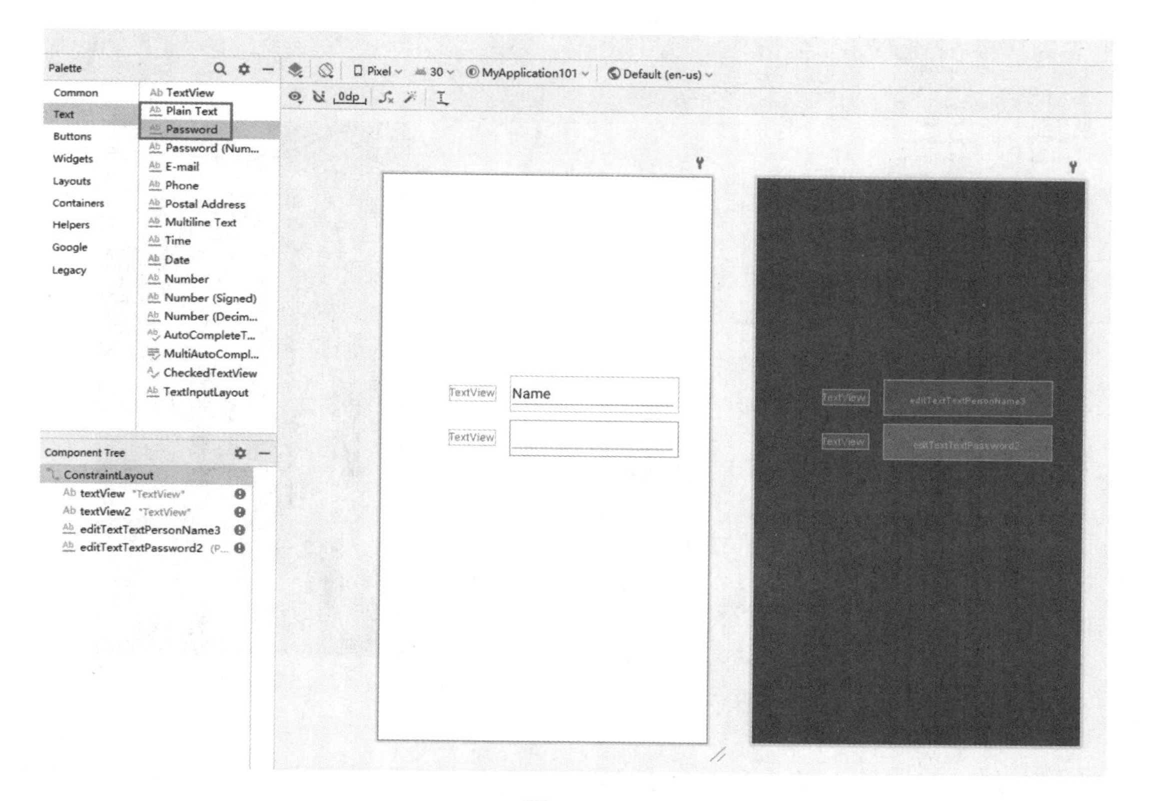

图 1-35

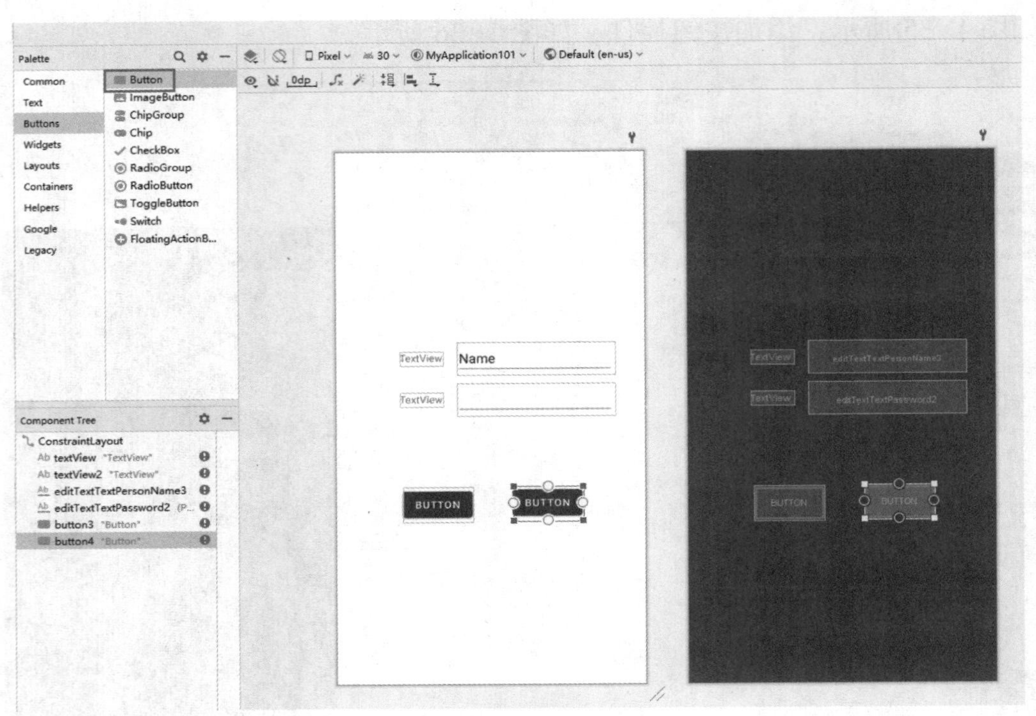

图 1-36

(3)更改控件文本内容，如图 1-37 所示。

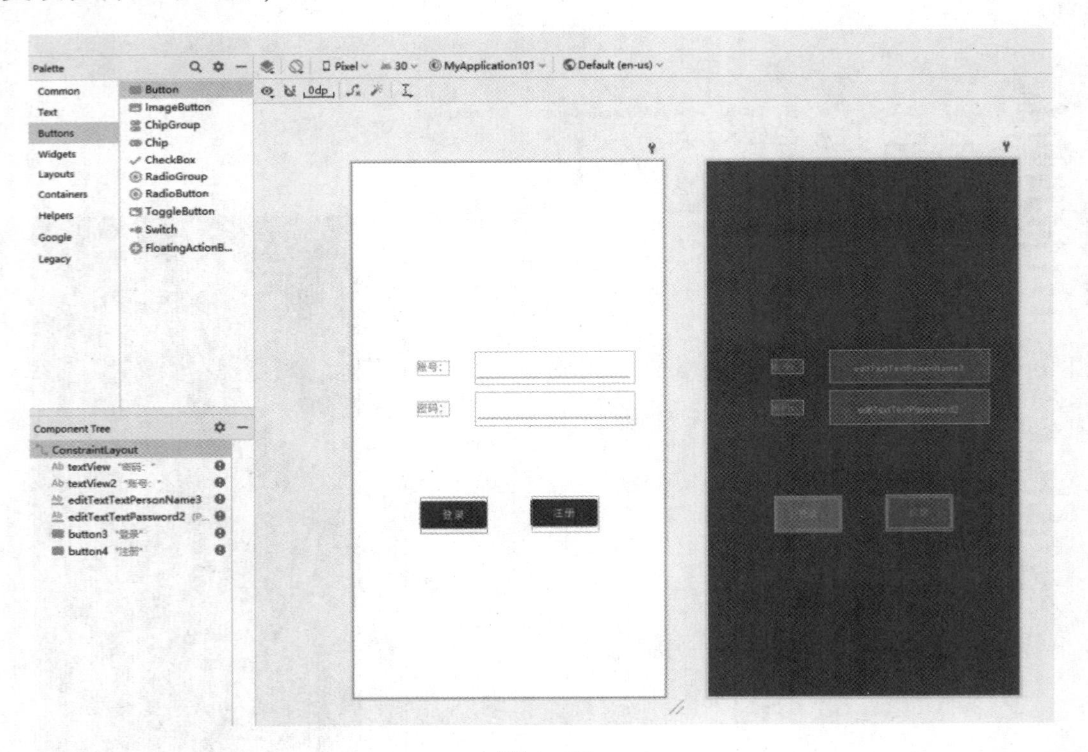

图 1-37

(4)添加约束。在控件上单击鼠标，控件上下左右各有一个圆圈，这些圆圈就是用来添加约束的，如：将控件约束到界面左边，那么可以单击控件左边圆圈，按住鼠标左键将其拖曳至最左边，控件左边的约束就添加成功。如图 1-38 所示。

(5)单击工具栏中的“run”按钮▶，将程序运行到安卓设备中。

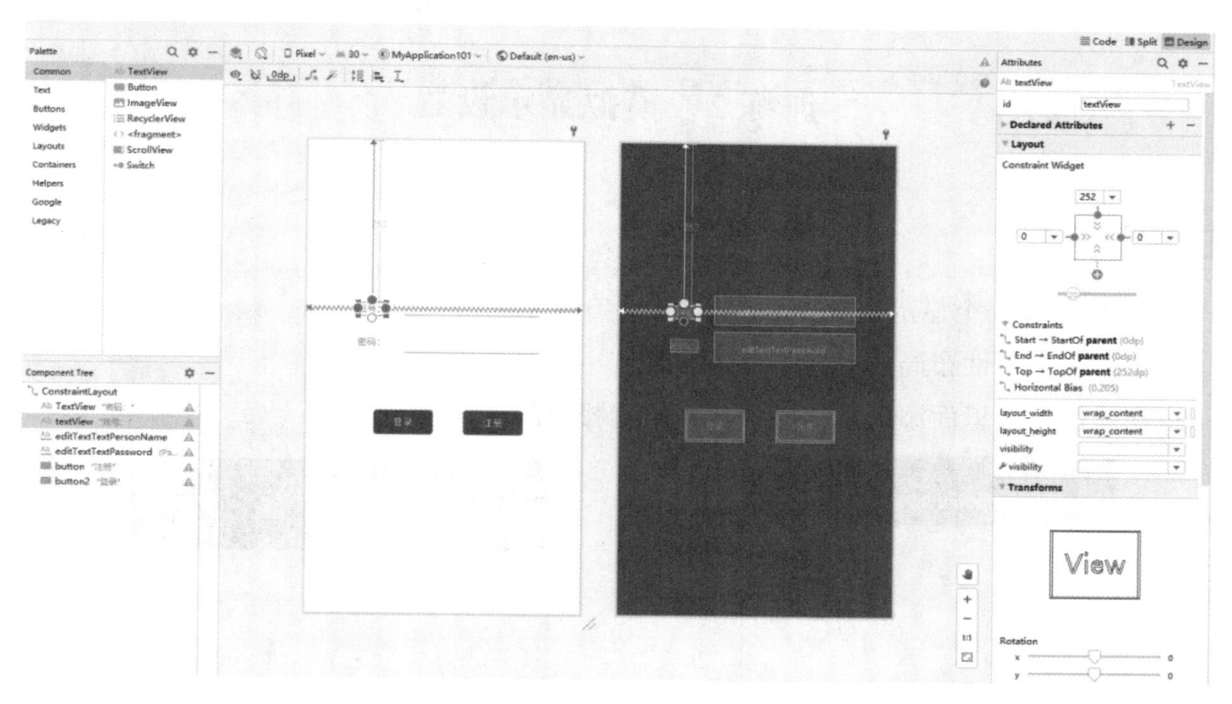

图 1-38

【单元小结】

本单元在完成一系列的任务设计的过程中讲述了新建 Android 工程、在完成页面背景的设置中使用背景图和渐变色、按钮线框样式设置、自定义工程图标的操作技能，讲述了线性布局、帧布局、表格布局、约束布局等布局方式的基本应用技能。掌握布局的技能是编程的开始。

【拓展任务】

训练 1　添加文本边框

【任务描述】

为文本控件添加边框，如图 1-39 所示。

(1) 设计一个文本控件。

(2) 给文本控件添加蓝色边线框。

训练 2　模拟显示设置

【任务描述】

模拟手机设计一个显示设置界面，如图 1-40 所示。

(1) 添加一个线性布局。

(2) 在线性布局里面添加文本控件，并设置相应的文字。

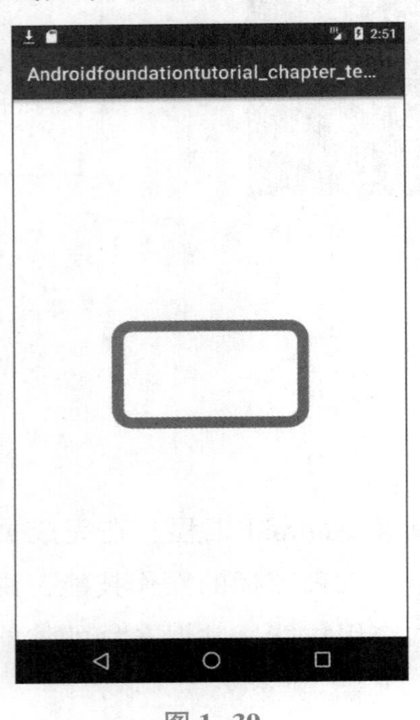

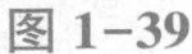
图 1-39

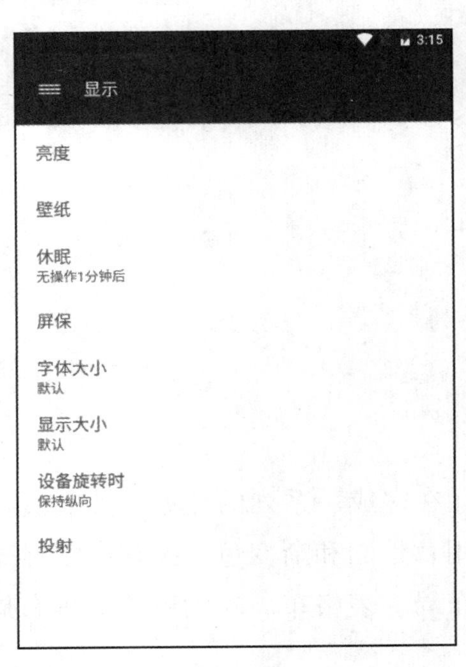

图 1-40

训练 3　设置颜色方块

【任务描述】

利用帧布局添加设计一个堆叠的颜色方块，如图 1-41 所示。

(1) 添加一个帧布局。

(2) 添加 3 个文本显示控件，并分别设置颜色为红、蓝和黄，设置宽度和长度为 300dp、200dp 和 100dp。

训练 4　手机号码登录

【任务描述】

利用约束布局设计一个手机号码登录界面，如图 1-42 所示。

(1) 在界面设计两个文本显示控件、两个文本输入控件和两个按钮控件。

(2) 利用约束布局将控件放置在合适的位置。

图 1-41

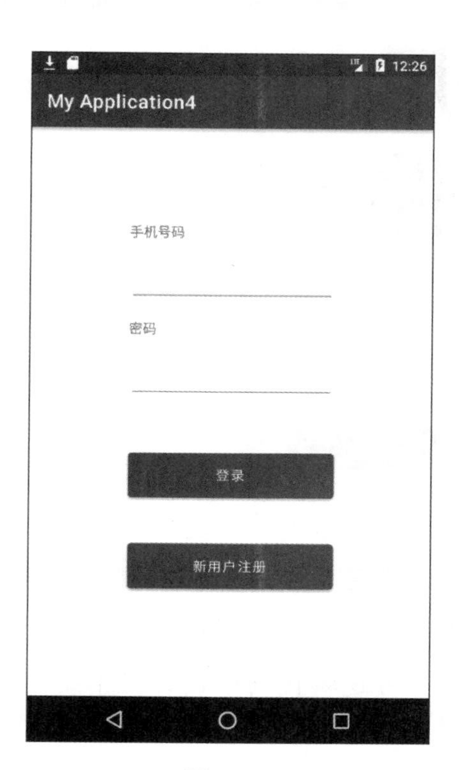

图 1-42

UNIT 2 单元 2

常用控件

学习目标

本单元通过任务设计，学习按钮、文本框、输入框、单选按钮、复选框、进度条、列表、下拉列表等控件的应用。在学习任务的引导下，掌握以上常用控件在编程中的应用技巧，提高安卓程序界面效果的设计能力，同时为学习逻辑代码的设计打下基础。

【单元概述】

在 Android Studio 布局文件设计中，常常会用到许多控件组成界面的元素。

例：文本控件

- 文本显示控件 TextView

TextView 控件用于在界面上显示文本信息。

- 文本输入控件 EditText

EditText 控件提供可以进行编辑操作(如：用户输入、编辑文字等)的文本框，将用户信息传递给 Android 程序。在程序设计过程中，可以通过 EditText 控件设置监听事件，测试用户输入的内容是否合法。

例：按钮控件

- 按钮控件 Button

Android 的体系结构中 Button 控件继承于 TextView 控件，而 ImageButton 控件继承于 ImageView 控件。虽然这两个控件继承于不同的控件，但是 Button 控件和 ImageButton 控件都用于完成用户点击按钮时的 onClick 事件。

- 单选按钮控件 RadioButton

RadioButton 控件为单选按钮控件，需要与 RadioGroup 控件配合使用，提供两个或多个互斥的选项集，实现单选的的效果。

RadioGroup 控件是单选组合框控件，可容纳多个 RadioButton 控件，并把它们组合在一起，实现单选状态。

- 复选框控件 CheckBox

CheckBox 控件是复选框控件，允许用户在一组选项中进行单选或多选。其用法与 RadioButton 控件类似。

例：进度条控件

ProgressBar 控件是进度条控件，常见于显示加载进度等。ProgressBar 控件常用属性有总进度、默认进度、第二进度等。它一般通过改变属性来实现功能，格式如下。

```
<ProgressBar
    android:layout_width="match_parent"
    android:progress="50"
    android:layout_height="wrap_content"/>
```

例如：

“android：max="100"”的作用是设置进度条总进度为 100。

“android：progress="50"”的作用是设置进度条默认进度为 50。

"android：secondaryProgress="80""的作用是设置进度条第二进度为 80。

例：列表控件

• 普通列表控件 ListView

ListView 控件在程序中使用频率相对比较高，很多应用场景都会用到这个控件，其中的内容会以一个列表的形式显示出来。在使用 ListView 控件时需要一个适配器 Adapter 类显示需要的内容。当显示的内容复杂，系统的适配器不能满足要求时，可以自定义适配器，写一个类继承 BaseAdapter。

• 下拉列表控件 Spinner

Spinner 控件也是一种列表类型的控件，可以极大地提高用户的体验。当需要用户选择时，可以提供一个下拉列表将所有可选的项列出来，供用户选择。

除此以外，Android Studio 提供多种多样的其他控件，例如：多级列表控件 ExpandableListView，模拟时钟的显示方式的控件 AnalogClock，数字时钟控件 DigitalClock，选择日期控件 DatePicker，选择时间控件 TimePicker。

任务 1 按钮

【任务描述】

设计一个按钮，点击按钮改变按钮的颜色，如图 2-1、图 2-2 所示。

(1)设计一个按钮，按钮初始颜色为蓝色。

(2)点击按钮后颜色改为红色。

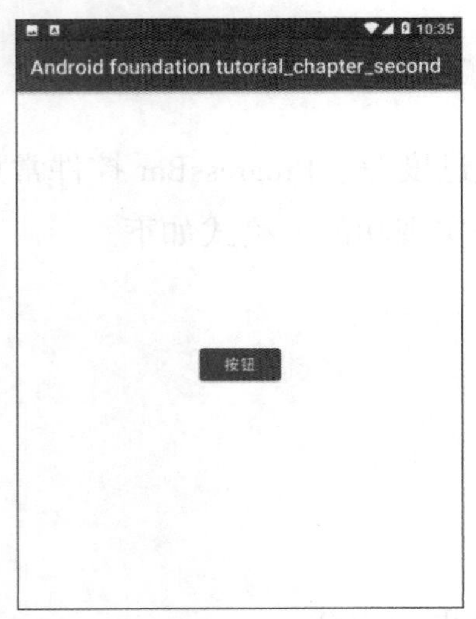

图 2-1

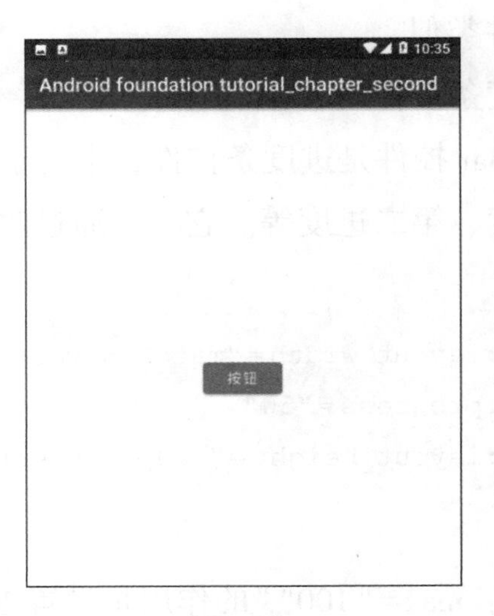

图 2-2

经验分享

按钮控件是用户界面中常见的控件，通常当用户点击按钮时用来确定某个事件。

【操作步骤】

（1）打开 Android Studio 软件，新建一个工程。

（2）在项目工程布局里面添加 Button 控件，并设置控件 id 为 button，如图 2-3 所示。

操作视频

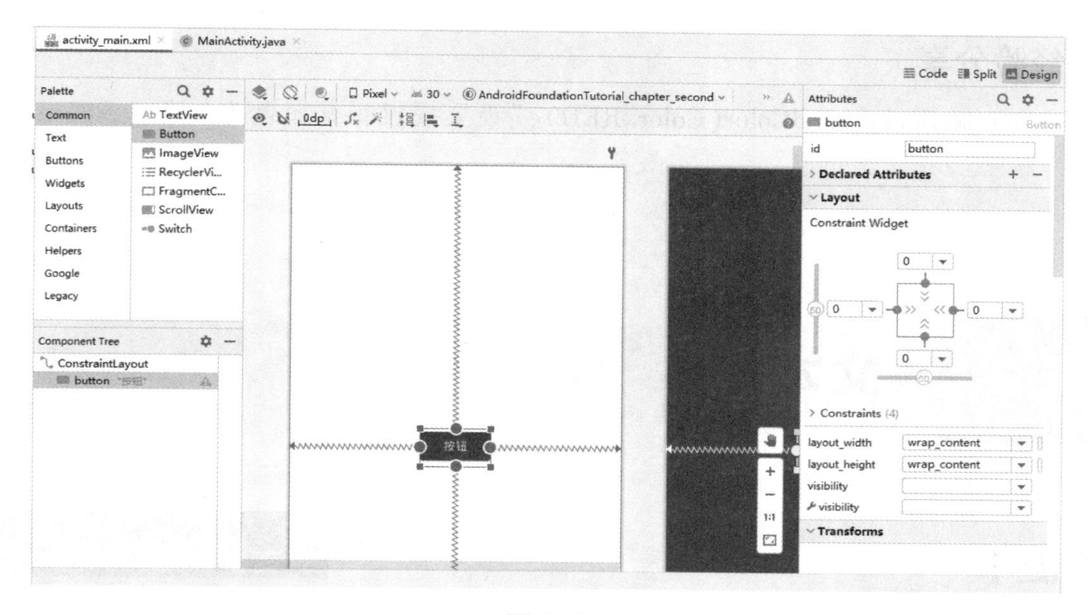

图 2-3

（3）打开 MainActivity. java 文件，绑定控件 id，并编写按钮响应事件代码，事件触发后按钮背景颜色改为红色，如图 2-4 所示。

```
1   package com.example.androidfoundationtutorial_chapter_second;
2
3   import ...
9
10  public class MainActivity extends AppCompatActivity {
11
12      @Override
13      protected void onCreate(Bundle savedInstanceState) {
14          super.onCreate(savedInstanceState);
15          setContentView(R.layout.activity_main);
16
17
18          Button button =findViewById(R.id.button);//绑定按钮id
19          button.setOnClickListener(new View.OnClickListener() {
20              @Override
21              public void onClick(View v) { button.setBackgroundColor(Color.RED); }//单击按钮后设置颜色为红色
24          });
25
26      }
27  }
28
```

图 2-4

参考代码如下。

```
Button button=findViewById(R.id.button);//绑定 Button 控件 id
button.setOnClickListener(new View.OnClickListener(){
    @Override
    public void onClick(View v){
        button.setBackgroundColor(Color.RED);
    }//单击按钮后设置颜色为红色
});
```

(4)单击工具栏中的“run”按钮▶，将应用程序运行到移动设备中。

经验分享

“button.setBackgroundColor(Color.RED);”设置按钮背景颜色为红色。

任务 2 文本框

【任务描述】

在界面中显示文本框，在文本框中显示一首古诗，如图 2-5 所示。

(1)设计一个文本框，在里面插入古诗《春晓》。

(2)将文本颜色设置为绿色。

(3)将文本大小设置为 25dp。

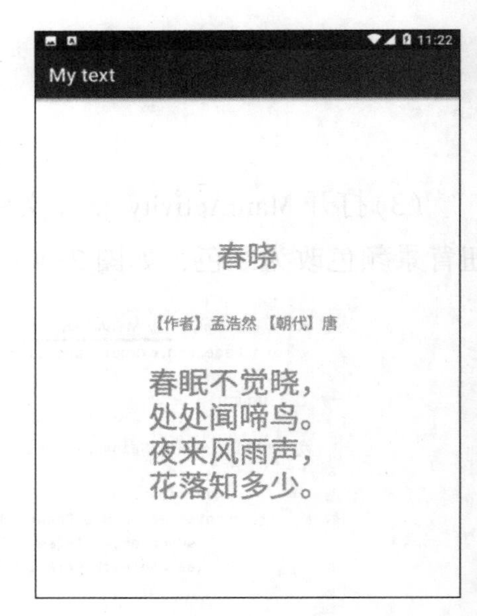

图 2-5

经验分享

文本框通常用来显示一些内容，也可以用来显示图片，当然还可以像按钮一样进行交互，但大部分还是用来显示文本内容。

【操作步骤】

(1)打开 Android Studio 软件，新建一个工程。

（2）在项目工程布局里面添加 TextView 控件，并设置控件 id 为 text1，如图 2-6 所示。

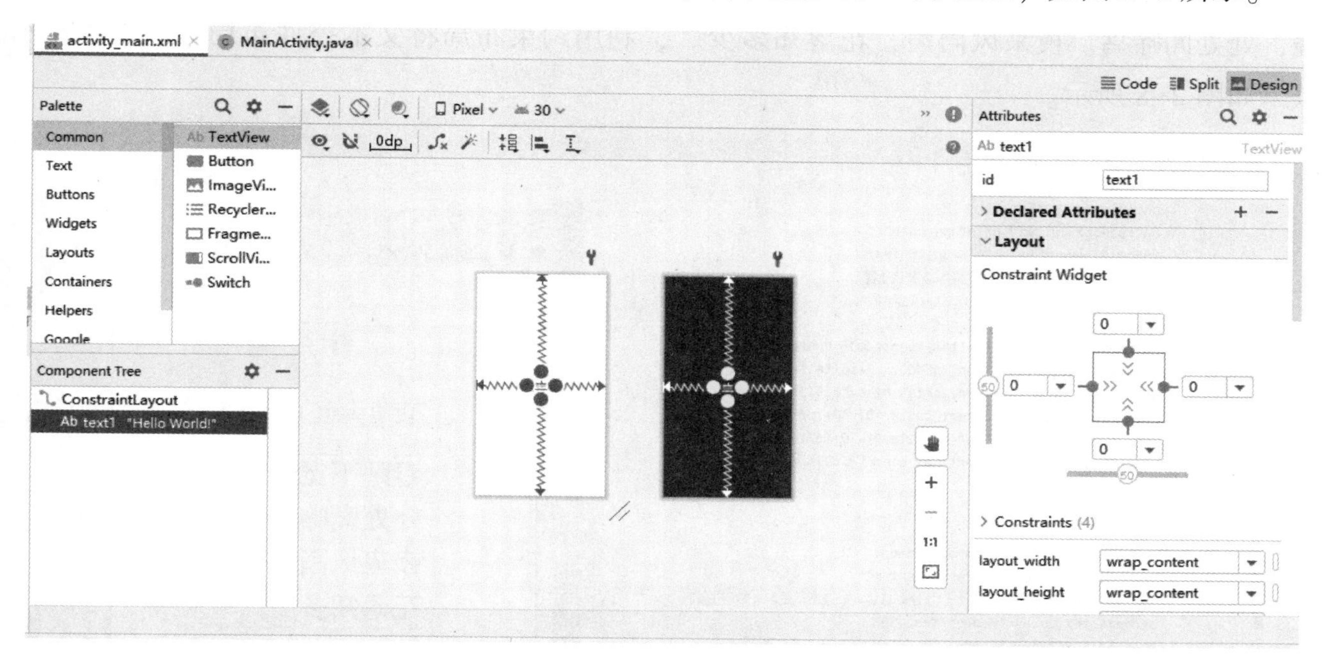

图 2-6

（3）选择 Split 选项卡，为 TextView 控件添加文本内容，设置文本大小和颜色，如图 2-7 所示。

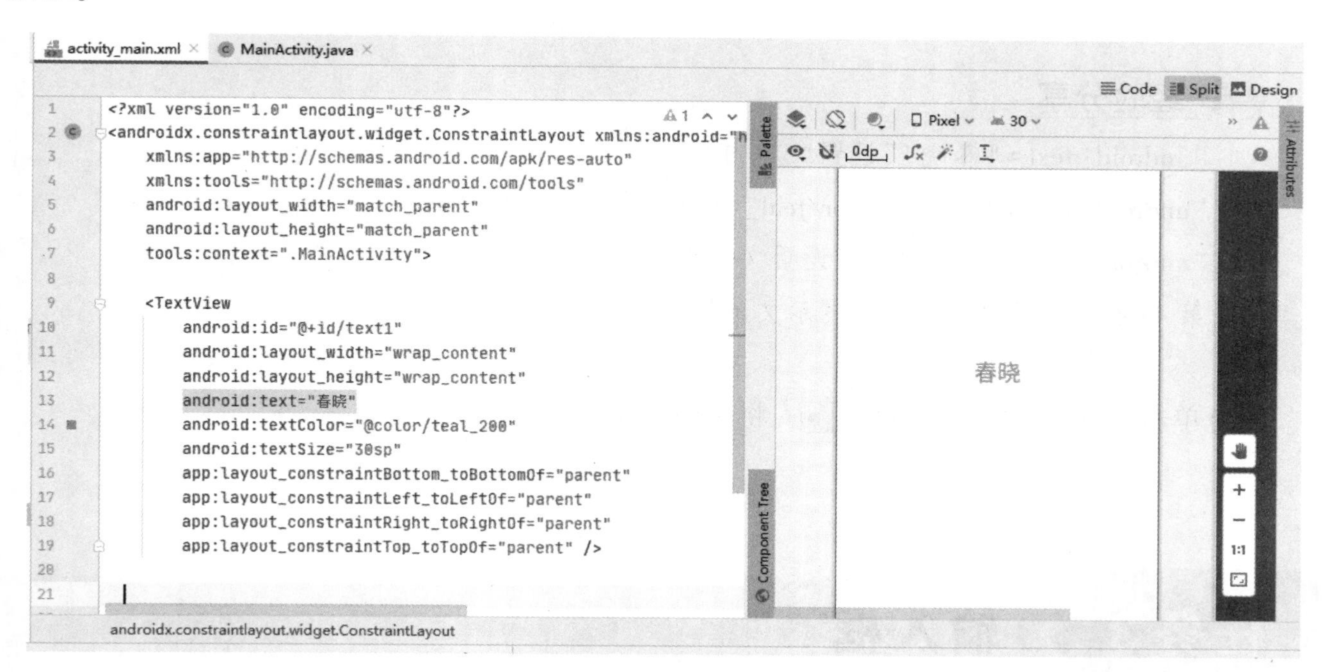

图 2-7

参考核心代码如下。

```
android:text="春晓"
android:textColor="@color/teal_200"
android:textSize="30sp"
```

（4）按上一步所述方法，再添加两个文本框显示“【作者】孟浩然【朝代】唐”和“春眠不觉晓，处处闻啼鸟。夜来风雨声，花落知多少。”，利用约束布局将文本控件布局好，具体显示效果如图 2-8 所示。

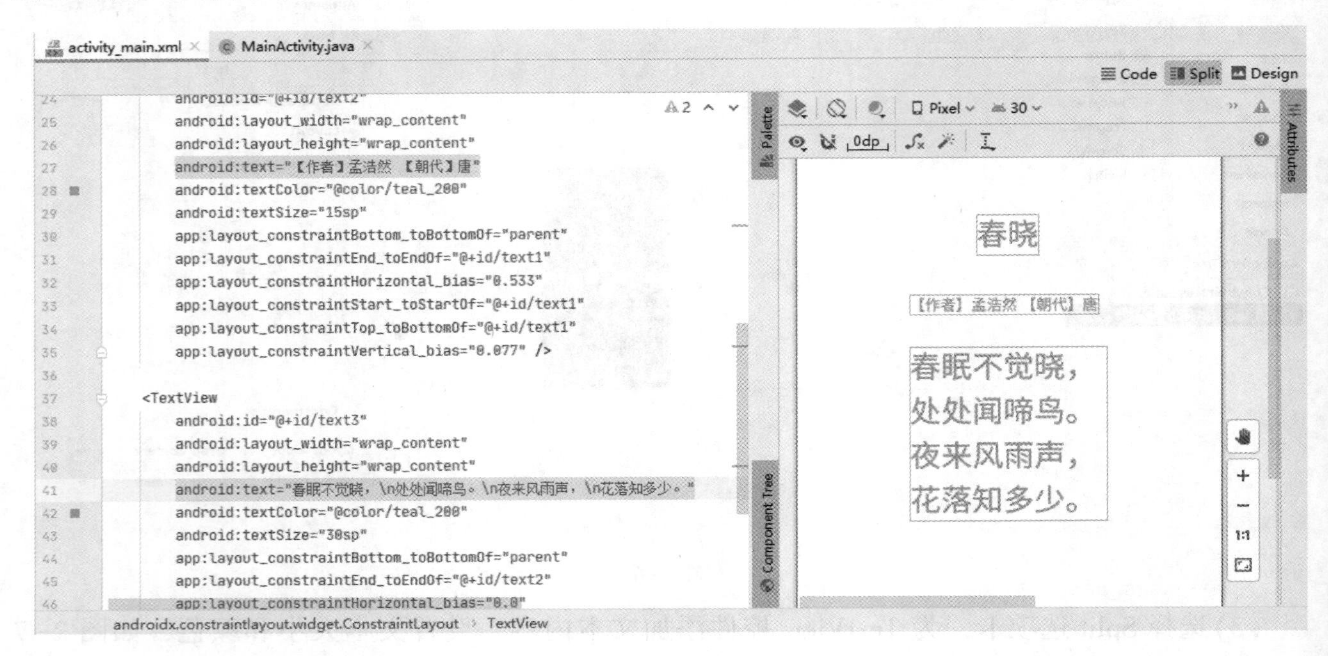

图 2-8

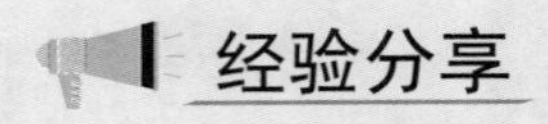

经验分享

“android：text="春晓"”设置文本内容。

“android：textColor="@color/teal_200"”设置文本颜色。

“android：textSize="30sp"”设置文本大小。

第 41 行代码中里面“\n”表示文本换行。

（5）单击工具栏中的“run”按钮▶，将应用程序运行到移动设备中。

任务 3 输入框

【任务描述】

设置一个发送消息的功能，设计一个输入框输入内容，点击“发送”按钮在文本框显示发送的内容，如图 2-9 所示。

（1）设计一个文本框。

（2）设计一个输入框。

（3）设计一个按钮，点击按钮之后能将输入框的内容显示到文本框里面。

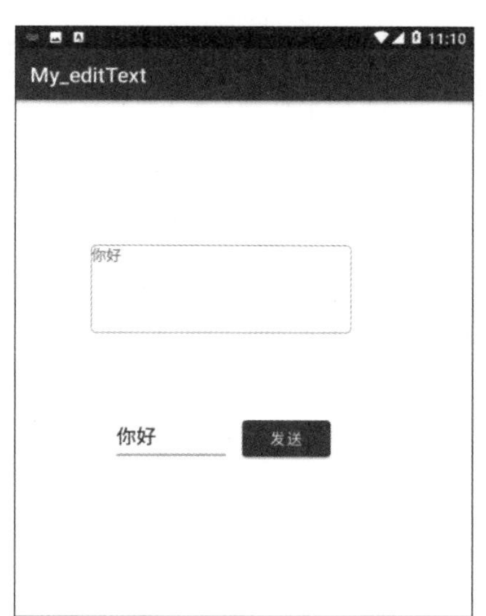

图 2-9

经验分享

输入框控件是用户界面中常见的控件，通常用来给用户输入一些文本内容，还可以设置成密码模式。

【操作步骤】

（1）打开 Android Studio 软件，新建一个工程。

操作视频

（2）在项目工程布局里面添加 1 个 TextView 控件、1 个 Plain Text 控件和 1 个 Button 控件，并将控件 id 分别设置成为 text、editText 和 button，然后通过约束布局将控件布局，如图 2-10 所示。

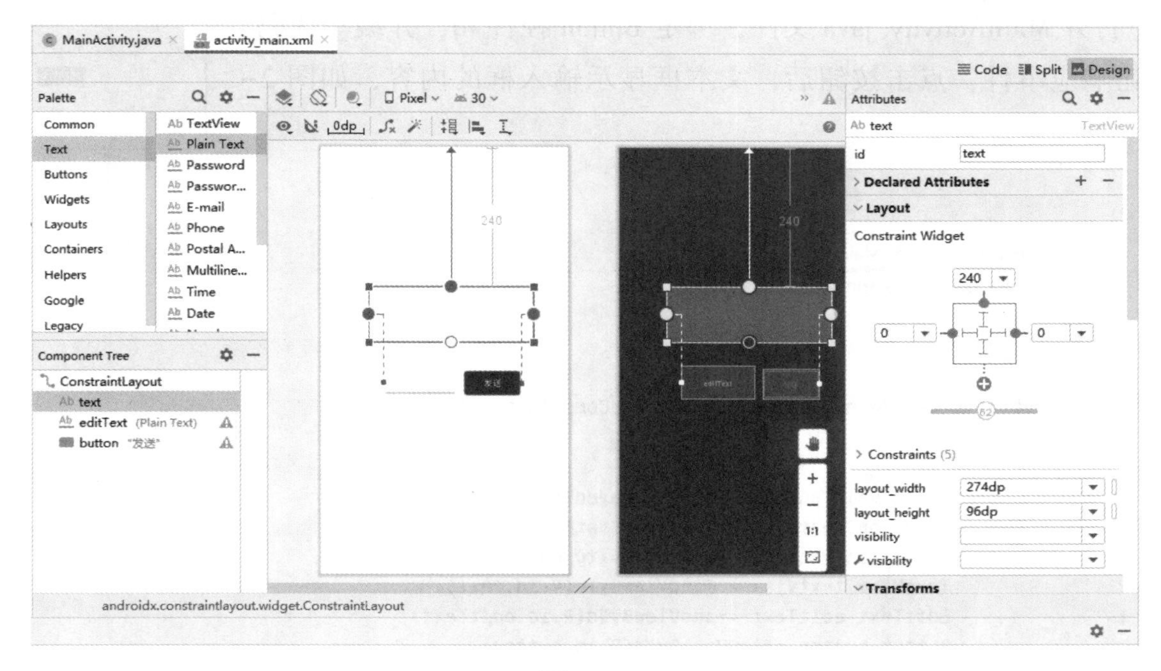

图 2-10

（3）为了突出显示文本框，需要为文本框添加一个蓝色边线框。在项目工程 res/drawable 文件夹上单击鼠标右键，在弹出的快捷菜单中执行“New”-“Drawable Resource File”命令新建 text_style. xml 文件，并添加代码，如图 2-11 所示。

（4）在 TextView 控件背景里添加上一步创建的边线框，如图 2-12 所示。

MainActivity.java
activity_main.xml
text_style.xml
Code
Split
Design
<?xml version="1.0" encoding="utf-8"?>
<shape xmlns:android="http://schemas.android.com/apk/res/android">
<!-- 定义圆角 -->
<corners android:radius="5dp"/>
<!-- 实心颜色 -->
<solid android:color="@color/white"/>
<!-- 描边宽带和颜色 -->
<stroke android:width="1dp" android:color="#03A9F4"/>
</shape>
AndroidFoundationTutorial_chapter_second
shape

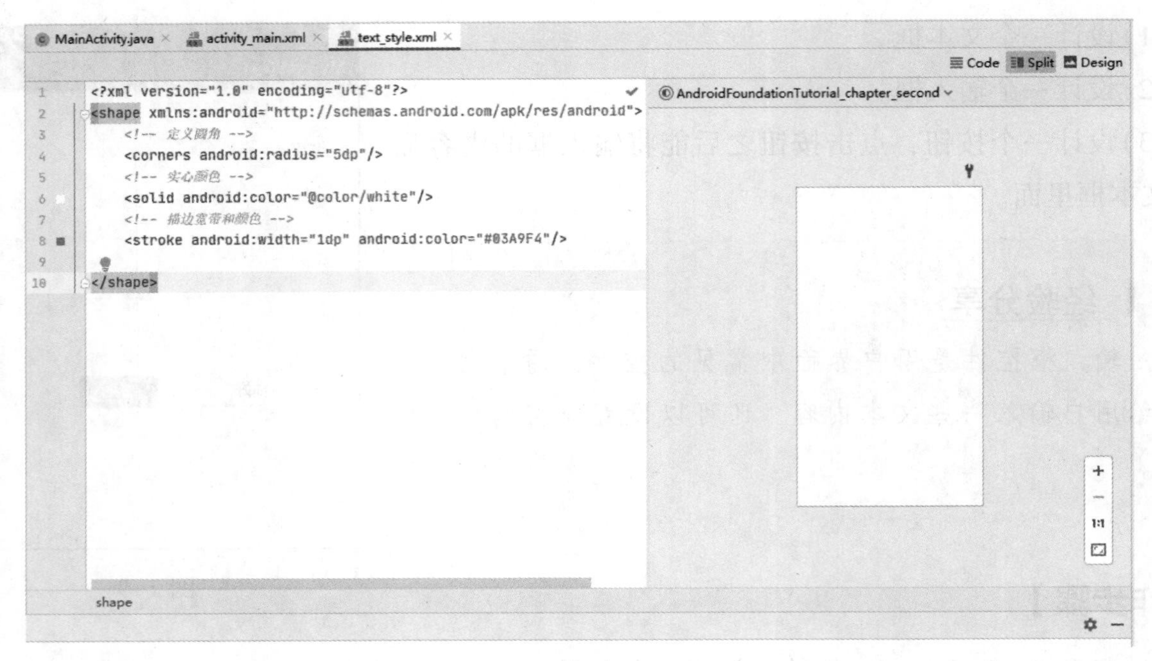

图 2-11

参考代码如下。

```
android:background="@drawable/text_style"
```

My_editText

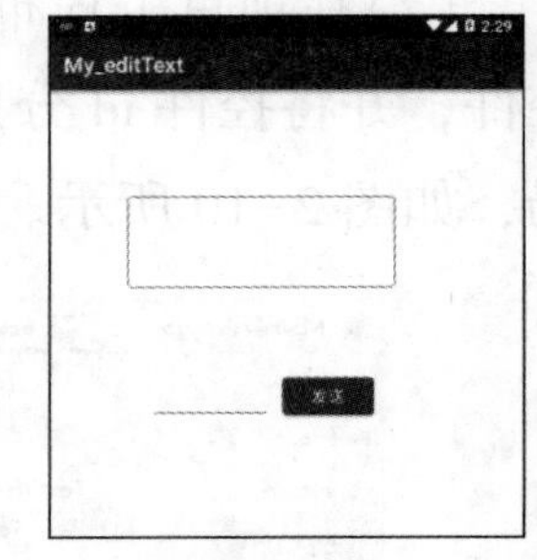

图 2-12

(5)打开 MainActivity. java 文件，绑定 Button 控件 id，并编写代码，实现按钮响应事件，点击按钮后，文本框显示输入框的内容，如图 2-13 所示。

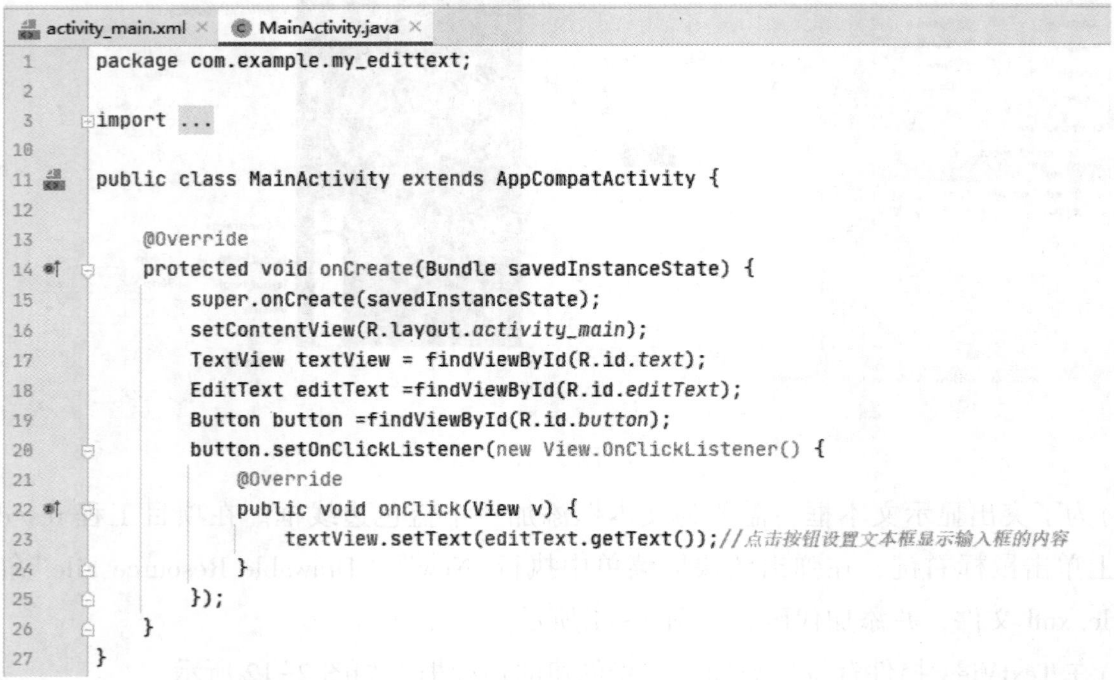

activity_main.xml
MainActivity.java
package com.example.my_edittext;
import ...
public class MainActivity extends AppCompatActivity {
@Override
protected void onCreate(Bundle savedInstanceState) {
super.onCreate(savedInstanceState);
setContentView(R.layout.activity_main);
TextView textView = findViewById(R.id.text);
EditText editText =findViewById(R.id.editText);
Button button =findViewById(R.id.button);
button.setOnClickListener(new View.OnClickListener() {
@Override
public void onClick(View v) {
textView.setText(editText.getText());//点击按钮设置文本框显示输入框的内容
}
});
}
}

图 2-13

参考代码如下。

```
TextView textView= findViewById(R.id.text);              //绑定 Text View 控件 id
EditText editText=findViewById(R.id.editText);           //绑定 Edit Text 控件 id
Button button =findViewById(R.id.button);                //绑定 Button 控件 id
button.setOnClickListener(new View.OnClickListener(){
    @Override
    public void onClick(View v){
        textView.setText(editText.getText());            //点击按钮设置文本框显示输入框的内容
    }
});
```

(6)单击工具栏中的“run”按钮▶，将应用程序运行到移动设备中。

经验分享

editText.getText()用于获取输入框输入的内容。

textView.setText()用于设置显示文本内容。

任务4 单选按钮

【任务描述】

设计一组单选按钮，通过单选按钮改变背景颜色，如图2-14所示。

(1)设计3个单选按钮。

(2)选择对应的单选按钮，背景颜色也相应改变。

经验分享

单选按钮在用户界面通常用于用户单选某个选项，经常在做选择题的时候看到。

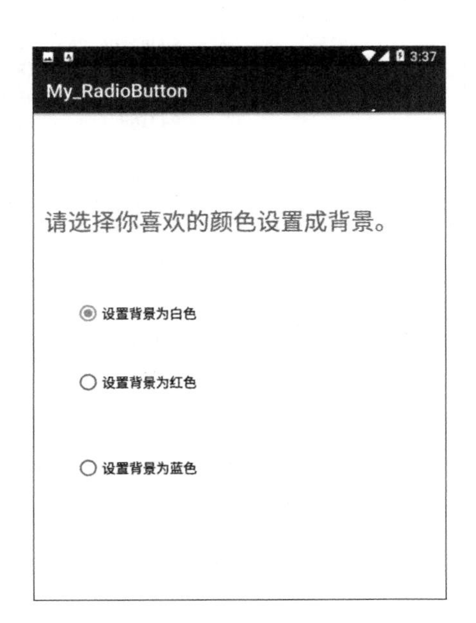

图2-14

【操作步骤】

（1）打开 Android Studio 软件，新建一个工程。

操作视

（2）在项目工程布局里面添加 TextView 控件，RadioGroup 控件和RadioButton控件，并设置相应 id，通过约束布局使控件布局美观，如图 2-15 所示。

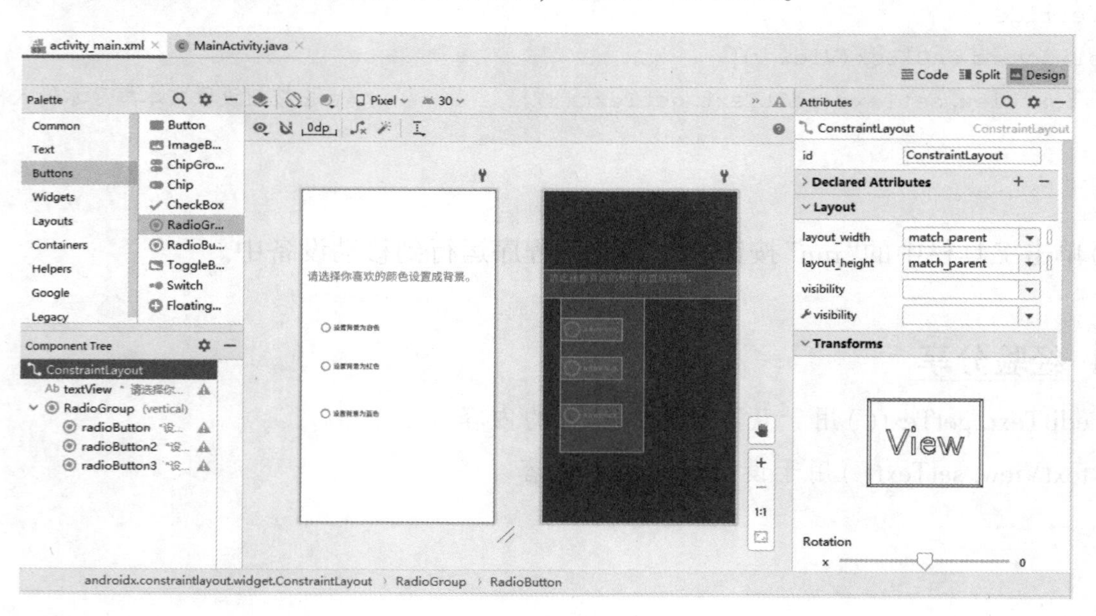

图 2-15

（3）打开 MainActivity. java 文件，绑定 RadioButton 控件 id，并编写代码，实现单选按钮响应事件，选择单选按钮后，背景颜色相应跟着改变，如图 2-16 所示。

```
activity_main.xml    MainActivity.java
12      protected void onCreate(Bundle savedInstanceState) {
13          super.onCreate(savedInstanceState);
14          setContentView(R.layout.activity_main);
15          ConstraintLayout constraintLayout =findViewById(R.id.ConstraintLayout);//绑定约束布局id
16          RadioButton radioButton1 =findViewById(R.id.radioButton);//绑定第一个单选按钮id
17          RadioButton radioButton2 =findViewById(R.id.radioButton2);//绑定第二个单选按钮id
18          RadioButton radioButton3 =findViewById(R.id.radioButton3);//绑定第三个单选按钮id
19          RadioGroup radioGroup =findViewById(R.id.RadioGroup);//绑定单选组合框id
20          radioGroup.setOnCheckedChangeListener(new RadioGroup.OnCheckedChangeListener() {
21              @Override
22              public void onCheckedChanged(RadioGroup group, int checkedId) {
23                  if(radioButton1.isChecked()){
24                      //当用户选择第一个单选按钮，设置背景颜色为白色
25                      constraintLayout.setBackgroundColor(Color.WHITE);
26                  }
27                  if(radioButton2.isChecked()){
28                      //当用户选择第二个单选按钮，设置背景颜色为红色
29                      constraintLayout.setBackgroundColor(Color.RED);
30                  }
31                  if(radioButton3.isChecked()){
32                      //当用户选择第三个单选按钮，设置背景颜色为蓝色
33                      constraintLayout.setBackgroundColor(Color.BLUE);
34                  }
35              }
36          });
37      }
```

图 2-16

参考代码如下。

```
ConstraintLayout constraintLayout=findViewById(R.id.ConstraintLayout);
                                                                   //绑定约束布局 id
RadioButton radioButton1 =findViewById(R.id.radioButton);    //绑定第一个 RadioButton 控件 id
RadioButton radioButton2 =findViewById(R.id.radioButton2);   //绑定第二个 RadioButton 控件 id
RadioButton radioButton3 =findViewById(R.id.radioButton3);   //绑定第三个 RadioButton 控件 id
RadioGroup radioGroup =findViewById(R.id.RadioGroup);        //绑定 RadioCroup 控件 id
radioGroup.setOnCheckedChangeListener(new RadioGroup.OnCheckedChangeListener(){
    @Override
    public void onCheckedChanged(RadioGroup group,int checkedId){
        if(radioButton1.isChecked()){
            //当用户选择第一个单选按钮,设置背景颜色为白色
            constraintLayout.setBackgroundColor(Color.WHITE);
        }
        if(radioButton2.isChecked()){
            //当用户选择第二个单选按钮,设置背景颜色为红色
            constraintLayout.setBackgroundColor(Color.RED);
        }
        if(radioButton3.isChecked()){
            //当用户选择第三个单选按钮,设置背景颜色为蓝色
            constraintLayout.setBackgroundColor(Color.BLUE);
        }
    }
});
```

(4)单击工具栏中的“run”按钮▶，将应用程序运行到安卓设备中。

经验分享

radioButton2.isChecked()用于判断用户是否选中。

constraintLayout.setBackgroundColor(Color.BLUE)用于设置背景颜色为蓝色。

任务5 复选框

【任务描述】

设计喜欢吃的蔬菜的多项选择，选中对应复选框并单点击“提交”按钮后显示所选择的蔬菜，如图2-17所示。

(1)设计4个复选框。

(2)选中复选框并点击“提交”按钮后显示选择的内容。

> **经验分享**
>
> 复选框相比单选按钮可以给用户多个选择，在默认情况下，复选框显示为一个方块图标，并在图标旁边放置一些说明性的文字，每一个复选框都提供“选中”和“不选中”两种状态。

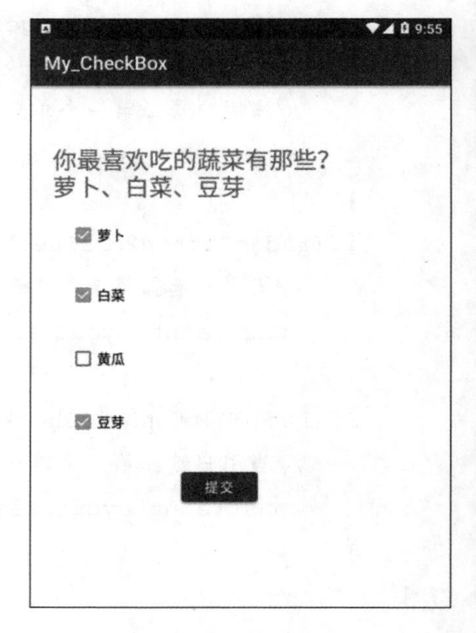

图 2-17

【操作步骤】

(1)打开 Android Studio 软件，新建一个工程。

(2)在项目工程布局里面添加 TextView 控件、CheckBox 控件和 Button 控件，并设置相应的 id，通过约束布局进行界面布局，如图2-18所示。

操作视频

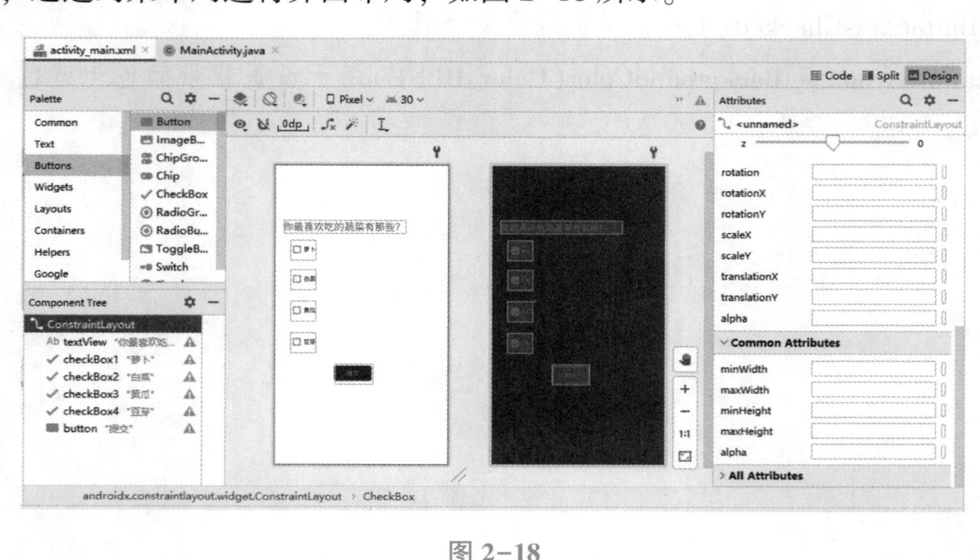

图 2-18

（3）打开 MainActivity. java 文件，绑定 Button 控件 id，并编写响应事件代码，实现用户选中复选框后，点击“提交”按钮显示用户选择的内容，如图 2-19 所示。

```
activity_main.xml × MainActivity.java ×
1   package com.example.my_checkbox;
2
3   import ...
14
15  public class MainActivity extends AppCompatActivity {
16
17      @Override
18      protected void onCreate(Bundle savedInstanceState) {
19          super.onCreate(savedInstanceState);
20          setContentView(R.layout.activity_main);
21          TextView textView =findViewById(R.id.textView);
22          CheckBox checkBox1 =findViewById(R.id.checkBox1);
23          CheckBox checkBox2 =findViewById(R.id.checkBox2);
24          CheckBox checkBox3 =findViewById(R.id.checkBox3);
25          CheckBox checkBox4 =findViewById(R.id.checkBox4);
26          Button button =findViewById(R.id.button);
27          button.setOnClickListener(new View.OnClickListener() {
28              @Override
29              public void onClick(View v) {
30                  String str ="";
31                  if(checkBox1.isChecked()){
32                      //将用户选择选项内容保持在变量里
33                      str=str+checkBox1.getText().toString();
34                  }
```

图 2-19

核心代码如下。

```
TextView textView=findViewById(R.id.textView);      //绑定 TextView 控件 id
CheckBox checkBox1 =findViewById(R.id.checkBox1); //绑定第一个 CheckBoa 控件 id
CheckBox checkBox2 =findViewById(R.id.checkBox2); //绑定第二个 CheckBoa 控件 id
CheckBox checkBox3 =findViewById(R.id.checkBox3); //绑定第三个 CheckBoa 控件 id
CheckBox checkBox4 =findViewById(R.id.checkBox4;) //绑定第四个 CheckBoa 控件 id
Button button =findViewById(R.id.button);
button.setOnClickListener(new View.OnClickListener(){
    @Override
    public void onClick(View v){
        String str ="";                              //定义字符串变量,用于保存选择的复选框内容
        if(checkBox1.isChecked()){
            //将用户选择的复选框内容保持在变量里
            str=str+checkBox1.getText().toString();
        }
        if(checkBox2.isChecked()){
            str=str+"、"+checkBox2.getText().toString();
        }
        if(checkBox3.isChecked()){
            str=str+"、"+checkBox3.getText().toString();
        }
        if(checkBox4.isChecked()){
            str=str+"、"+checkBox4.getText().toString();
```

```
        }
        //设置文本显示用户选择的复选框
        textView.setText("你最喜欢吃的蔬菜有那些? \n"+str);
    }
});
```

(5)单击工具栏中的“run”按钮▶，将应用程序运行到移动设备中。

经验分享

checkBox1.getText().toString()用于获取自费一个复选框对应的文本内容。

任务6 进度条

【任务描述】

设计一个界面，添加一个进度条，如图2-20所示。

(1)界面进度条显示到一半。

(2)进度条宽度占满整个屏幕。

(3)进度条为默认颜色。

图 2-20

经验分享

进度条控件通常用于显示下载进度或者程序加载进度。

【操作步骤】

(1)打开Android Studio软件，新建一个工程。

(2)打开activity_ main.xml文件，在界面添加ProgressBar控件并布局，如图2-21所示。

(3)在MainActivity.java文件中添加控制代码，如图2-22所示。

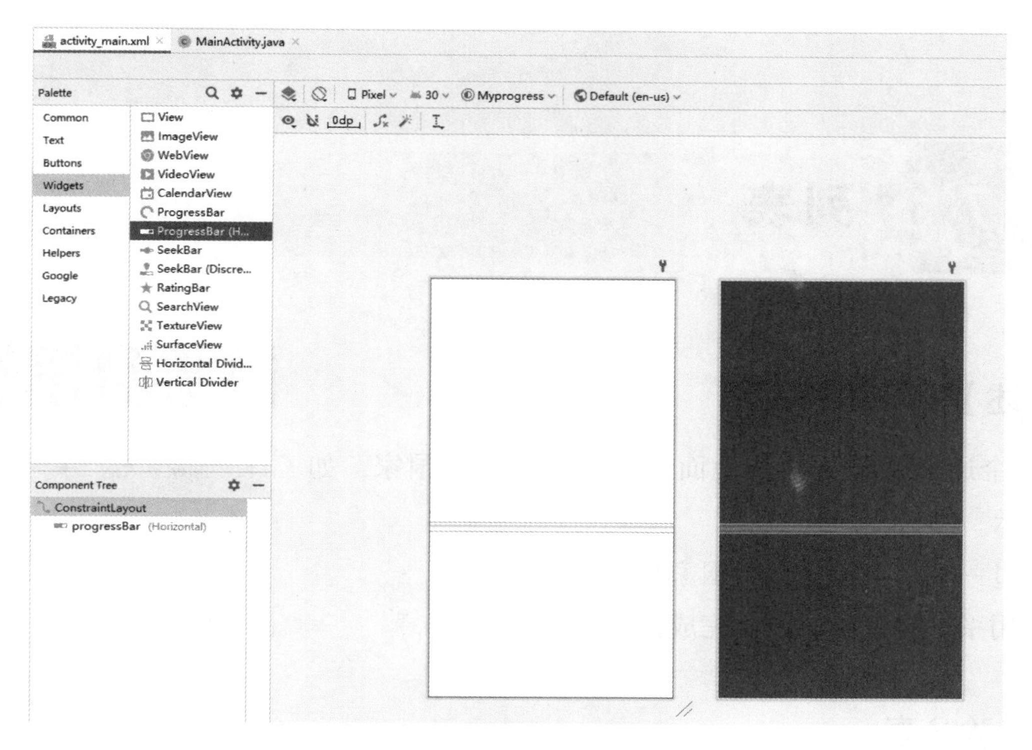

图 2-21

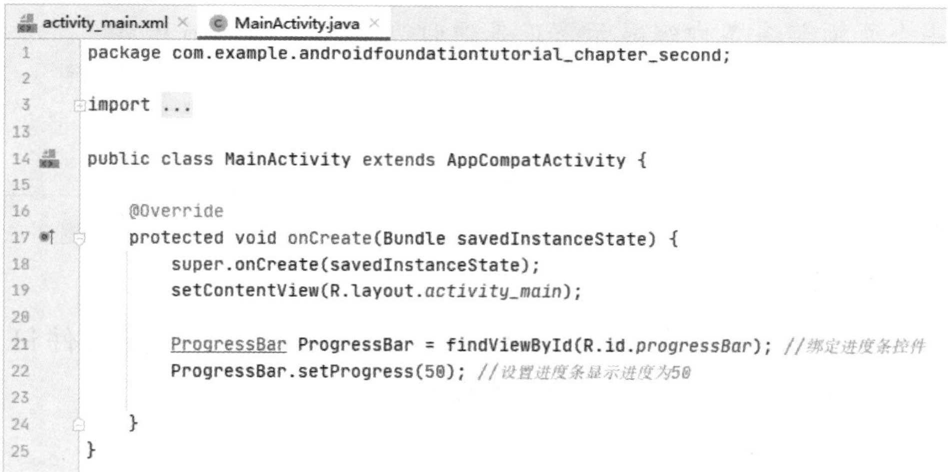

```java
1   package com.example.androidfoundationtutorial_chapter_second;
2
3   import ...
13
14  public class MainActivity extends AppCompatActivity {
15
16      @Override
17      protected void onCreate(Bundle savedInstanceState) {
18          super.onCreate(savedInstanceState);
19          setContentView(R.layout.activity_main);
20
21          ProgressBar ProgressBar = findViewById(R.id.progressBar); //绑定进度条控件
22          ProgressBar.setProgress(50); //设置进度条显示进度为50
23
24      }
25  }
```

图 2-22

参考代码如下。

```java
ProgressBar ProgressBar= findViewById(R.id.progressBar);    //绑定 ProgressBar 控件 id
ProgressBar.setProgress(50);
```

(4)单击工具栏中的“run”按钮▶，将应用程序运行到移动设备中。

经验分享

```java
findViewById(R.id.progressBar);//绑定 ProgressBar 控件 id
ProgressBar.setProgress(50);//设置进度条显示进度为 50
```

任务 7 列表

【任务描述】

设计一个通过列表显示陆地面积最大的二十个国家，如图 2-23 所示。

(1)通过一个列表控件显示国家名字。

(2)使用系统自带的适配器完成该任务。

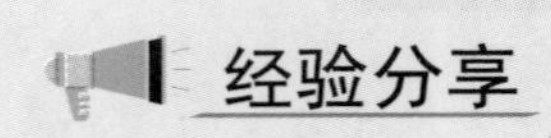

经验分享

列表控件经常可以看到，比如浏览新闻的页面往往需要一个页面装多条内容显示，正是通过列表控件实现。

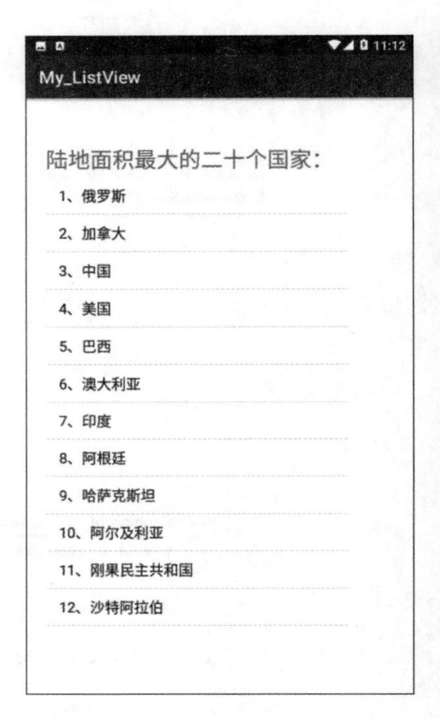

图 2-23

【操作步骤】

操作视

(1)打开 Android Studio 软件，新建一个工程。

(2)在项目工程布局里面添加 TextView 控件和 ListView 控件，并设置控件 id 为 textView 和 listview，并使用约束布局，如图 2-24 所示。

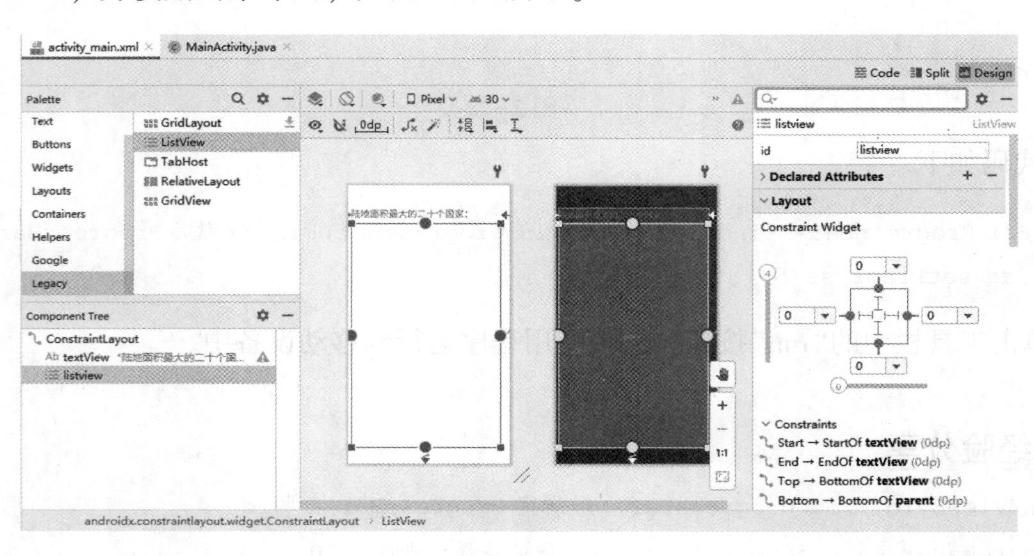

图 2-24

（3）打开 MainActivity. java 文件，定义一个存放数据的字符串数组，绑定 ListView 控件 id，使用系统自带的适配器，如图 2-25 所示。

```
activity_main.xml × MainActivity.java ×
1   package com.example.my_listview;
2
3   import ...
8
9   public class MainActivity extends AppCompatActivity {
10      private String[] data={"1、俄罗斯","2、加拿大","3、中国","4、美国","5、巴西",
11              "6、澳大利亚","7、印度","8、阿根廷","9、哈萨克斯坦","10、阿尔及利亚",
12              "11、刚果民主共和国","12、沙特阿拉伯","13、墨西哥","14、印度尼西亚","15、苏丹",
13              "16、利比亚","17、伊朗","18、蒙古","19、秘鲁","20、乍得"};
14
15      @Override
16      protected void onCreate(Bundle savedInstanceState) {
17          super.onCreate(savedInstanceState);
18          setContentView(R.layout.activity_main);
19          ListView listView =findViewById(R.id.listview);
20          ArrayAdapter<String> adapter = new ArrayAdapter<String>( context: MainActivity.this,
21                  android.R.layout.simple_list_item_1,data);
22          listView.setAdapter(adapter);
23      }
24  }
```

图 2-25

核心代码如下。

```
ListView listView=findViewById(R.id.listview);                    //绑定 id
ArrayAdapter<String> adapter = new ArrayAdapter<String>(MainActivity.this,
    android.R.layout.simple_list_item_1,data);                    //使用系统自带的适配器
listView.setAdapter(adapter);                                     //将列表呈现出来
```

（4）单击工具栏中的“run”按钮▶，将应用程序运行到移动设备中。

经验分享

ArrayAdapter < String > adapter = newArrayAdapter < String > (MainActivity.this, android.R.layout.simple_list_item_1,data);

MainActivity.this 表示当前文件。

android.R.layout.simple_list_item_1 为布局文件，使用系统自带的文件。

data 显示内容资源，为我们自定义的数组。

任务 8 下拉列表

【任务描述】

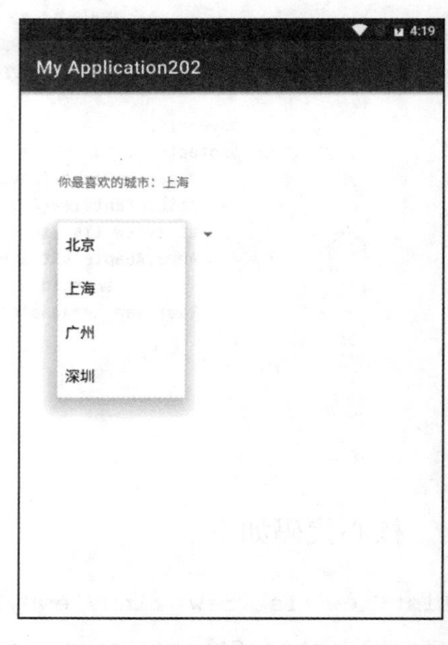

图 2-26

设计一个下拉列表选择最喜欢的城市，如图 2-26 所示。

(1)在界面以文本显示控件显示你最喜欢的城市。

(2)添加下拉列表，供选择的城市有“北京”“上海”“广州”“深圳”。

(3)在下拉列表选择好城市后，文本控件显示选择的城市。

> **经验分享**
>
> 下拉列表控件用于在需要用户从比较多的选项中选择时，提供下拉列表显示选项。

【操作步骤】

(1)打开 Android Studio 软件，新建一个工程。

(2)打开工程，添加 TextView 控件和 Spinner 控件，如图 2-27 所示。

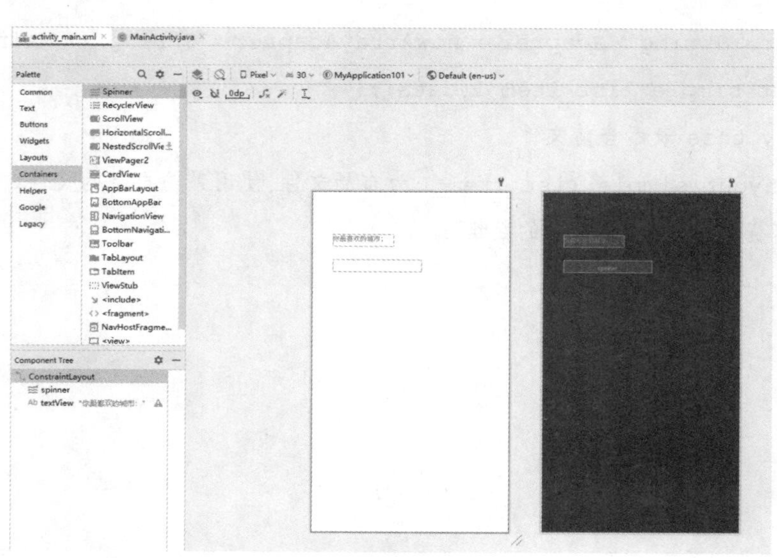

图 2-27

（3）在项目工程 values 文件夹下 strings. xml 文件中添加需要显示的城市代码，如图 2-28 所示。

```
activity_main.xml ×   strings.xml ×   MainActivity.java ×
Edit translations for all locales in the translations editor.
1  <resources>
2      <string name="app_name">My Application202</string>
3      <string-array name="city">
4          <item>北京</item>
5          <item>上海</item>
6          <item>广州</item>
7          <item>深圳</item>
8      </string-array>
9  </resources>
```

图 2-28

参考代码如下。

```
<string-array name="city">
    <item>北京</item>
    <item>上海</item>
    <item>广州</item>
    <item>深圳</item>
</string-array>
```

（4）在项目工程 res/layout 文件夹下 activity. xml 文件中的 Spinner 控件中添加显示城市代码，如图 2-29 所示。

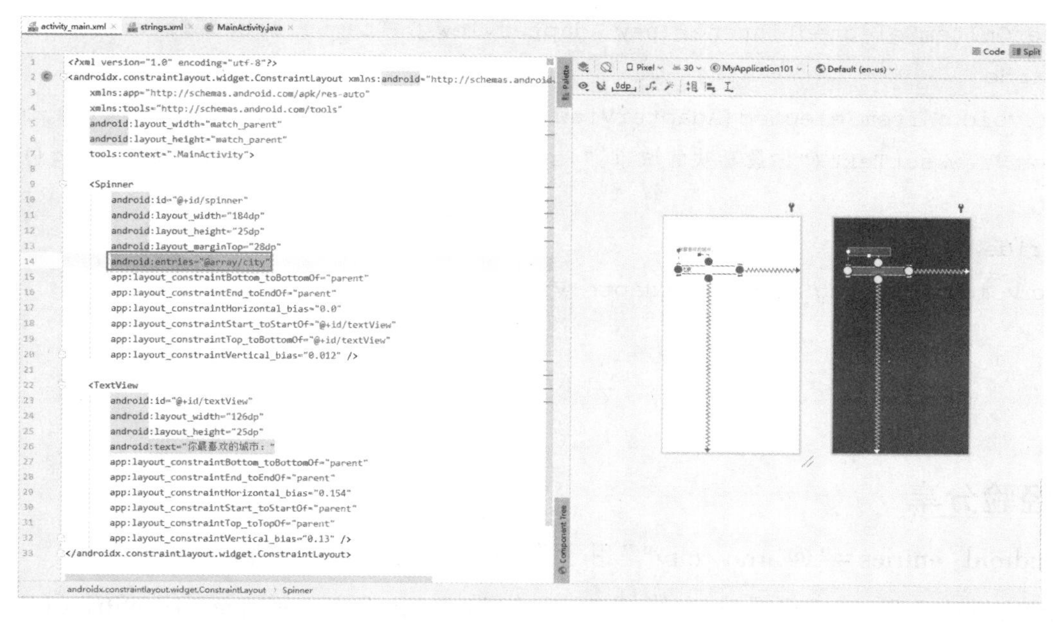

图 2-29

参考代码如下。

```
android:entries="@array/city"
```

(5)在项目工程 MainActivity. java 文件中添加控制代码，如图 2-30 所示。

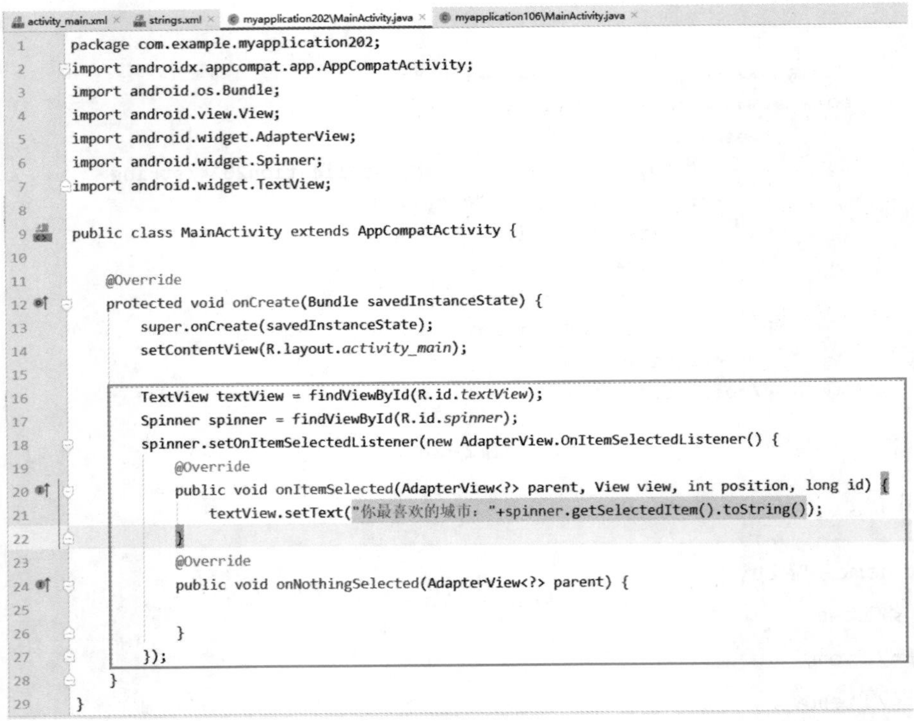

```
activity_main.xml × | strings.xml × | myapplication202\MainActivity.java × | myapplication106\MainActivity.java ×
1   package com.example.myapplication202;
2   import androidx.appcompat.app.AppCompatActivity;
3   import android.os.Bundle;
4   import android.view.View;
5   import android.widget.AdapterView;
6   import android.widget.Spinner;
7   import android.widget.TextView;
8
9   public class MainActivity extends AppCompatActivity {
10
11      @Override
12      protected void onCreate(Bundle savedInstanceState) {
13          super.onCreate(savedInstanceState);
14          setContentView(R.layout.activity_main);
15
16          TextView textView = findViewById(R.id.textView);
17          Spinner spinner = findViewById(R.id.spinner);
18          spinner.setOnItemSelectedListener(new AdapterView.OnItemSelectedListener() {
19              @Override
20              public void onItemSelected(AdapterView<?> parent, View view, int position, long id) {
21                  textView.setText("你最喜欢的城市："+spinner.getSelectedItem().toString());
22              }
23              @Override
24              public void onNothingSelected(AdapterView<?> parent) {
25
26              }
27          });
28      }
29  }
```

图 2-30

参考代码如下。

```
TextView textView= findViewById(R. id. textView);
Spinner spinner = findViewById(R. id. spinner);
spinner. setOnItemSelectedListener(new AdapterView. OnItemSelectedListener(){
    @Override
    public void onItemSelected(AdapterView<? >parent,View view,int position,long id){
        textView. setText("你最喜欢的城市:"+spinner. getSelectedItem(). toString());
    }
    @Override
    public void onNothingSelected(AdapterView<? >parent){
    }
});
```

经验分享

“android: entries = "@ array/city" ”用于调用该数组里面的内容。

“textView. setText("你最喜欢的城市:" +spinner. getSelectedItem(). toString());”用于设置文本为选择的信息。

【单元小结】

本单元在任务设计过程中，讲述了按钮、文本框、输入框、单选按钮、复选框、进度条、列表、下拉列表等控件在任务效果实现中的应用技巧。学习者在程序设计应用中学习了控件绑定 id、控件绑定事件、设置文本框内容、获取文本框内容、设置文本的前景色和文本大小、判断单选按钮是否选中、findViewById 绑定控件、设置进度条显示进度、strings. xml 文件定义数组变量及变量的应用等技能。

【拓展任务】

训练1　更改按钮颜色

【任务描述】

设计一个按钮，点击按钮改变按钮的颜色和文本内容，如图 2-31、图 2-32 所示。

(1)设计一个按钮，按钮初始颜色为蓝色，按钮文本显示“确定”。

(2)点击按钮后颜色改为红色，按钮文本显示“取消”；再次点击按钮改为蓝色，按钮文本显示“确定”。

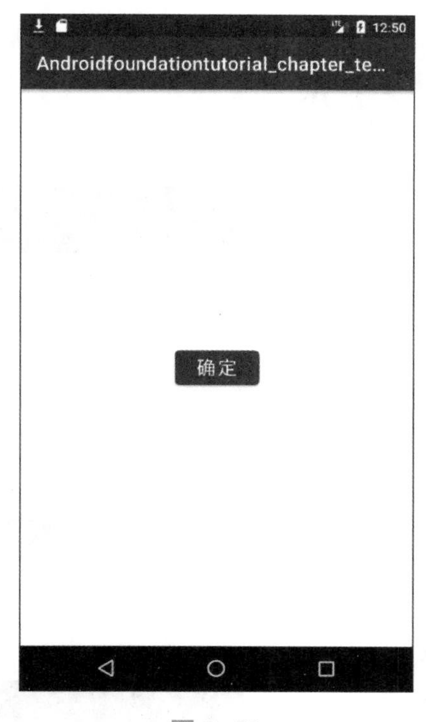

图 2-31

图 2-32

核心代码提示如下。

```
Buttonbutton;
boolean flag= true;
@Override
protected void onCreate(Bundle savedInstanceState){
  super.onCreate(savedInstanceState);
  setContentView(R.layout.activity_main);
  button =findViewById(R.id.button);                //绑定 Button 控件 id
  button.setOnClickListener(new View.OnClickListener(){
      @Override
      public void onClick(View v){
          if(flag){
              button.setBackgroundColor(Color.RED);   //点击按钮后设置颜色为红色
              button.setText("取消");                 //设置文本为“取消”
              flag = false;
          }else {
              button.setBackgroundColor(Color.BLUE);  //再次点击按钮后设置颜色为蓝色
              button.setText("确定");                 //设置文本为“确定”
              flag = true;
          }
      }
  });
}
```

训练 2　设置文字大小

【任务描述】

利用所学知识设计一个界面，通过输入数字改变显示文本大小，如图 2-33 所示。

(1) 界面设一个文本框、一个输入框和一个按钮控件。

(2) 在输入框输入数字，点击按钮后，文本框显示文本大小为对应的大小。

核心代码提示如下。

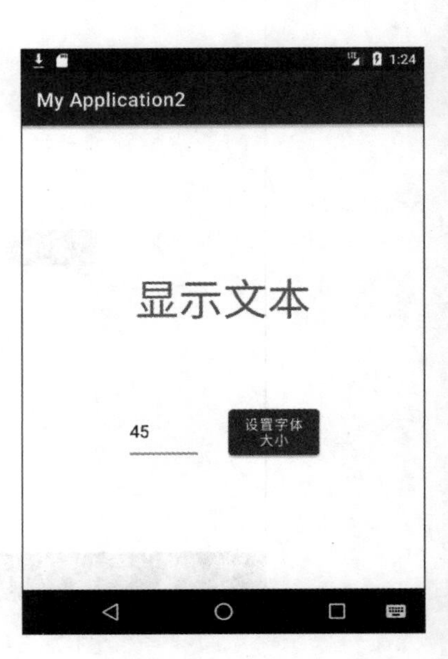

图 2-33

```
TextView textView= findViewById(R.id.text);                 //绑定 TextView 控件 id
EditText editText =findViewById(R.id.editText);             //绑定 EditText 控件 id
Button button =findViewById(R.id.button);                   //绑定 Button 控件 id
button.setOnClickListener(new View.OnClickListener(){
    @Override
    public void onClick(View v){
        //将获取的文本内容转换为整型
textView.setTextSize(Integer.valueOf(editText.getText().toString()));
    }
});
```

训练 3　选择喜欢的颜色

【任务描述】

利用所学知识设计选择喜欢颜色的程序，如图 2-34 所示。

(1)界面设计 3 个单选按钮。

(2)选择单选按钮后，显示选择的选项内容。

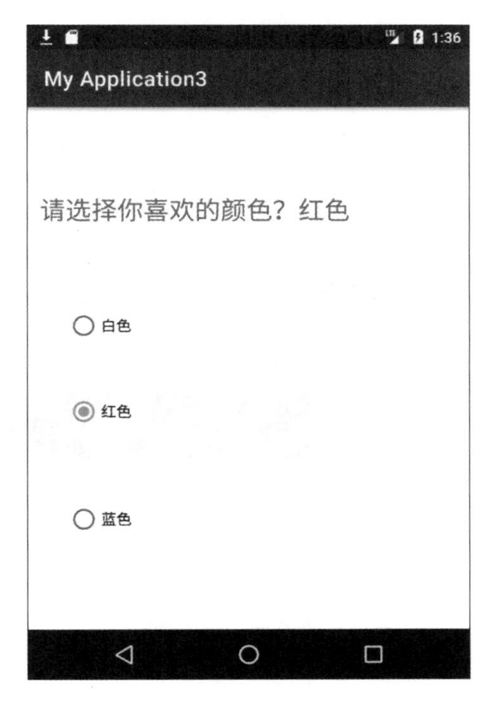

图 2-34

核心代码提示如下。

```
TextView textView =findViewById(R.id.textView);                  //绑定 TextView 控件 id
RadioButton radioButton1 =findViewById(R.id.radioButton);        //绑定第一个 RadioButton 控件 id
RadioButton radioButton2 =findViewById(R.id.radioButton2);       //绑定第二个 RadioButton 控件 id
RadioButton radioButton3 =findViewById(R.id.radioButton3);       //绑定第三个 RadioButton 控件 id
RadioGroup radioGroup =findViewById(R.id.RadioGroup);            //绑定 RadioGroup 控件 id
radioGroup.setOnCheckedChangeListener(new RadioGroup.OnCheckedChangeListener(){
    @Override
```

```
public void onCheckedChanged(RadioGroup group,int checkedId){
    if(radioButton1.isChecked()){
        //当用户选择第一个单选按钮,将用户选择的颜色添加到问题文本后面
        textView.setText("请选择你喜欢的颜色?"+radioButton1.getText());
    }
    if(radioButton2.isChecked()){
        //当用户选择第二个单选按钮,将用户选择的颜色添加到问题文本后面
        textView.setText("请选择你喜欢的颜色?"+radioButton2.getText());
    }
    if(radioButton3.isChecked()){
        //当用户选择第三个单选按钮,将用户选择的颜色添加到问题文本后面
        textView.setText("请选择你喜欢的颜色?"+radioButton3.getText());
    }
  }
});
```

训练 4　选择喜欢的运动项目

【任务描述】

利用所学知识设计可以选择多个喜欢的运动项目的程序，如图 2-35、图 2-36 所示。

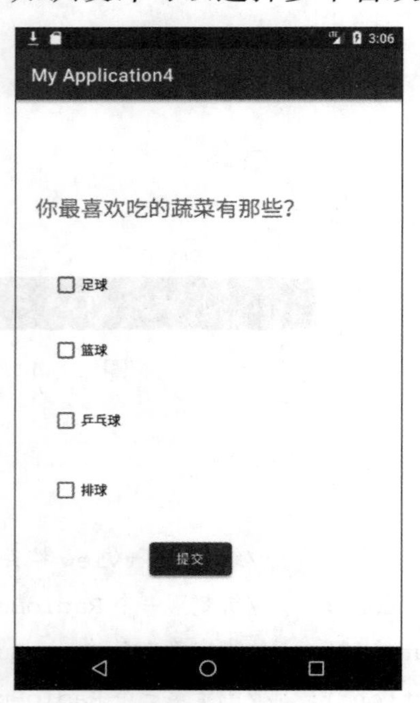

图 2-35

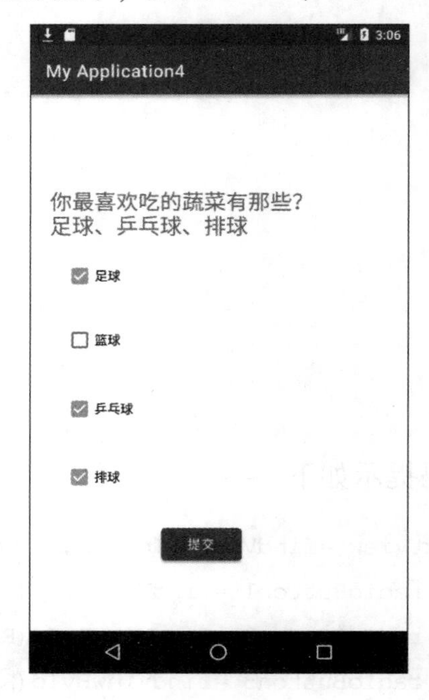

图 2-36

(1)界面设计 4 个复选框和一个“提交”按钮。

(2)选择喜欢的运动项目，点击“提交”按钮，界面显示所选择的复选框内容。

核心代码提示如下。

```
TextView textView =findViewById(R.id.textView);              //绑定 TextView 控件 id
CheckBox checkBox1 =findViewById(R.id.checkBox1);            //绑定第一个 CheckBox 控件 id
CheckBox checkBox2 =findViewById(R.id.checkBox2);            //绑定第二个 CheckBox 控件 id
CheckBox checkBox3 =findViewById(R.id.checkBox3);            //绑定第三个 CheckBox 控件 id
CheckBox checkBox4 =findViewById(R.id.checkBox4);            //绑定第四个 CheckBox 控件 id
Button button =findViewById(R.id.button);
button.setOnClickListener(new View.OnClickListener(){
    @Override
    public void onClick(View v){
        String str ="";     //定义字符串变量,用于保存选择的复选框内容
        if(checkBox1.isChecked()){
            //将用户选择的复选框内容保存在变量里
            str=str+checkBox1.getText().toString();
        }
        if(checkBox2.isChecked()){
            str=str+"、"+checkBox2.getText().toString();
        }
        if(checkBox3.isChecked()){
            str=str+"、"+checkBox3.getText().toString();
        }
        if(checkBox4.isChecked()){
            str=str+"、"+checkBox4.getText().toString();
        }
        //设置文本显示用户选择的复选框内容
        textView.setText("你喜欢的运动项目有那些? \n"+str);
    }
 });
}
```

训练 5　开机进度条

【任务描述】

设计一个界面添加一个进度条，如图 2-37 所示。

(1)界面进度条模拟开机加载界面。

(2)进度条宽度占满整个屏幕。

(3)进度条的增长与显示数字相对应。

核心代码提示如下。

```
ProgressBar ProgressBar= findViewById(R.id.progressBar);        //绑定 ProgressBar 控件 id
ProgressBar.setProgress(0);                                      //设置进度条显示进度为 0
ProgressBar progressBar = findViewById(R.id.progressBar);        //绑定 ProgressBar 控件 id
TextView textView = findViewById(R.id.textView);                 //绑定 TextView 控件 id

Timer timer = new Timer();
TimerTask task = new TimerTask(){
    @Override
    public void run(){
        runOnUiThread(new Runnable(){
            @Override
            public void run(){
                ProgressBar.setProgress(ProgressBar.getProgress()+1);
                textView.setText(progressBar.getProgress()+"% ");
                //通过获取进度条显示进度显示数字
                if(ProgressBar.getProgress()= = 100){
                    timer.cancel();
                }
            }
        });
    }
};
timer.schedule(task,0,80);
```

训练 6　显示公司列表

【任务描述】

利用所学知识设计一个存放世界 20 强公司名字的列表，如图 2-38 所示。

(1)通过一个列表控件显示公司名字。

(2)使用系统自带的适配器完成该任务。

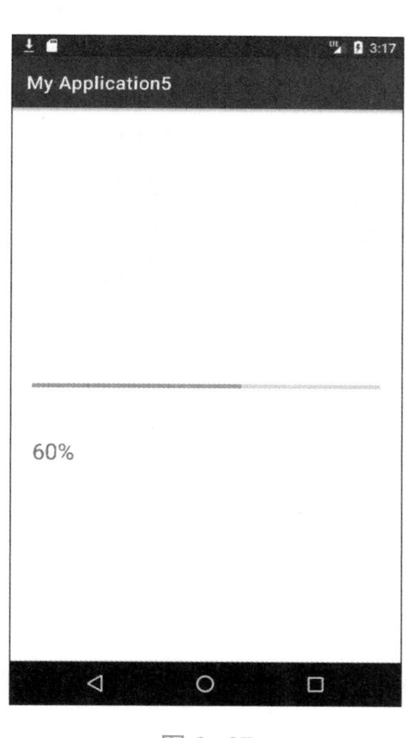

图 2-37

图 2-38

核心代码提示如下。

```
private String[] data={"1、苹果","2、沙特阿美","3、微软","4、亚马逊","5、ALPHABET INC",
        "6、脸书","7、腾讯","8、特斯拉","9、阿里巴巴","10、伯克希尔",
        "11、台积电","12、维萨","13、摩根大通","14、强生","15、三星电子",
        "16、贵州茅台","17、沃尔玛","18、万事达卡","19、联合健康","20、路威酩轩"};
@Override
protected void onCreate(Bundle savedInstanceState){
    super.onCreate(savedInstanceState);
    setContentView(R.layout.activity_main);
    ListView listView =findViewById(R.id.listview);                //绑定 id
    ArrayAdapter<String> adapter = new ArrayAdapter<String>(MainActivity.this,
        android.R.layout.simple_list_item_1,data);                 //使用系统自带的适配器
    listView.setAdapter(adapter);                                  //将列表呈现出来
}
```

UNIT 3 单元 3

活动

学习目标

本单元通过任务设计，学习界面跳转、点击屏幕随机设置颜色、随机抽数字、猜数字小游戏、登录功能、篮球积分器、简易积分器、计算身体质量指数等应用。

【单元概述】

Android 的活动(Activity)代表了一个具有用户界面的单一屏幕，如 Java 的窗口。

就像 C，C++或者 Java 语言编程，程序从 main()函数开始运行。Android 系统的程序是通过活动中的 onCreate()回调函数的调用开始的，Android 有一系列的回调函数来启动一个活动，同时有一系列的函数来关闭活动。

在 Android 应用程序设计中，通过设置 .xml 文件的标签属性、控件的属性等界面视图效果，通过 Java 的编写实现应用程序的逻辑功能，逻辑功能需要通过事件的激发调用 Java 设计的函数功能来实现。

例：监听事件

通过 EditText 控件设置监听事件，可以实现测试用户输入的内容是否合法。

例：OnClick 事件

Button 和 ImageButton 等控件都拥有一个 OnClick 事件，当控件被点击时，将会触发 OnClick 事件，执行对应的函数功能。

所有控件都可以绑定 OnClick 事件，并不局限于 Button 和 ImageButton。

通过 OnClick 事件的监听可以实现点击控件之后要执行的动作(即逻辑功能的实现)。

Android 常见的监听实现方式如下。

例：匿名内部类

```
protected void onCreate(Bundle savedInstanceState){
    super.onCreate(savedInstanceState);
    setContentView(R.layout.activity_main);
    btn = (Button)findViewById(R.id.btn);
    btn.setOnClickListener(new OnClickListener(){
    @Override
    public void onClick(View arg0){
        Toast.makeText(MainActivity.this,"内部类实现监听",Toast.LENGTH_SHORT).show();
    }
  });
}
```

例：内部类

```
protected void onCreate(Bundle savedInstanceState){
    super.onCreate(savedInstanceState);
    setContentView(R.layout.activity_main);
    btn = (Button)findViewById(R.id.btn);
    btn.setOnClickListener(new MyClickListener());
```

```
}
//定义一个内部类
class  MyClickListener implements OnClickListener{
    @Override
    public void onClick(View arg0){
        Toast.makeText(MainActivity.this,"内部类实现监听",Toast.LENGTH_SHORT).show();
    }
}
```

例：实现接口

定义的 Activity 实现 OnClickListener 接口，并重新 onClick( )方法。

```
protected void onCreate(Bundle savedInstanceState){
    super.onCreate(savedInstanceState);
    setContentView(R.layout.activity_main);
    btn = (Button)findViewById(R.id.btn);
    //增加监听,传递 this 对象,this 代表的是被点击的控件
    btn.setOnClickListener(this);
}
@Override
public void onClick(View view){
    switch(view.getId()){
    case R.id.btn:
    Toast.makeText(MainActivity.this,"实现接口实现监听",Toast.LENGTH_SHORT).show();
    break;
    }
}
```

例：在布局文件中增加监听

```
<Button
    android:id="@ +id/btn"
    android:layout_width="match_parent"
    android:layout_height="wrap_content"
    android:gravity="left|center_vertical"
    android:text="第一个按钮"
    android:onClick="click"/>
//在 activity 中的 click 函数
public void click(View view){
        Toast.makeText(MainActivity.this,"使用布局文件中增加按钮点击事件",Toast.LENGTH_
SHORT).show();
}
```

任务1 界面跳转

【任务描述】

新建一个应用程序。

(1)在应用程序登录界面中点击“登录”按钮跳转到另外一个界面。

(2)设计登录界面，如图3-1所示。

(3)设计第二个界面，如图3-2所示。

图3-1

图3-2

经验分享

创建应用程序只需要按照操作步骤操作即可。我们编写应用程序选择的安卓版本要低于运行安卓设备的版本或和运行安卓设备的版本相同。

【操作步骤】

(1)打开Android Studio软件，执行“File”-“New”-“New Project”命令新建一个工程，如图3-3所示。

操作视频

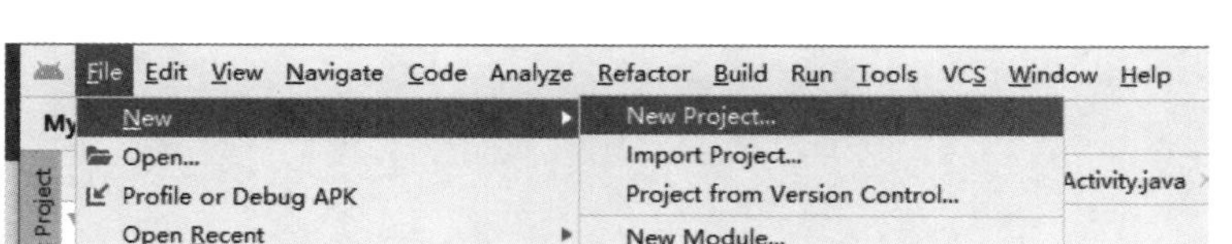

图3-3

（2）在工程目录的 layout 文件夹上单击鼠标右击，在弹出的快捷菜单中执行“new”-“Activity”-“Empty Activity”命令，创建新的活动以显示第二个界面，如图 3-4 所示。

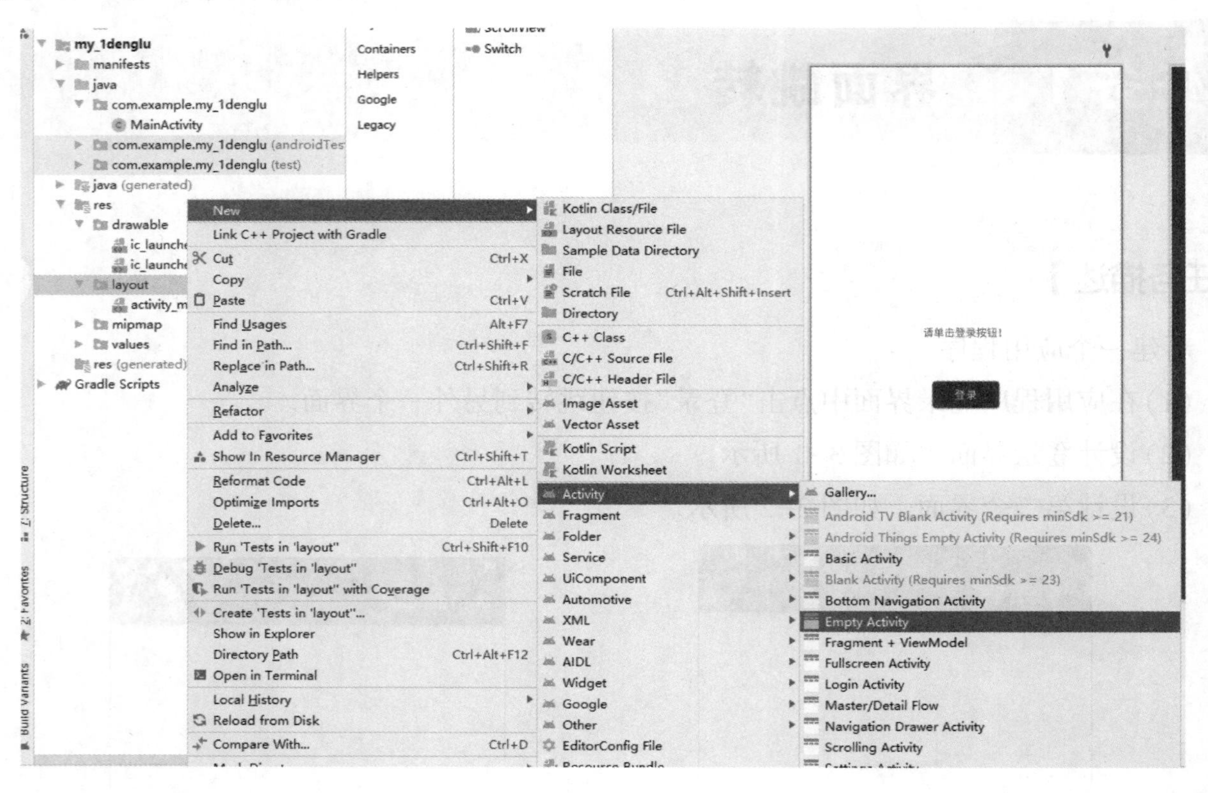

图 3-4

（3）在打开的“New Android Activity”对话框中输入新建活动的名称，单击“Finish”按钮，如图 3-5 所示。

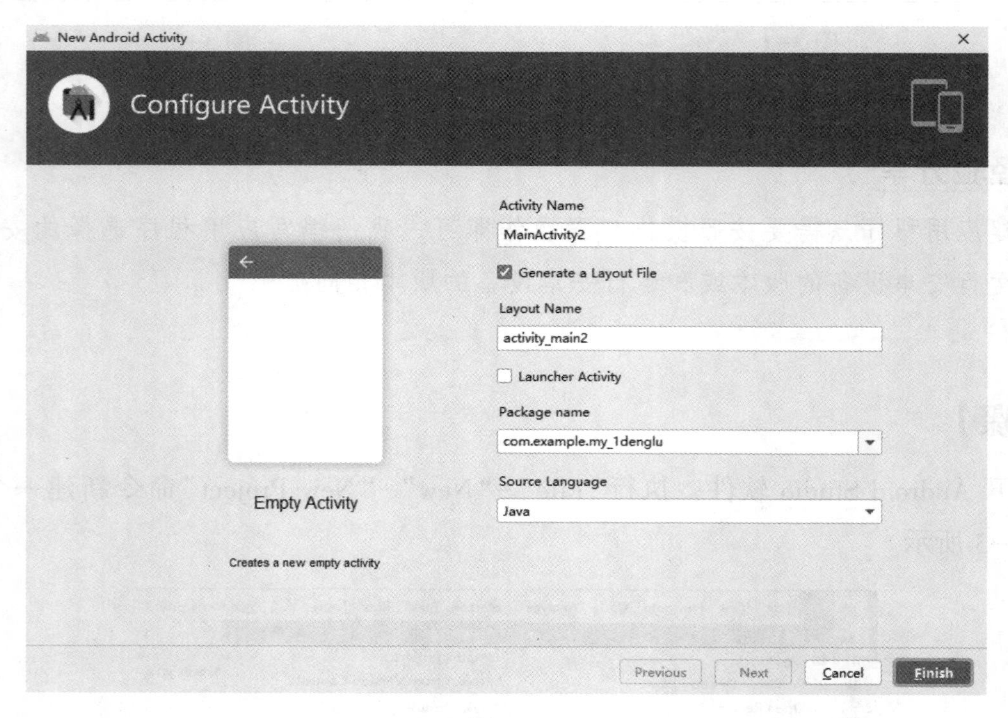

图 3-5

(4)一个新的活动就创建好了，如图 3-6 所示。

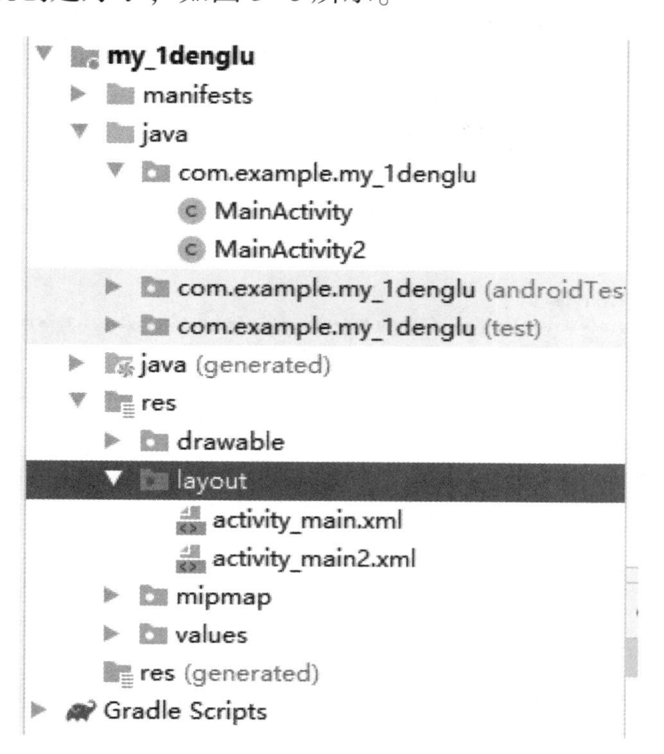

图 3-6

(5)在 activity_ main2. xml 文件中添加一个 TextView 控件显示“第二个界面”，如图 3-7 所示。

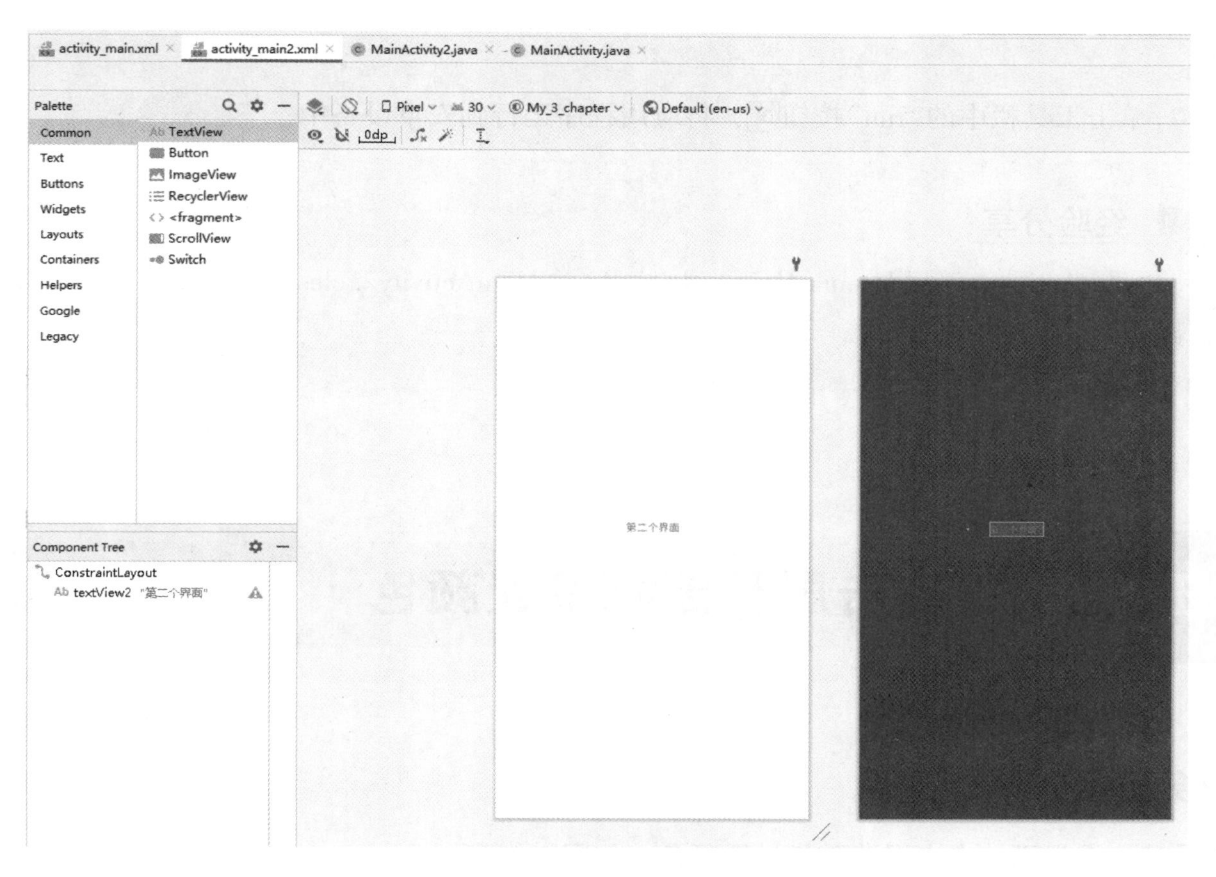

图 3-7

(6)在 MainActivity. java 文件中添加跳转界面的代码，如图 3-8 所示。

```
10  public class MainActivity extends AppCompatActivity {
11
12      @Override
13      protected void onCreate(Bundle savedInstanceState) {
14          super.onCreate(savedInstanceState);
15          setContentView(R.layout.activity_main);
16
17          Button button = findViewById(R.id.button);
18          button.setOnClickListener(new View.OnClickListener() {
19              @Override
20              public void onClick(View v) {
21                  startActivity(new Intent( packageContext: MainActivity.this,MainActivity2.class)); //从当前界面跳转到另一个界面
22              }
23          });
24
25      }
26  }
27
```

图 3-8

核心代码如下。

```
Button button= findViewById(R.id.button);  //绑定 Batton 控件 id
button.setOnClickListener(new View.OnClickListener(){
    @Override
    public void onClick(View v){
      startActivity(new Intent(MainActivity.this,MainActivity2.class));
      //从当前界面跳转到另一个界面
    }
});
```

(7)单击工具栏中的“run”按钮▶，将应用程序运行到安卓设备中。

经验分享

“startActivity(new Intent(MainActivity. this, MainActivity2. class));”实现从当前界面跳转到另一个界面。

任务 2 点击屏幕随机设置颜色

【任务描述】

设计一个界面，点击屏幕随机设置颜色，如图 3-9 所示。

(1)界面文本显示控件显示内容为“点击屏幕将显示随机颜色”。

(2)点击屏幕，屏幕显示随机颜色。

图 3-9

操作视频

【操作步骤】

(1)打开 Android Studio 软件，新建一个工程。

(2)打开工程，给约束布局添加 id，如图 3-10 所示。

(3)在 MainActivity. java 文件中添加更换背景颜色代码，如图 3-11 所示。

```
<?xml version="1.0" encoding="utf-8"?>
<androidx.constraintlayout.widget.ConstraintLayout xmlns:android="http://schemas.android.com/apk/res/android"
    xmlns:app="http://schemas.android.com/apk/res-auto"
    xmlns:tools="http://schemas.android.com/tools"
    android:id="@+id/con"
    android:layout_width="match_parent"
    android:layout_height="match_parent"
    tools:context=".MainActivity" />
```

图 3-10

```
public class MainActivity extends AppCompatActivity {

    @Override
    protected void onCreate(Bundle savedInstanceState) {
        super.onCreate(savedInstanceState);
        setContentView(R.layout.activity_main);

        ConstraintLayout con = findViewById(R.id.con);  //
        con.setOnClickListener(new View.OnClickListener() {
            @Override
            public void onClick(View v) {
                int x1 = (int) (Math.random()*255);  //产生一个随机数
                int x2 = (int) (Math.random()*255);  //产生一个随机数
                int x3 = (int) (Math.random()*255);  //产生一个随机数
                con.setBackgroundColor(Color.rgb(x1,x2,x3));  // 设置背景颜色

            }
        });

    }
}
```

图 3-11

核心代码如下。

```
ConstraintLayout con= findViewById(R.id.con);//
con.setOnClickListener(new View.OnClickListener(){
    @Override
    public void onClick(View v){
        int x1 =(int)(Math.random()* 255);                    //产生一个随机数
        int x2 =(int)(Math.random()* 255);                    //产生一个随机数
        int x3 =(int)(Math.random()* 255);                    //产生一个随机数
        con.setBackgroundColor(Color.rgb(x1,x2,x3));          //设置背景颜色
    }
});
```

经验分享

“android:id="@+id/con"”定义控件的id名。

Math.random()产生随机数函数，产生的随机数在0到1之间。

任务3 随机抽数字

【任务描述】

设计一个程序，点击按钮产生一个幸运数字，如图3-12所示。

(1)界面由按钮和文本框构成。

(2)点击按钮，文本框显示一个随机幸运数字。

(3)文本框初始显示“点击按钮开始抽幸运学号!”。

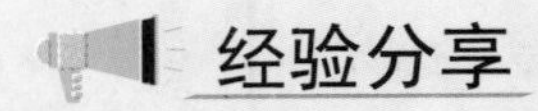

经验分享

随机数函数Math.random()可以产生0到1之间的随机数。本任务通过按钮事件产生随机数并将该数乘以10后显示到屏幕上。

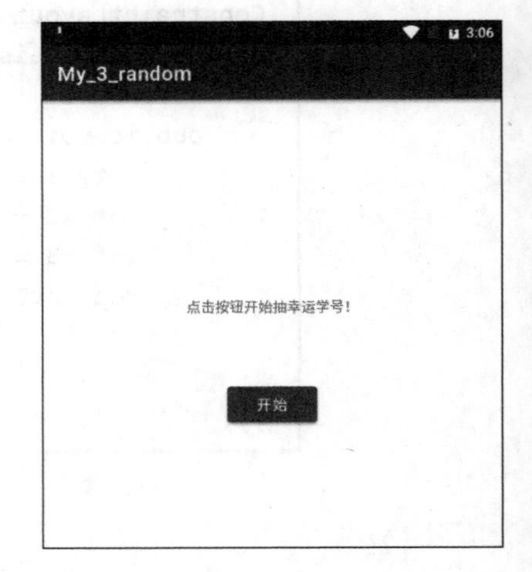

图3-12

【操作步骤】

操作视频

(1)打开 Android Studio 软件，新建一个工程。

(2)打开 activity_main. xml 文件，在界面添加 TextView 控件和 Button 控件，如图 3-13 所示。

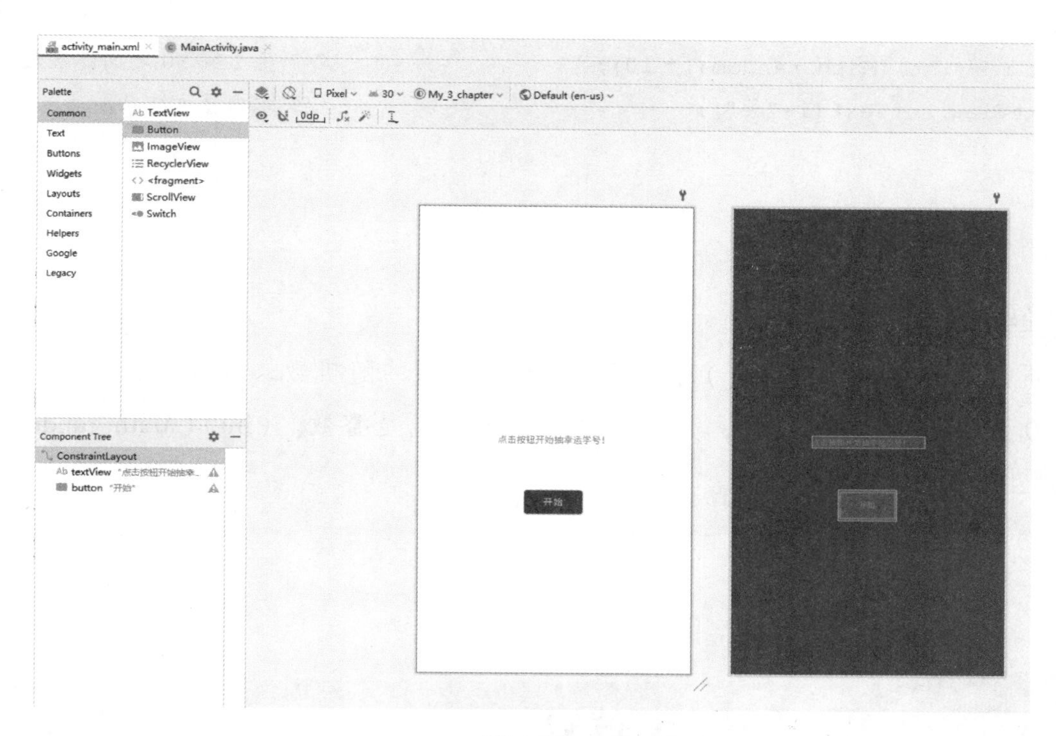

图 3-13

(3)在 MainActivity. java 文件中添加产生随机数代码，如图 3-14 所示。

```
activity_main.xml    MainActivity.java
1   package com.example.my_3_randomnumber;
2
3   import ...
9
10  public class MainActivity extends AppCompatActivity {
11
12      @Override
13      protected void onCreate(Bundle savedInstanceState) {
14          super.onCreate(savedInstanceState);
15          setContentView(R.layout.activity_main);
16
17          TextView textView = findViewById(R.id.textView);
18          Button button = findViewById(R.id.button);
19          button.setOnClickListener(new View.OnClickListener() {
20              @Override
21              public void onClick(View v) {
22                  int i = (int)(Math.random()*10);  //产生1到10之间随机数，并乘以10
23                  textView.setText(i+"号");
24              }
25          });
26      }
27  }
```

图 3-14

核心代码如下。

```
TextView textView= findViewById(R.id.textView);                    //绑定 TextView 控件 id
Button button = findViewById(R.id.button);                         //绑定 Button 控件 id
button.setOnClickListener(new View.OnClickListener(){
    @Override
    public void onClick(View v){
        int i =(int)(Math.random()* 10);                           //产生1到10之间随机数并乘以10
        textView.setText(i+"号");                                  //文本框显示结果
    }
});
```

经验分享

随机数函数 Math.random()可以产生0至1之间的随机数。Math.random() * 10 则可产生0至10之间的随机数，可能是小数，也可能是整数。(int)(Math.random() * 10)可产生0至10之间的整数。

任务4 猜数字小游戏

【任务描述】

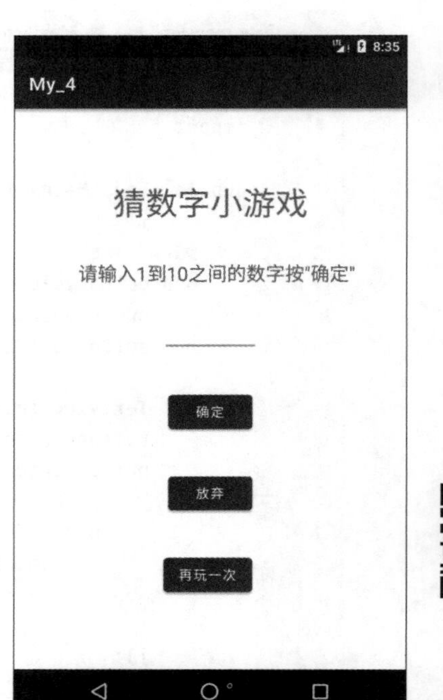

图 3-15

设计一个猜数字小游戏，如图3-15所示。

(1)界面由输入框、按钮和文本框构成。

(2)在输入框输入一个0到10之间的整数。

(3)程序对输入数字和随机数进行比较并显示结果。

【操作步骤】

(1)打开 Android Studio 软件，新建一个工程。

(2)打开 activity_main.xml 文件，在界面添加 TextView 控件、EditText 控件和 Button 控件，如图3-16所示。

(3)在 MainActivity.java 文件中添加产生随机数代码，

操作视

如图 3-17 所示。

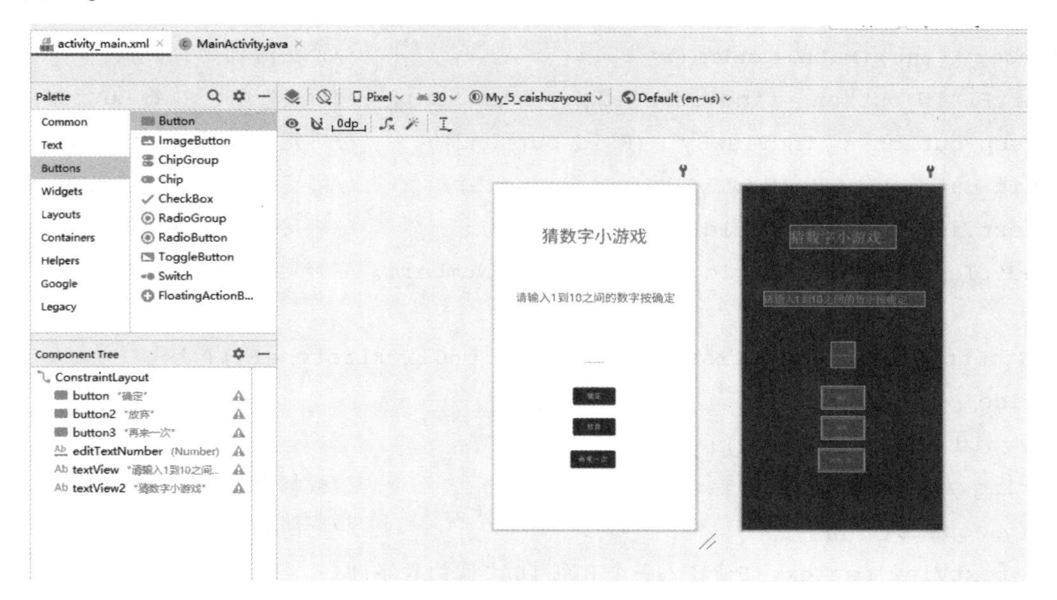

图 3-16

```java
public class MainActivity extends AppCompatActivity {
    int random_number;
    @Override
    protected void onCreate(Bundle savedInstanceState) {
        super.onCreate(savedInstanceState);
        setContentView(R.layout.activity_main);

        random_number = (int) (Math.random() * 10); //产生随机数
        Button startPLAIN_button =findViewById(R.id.button); //绑定确定按钮
        Button giveup_button = findViewById(R.id.button2);  //绑定放弃按钮
        Button again_button = findViewById(R.id.button3);   //绑定再玩一次按钮
        TextView textView =findViewById(R.id.textView);   //绑定显示控件
        EditText editText =findViewById(R.id.editTextNumber); //绑定输入控件

        startPLAIN_button.setOnClickListener(new View.OnClickListener() {
            @Override
            public void onClick(View v) {

                String y= editText.getText().toString() ; //数据类型转换
                if(y.equals("")){        //判断输入的数字是否为空
                    textView.setText("请输入一个0到10之间的数字！");
                }
                else {
                    int input_number = Integer.parseInt(y);  //将输入的字符串转换为整型

                    if (input_number > random_number) {
                        textView.setText("你猜的数字大了，再接再厉哦！");
                    } else if (input_number < random_number) {
                        textView.setText("你猜的数字小了，加油哦！");
                    } else {
                        textView.setText("你太厉害了，恭喜你猜对了！！！");
                    }
                }

            }
        });

        giveup_button.setOnClickListener(new View.OnClickListener() {
            @Override
            public void onClick(View v) {
                textView.setText("正确数字："+ random_number);

            }
        });

        again_button.setOnClickListener(new View.OnClickListener() {
            @Override
            public void onClick(View v) {
                  textView.setText("请输入1到10之间的数字按确定");
                  random_number = (int)(Math.random()*10); //产生随机数
            }
        });

    }
}
```

图 3-17

核心代码如下。

```
random_number=(int)(Math.random()* 10);                       //产生随机数
Button startPLAIN_button =findViewById(R.id.button);           //绑定"确定"按钮 Button 控件 id
Button giveup_button = findViewById(R.id.button2);             //绑定"放弃"按钮 Button 控件 id
Button again_button = findViewById(R.id.button3);              //绑定"再来一次"按钮 Button 控件 id
TextView textView =findViewById(R.id.textView);                //绑定 TextView 控件 id
EditText editText =findViewById(R.id.editTextNumber);          //绑定 EditText 控件 id

startPLAIN_button.setOnClickListener(new View.OnClickListener(){
    @Override
    public void onClick(View v){
        String y= editText.getText().toString();               //数据类型转换
        if(y.equals("")){                                       //判断输入的数字是否为空
            textView.setText("请输入一个 0 到 10 之间的数字!");
        }
        else {
            int input_number = Integer.parseInt(y);            //将输入的字符串转换为整型
            if(input_number > random_number){
                textView.setText("你猜的数字大了,再接再厉哦!");
            } else if(input_number < random_number){
                textView.setText("你猜的数字小了,加油哦!");
            } else {
                textView.setText("你太厉害了,恭喜你猜对了!!!");
            }
        }
    }
});
giveup_button.setOnClickListener(new View.OnClickListener(){
    @Override
    public void onClick(View v){
        textView.setText("正确数字:"+ random_number);
    }
});
again_button.setOnClickListener(new View.OnClickListener(){
    @Override
    public void onClick(View v){
        textView.setText("请输入 1 到 10 之间的数字按"确定"");
        random_number = (int)(Math.random()* 10);              //产生随机数
    }
});
```

经验分享

“y. equals("")”判断字符串 y 的值是否为空值。

“Integer. parseInt(y)”将字符串 y 的值转换为整型。

任务 5 登录功能

【任务描述】

设计一个具有登录功能的应用程序，如图 3-18、图 3-19 所示。

(1)应用程序需要输入固定账号和密码才能登录。

(2)如果账号出错将会提示账号出错。

(3)如果密码出错将会提示密码出错。

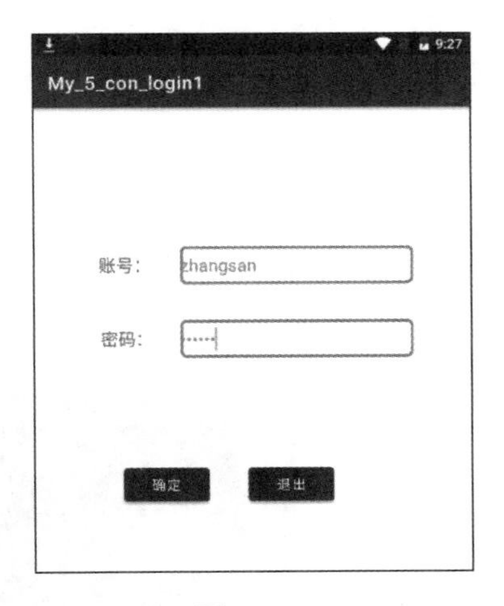

图 3-18

图 3-19

【操作步骤】

(1)打开 Android Studio 软件，新建一个工程。

操作视频

(2)按本单元“任务 1 界面跳转”中操作方式新增活动，在 activity_main. xml 文件中设计登录界面布局，添加两个 TextView 控件、两个 Button 控件和两个 EditText 控件，并设置“确定”按钮 Button 控件 id 为 button_start，“退出”按钮 Button 控件 id 为 button_finish，账号输入框 EditText 控件 id 为 input_name，密码输入框 EditText 控件 id 为 input_

Password，使用约束布局在界面布局中添加，如图 3-20 所示。

(3)在 activity_ main2. xml 文件中设计登录成功的界面，在界面添加一个 TextView 控件，文本显示“欢迎进入主界面!”，如图 3-21 所示。

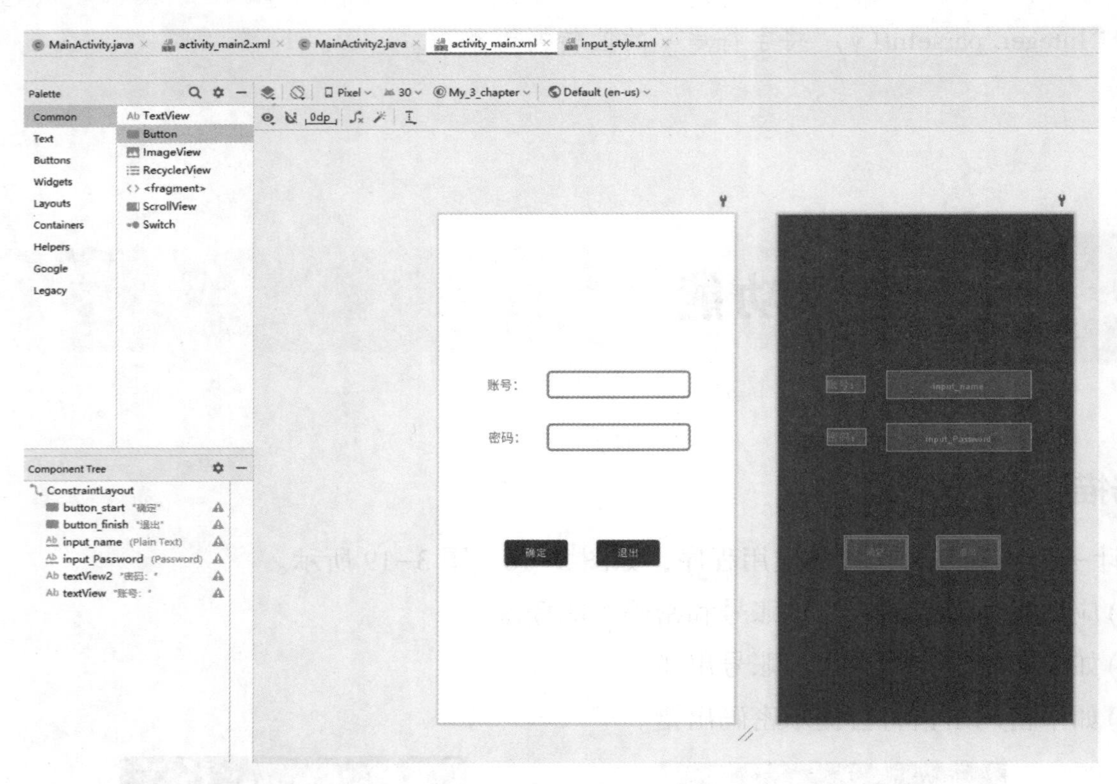

图 3-20

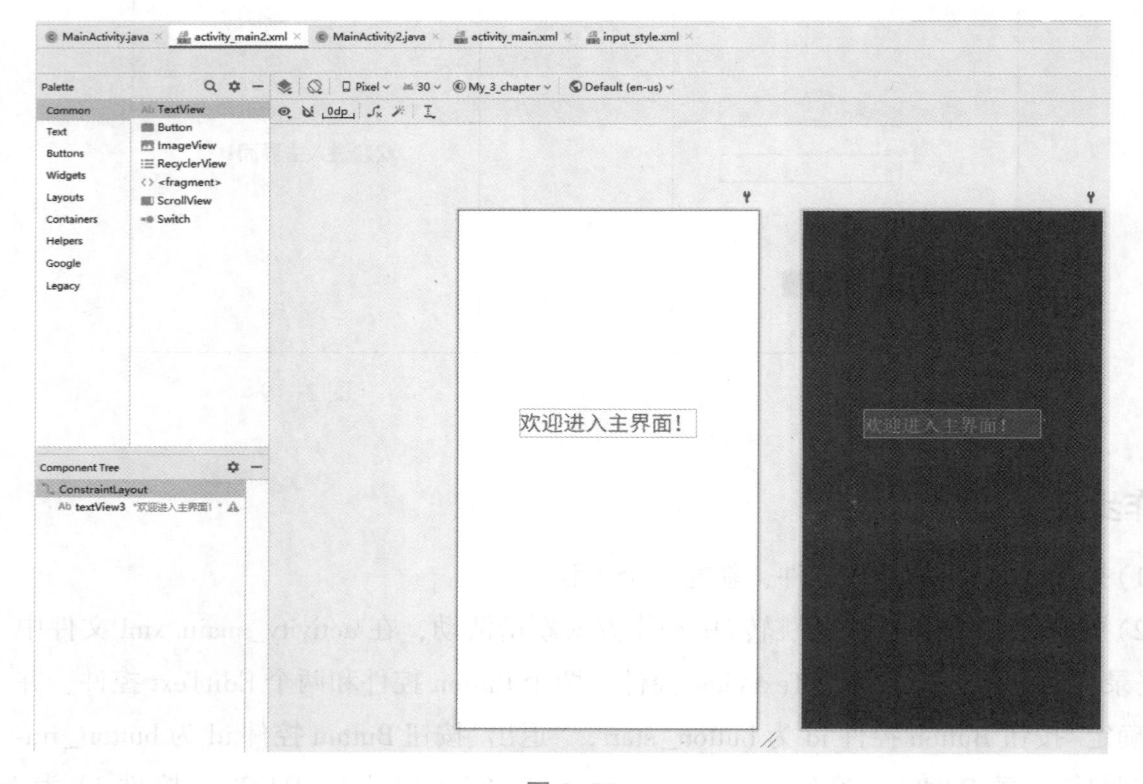

图 3-21

(4)在 MainActivity. java 文件中添加跳转界面和实现登录功能的代码，如图 3-22 所示。

```
1   package com.example.my_5_con_login1;
2
3   import ...
11
12  public class MainActivity extends AppCompatActivity {
13
14      @Override
15      protected void onCreate(Bundle savedInstanceState) {
16          super.onCreate(savedInstanceState);
17          setContentView(R.layout.activity_main);
18
19          EditText input_name = findViewById(R.id.input_name);  //绑定输入账号控件
20          EditText input_pasword = findViewById(R.id.input_Password); //绑定输入密码控件
21          Button button_start = findViewById(R.id.button_start);  //绑定确定按钮控件
22          Button button_finish = findViewById(R.id.button_finish);  //绑定退出按钮控件
23
24          button_start.setOnClickListener(new View.OnClickListener() {
25              @Override
26              public void onClick(View v) {
27                  if(input_name.getText().toString().equals("zhangsan")){  //判断输入账号是否为"zhangsan"
28                      if (input_pasword.getText().toString().equals("123456")){  //判断输入密码是否为"123456"
29                          startActivity(new Intent( packageContext: MainActivity.this,MainActivity2.class));  //输入账号密码都正确，跳转到到主界面
30                      }
31                      else {
32                          Toast.makeText( context: MainActivity.this, text: "您输入的密码有误！",Toast.LENGTH_SHORT).show();
33                      }
34                  }
35                  else {
36                      Toast.makeText( context: MainActivity.this, text: "您输入的账号不存在！",Toast.LENGTH_SHORT).show();
37                  }
38
39              }
40          });
41          button_finish.setOnClickListener(new View.OnClickListener() {
42              @Override
43              public void onClick(View v) {
44                  finish();
45              }
46          });
47
48      }
49  }
```

图 3-22

核心代码如下。

```
EditText input_name= findViewById(R.id.input_name);            //绑定账号输入框 EditText 控件 id
EditText input_pasword = findViewById(R.id.input_Password);    //绑定输入密码输入框 EditText 控件 id
Button button_start = findViewById(R.id.button_start);         //绑定“确定”按钮 Button 控件 id
Button button_finish = findViewById(R.id.button_finish);       //绑定“退出”按钮 Button 控件 id
button_start.setOnClickListener(new View.OnClickListener(){
    @Override
    public void onClick(View v){
        if(input_name.getText().toString().equals("zhangsan")){
        //判断输入账号是否为"zhangsan"
            if(input_pasword.getText().toString().equals("123456")){
            //判断输入密码是否为"123456"
                startActivity(new Intent(MainActivity.this,MainActivity2.class));
                //输入账号密码都正确,跳转到到主界面
            }
            else {
                Toast.makeText(MainActivity.this,"您输入的密码有误!",Toast.LENGTH_SHORT)
.show();
            }
```

```
        }
        else {
            Toast.makeText(MainActivity.this,"您输入的账号不存在!",Toast.LENGTH_SHORT)
.show();
        }
    }
});
button_finish.setOnClickListener(new View.OnClickListener(){
    @Override
    public void onClick(View v){
        finish();
    }
});
```

(5)单击工具栏中的“run”按钮▶，将应用程序运行到安卓设备中。

经验分享

“startActivity(new Intent(MainActivity.this, MainActivity2.class));”实现从当前界面跳转到另一个界面。

任务6 篮球积分器

【任务描述】

利用约束布局设计篮球积分器，如图3-23所示。

(1)界面功能可以实现分别为两个队伍加分。

(2)点击“重置”按钮可以清空两队的分数。

(3)点击“退出”按钮可以退出应用程序。

经验分享

篮球积分器可以运用数学计算实现。

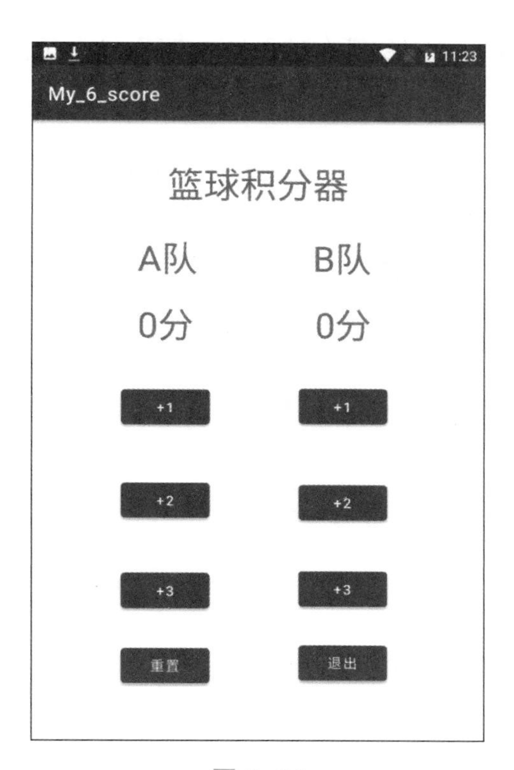

图 3-23

【操作步骤】

(1) 打开 Android Studio 软件，新建一个工程。

(2) 打开 activity_main. xml 文件，界面布局如图 3-24 所示。

操作视频

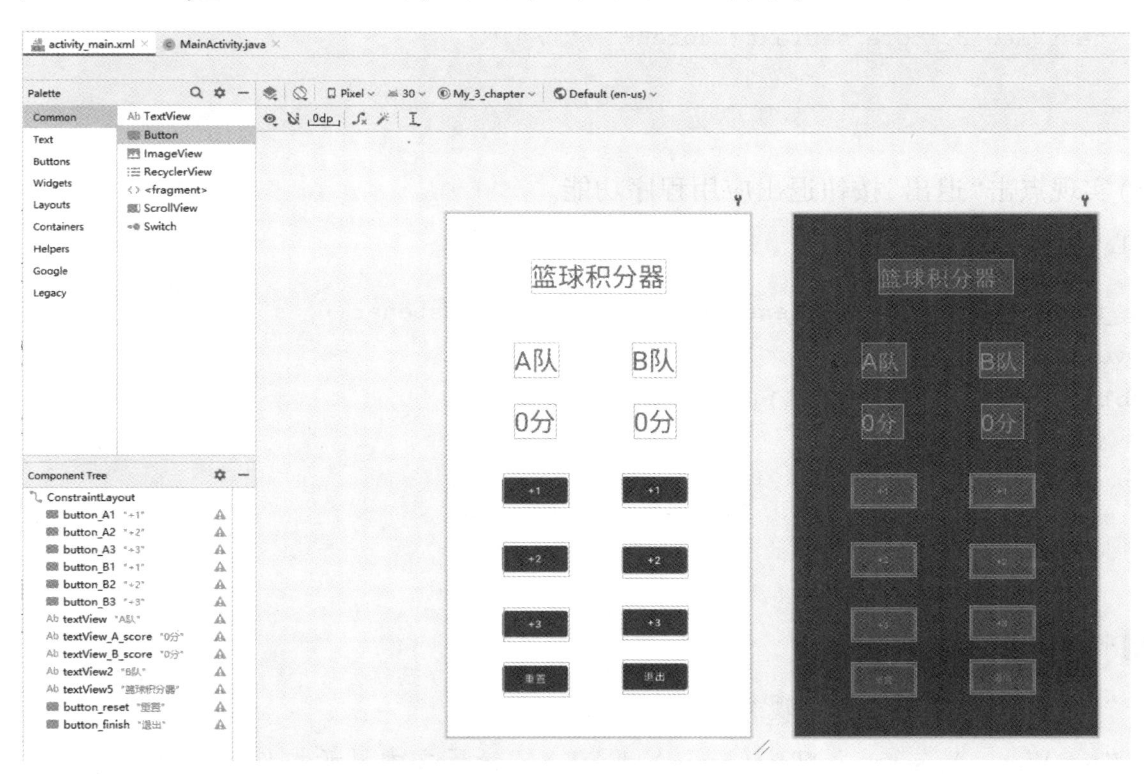

图 3-24

(3)实现点击“+1”按钮加1分的功能(加2分、加3分功能类似)。

核心代码如下。

```
intscoreA=0;                                         //定义分数变量
intscoreB=0;                                         //定义分数变量
TextView textView_A_score= findViewById(R.id.textView_A_score);
Button button_A1= findViewById(R.id.button_A1);
button_A1.setOnClickListener(new View.OnClickListener(){
    @Override
    public void onClick(View v){
      scoreA=scoreA+1;
      textView_A_score.setText(scoreA+"分");
    }
});
```

(4)实现点击“重置”按钮重置的功能。

核心代码如下。

```
button_reset.setOnClickListener(new View.OnClickListener(){
    @Override
    public void onClick(View v){
        scoreA=0;
        scoreB=0;
        textView_A_score.setText(scoreA+"分");
        textView_B_score.setText(scoreB+"分");
    }
});
```

(5)实现点击“退出”按钮退出应用程序功能。

核心代码如下。

```
button_finish.setOnClickListener(new View.OnClickListener(){
    @Override
    public void onClick(View v){
        finish();
    }
});
```

经验分享

“scoreA=scoreA+1;”实现得分加1。

“textView_A_score.setText(scoreA+"分");”设置文本显示控件显示分数。

任务 7 简易积分器

【任务描述】

利用约束布局设计简易积分器如图 3-25、图 3-26 所示。

(1)界面功能可以实现分别输入比赛名称和双方队员名称，并在第二个界面显示。

(2)如果输入为空则提示“请填写名字”。

(3)点击“返回”按钮可以返回程序主界面。

(4)点击“重置”按钮可以清空两队的分数。

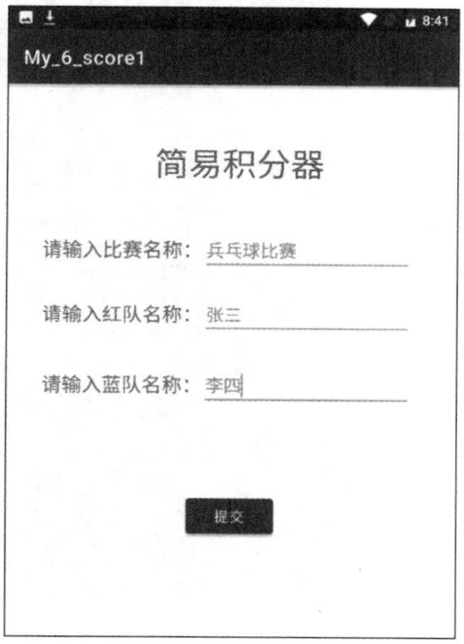

图 3-25

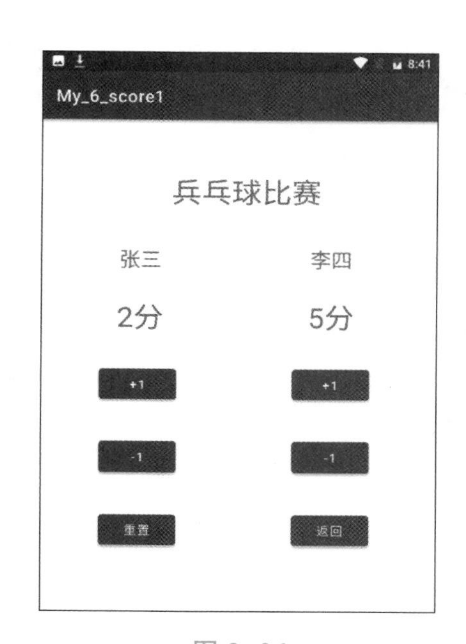

图 3-26

经验分享

简易积分器，运用了 Bundle 类知识点。Bundle 类用作携带数据，用于存放键值对形式的值。它提供了各种常用类型 putXxx()/getXxx()方法，如：putString()、getString()和 putInt()、getInt()。putXxx()用于往 Bundle 对象里放入数据，getXxx()方法用于从 Bundle 对象里获取数据。

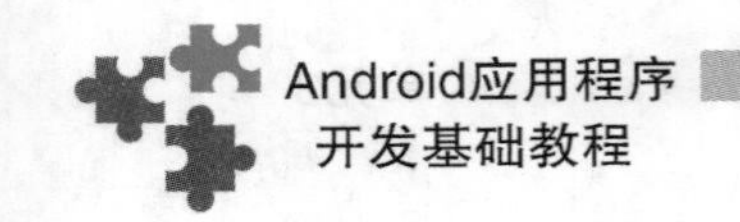

【操作步骤】

（1）打开 Android Studio 软件，新建一个工程。

（2）按本单元“任务 1 界面跳转”中操作方式新增活动，在 activity_main. xml 文件中设计“简易积分器”输入相关名称界面布局。添加 4 个 TextView EditText 控件、3 个 EditText 控件和一个 Button 控件。设置获取比赛名称的 EditText 控件 id 为 editText_gamename，获取红队名称的 EditText 控件 id 为 editText_redname，获取蓝队名称的 EditText 控件 id 为 editText_bulename，“提交”Button 按钮控件 id 为 button_submit，并使用约束布局，如图 3-27 所示。

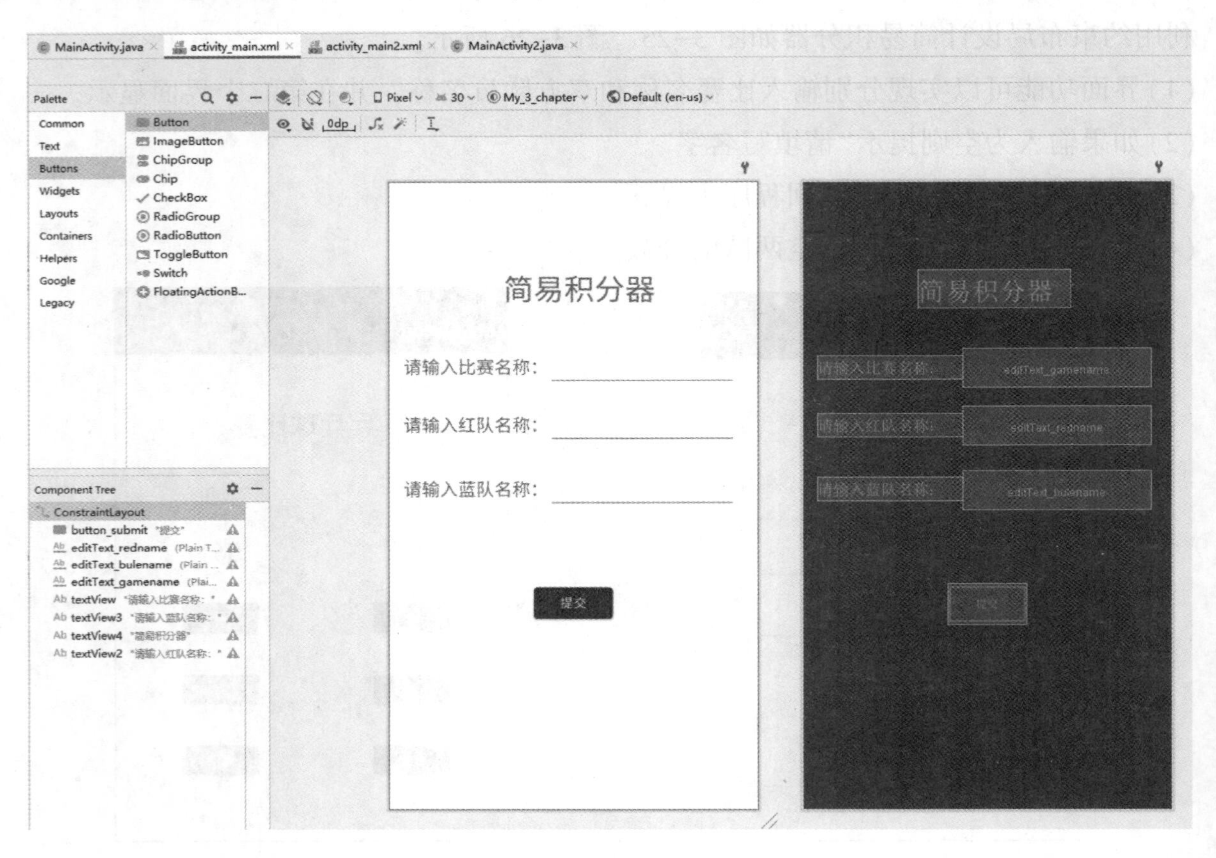

图 3-27

（3）打开 activity_main2. xml 文件，添加 5 个 TextView 控件和 8 个 Button 控件。设置“红队”EditText 控件 id 为 textView_red，“蓝队”EditText 控件 id 为 textView_blue，显示红队得分的 EditText 控件 id 为 textView_red_score，显示蓝队得分的 EditText 控件 id 为 textView_blue_score，红队的“+1”和“-1”按钮 Button 控件 id 分别为 button_red_increase1 和 button_red_decrease1，蓝队的“+1”和“-1”按钮 Button 控件 id 分别为 button_blue_increase1 和 button_blue_decrease1，“重置”按钮 Button 控件 id 为 button_reset，“退出”按钮 Button 控件 id 为 button_finish，并使用约束布局，如图 3-28 所示。

（4）实现点击“提交”按钮将主活动（MainActivity）数据通过 Intent 传递到另一个活动（Activity2），在主活动（MainActivity）中编写代码。

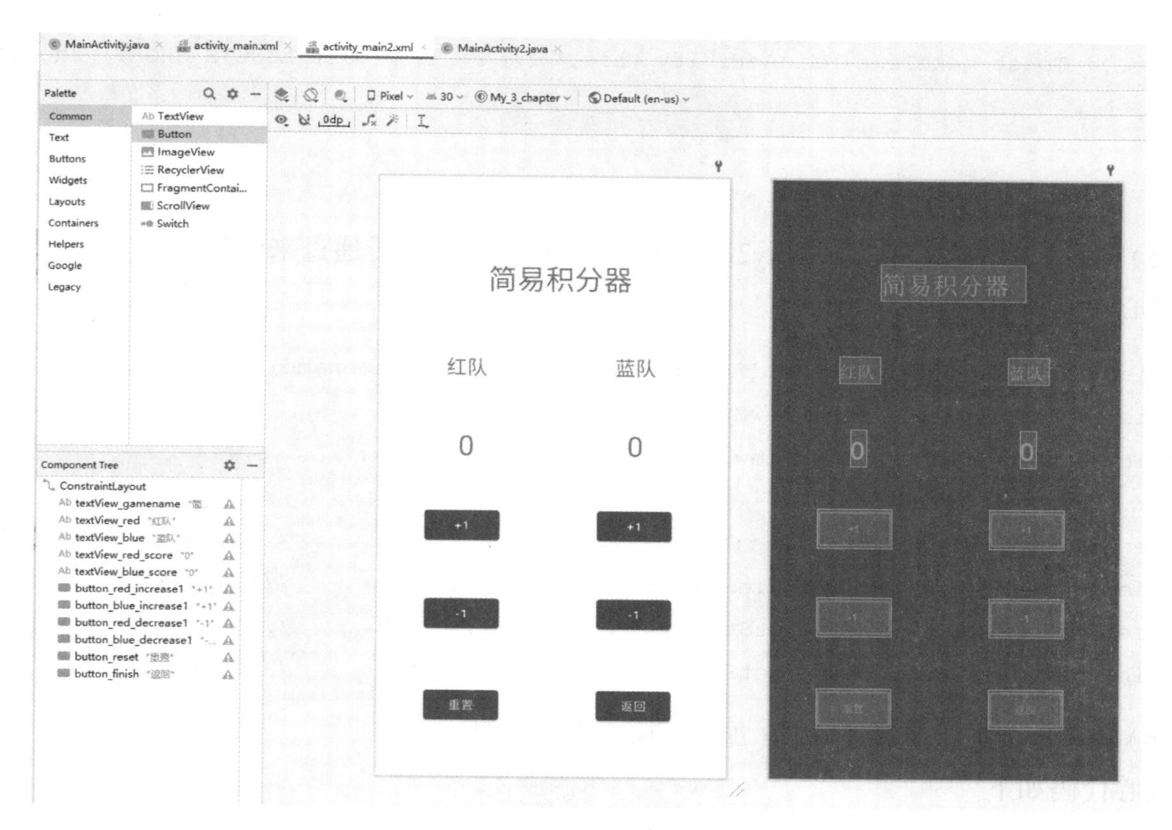

图 3-28

核心代码如下。

```
Button button_submit=findViewById(R.id.button_submit);
EditText editText_gamename=findViewById(R.id.editText_gamename);
EditText editText_redname =findViewById(R.id.editText_redname);
EditText editText_bulename =findViewById(R.id.editText_bulename);
button_submit.setOnClickListener(new View.OnClickListener(){
    @Override
    public void onClick(View v){
        String gamename = editText_gamename.getText().toString();        //获取填写内容
        String redname = editText_redname.getText().toString();          //获取填写内容
        String bulename =editText_bulename.getText().toString();         //获取填写内容
        if(!"".equals(gamename)&&!"".equals(redname)&&!"".equals(bulename)){
            Intent intent = new Intent(MainActivity.this,MainActivity2.class);
            Bundle bundle = new Bundle();                                 //新建 Bundle 类
            bundle.putCharSequence("gamename",gamename);                  //保存比赛名字
            bundle.putCharSequence("redname",redname);                    //保存红队名字
            bundle.putCharSequence("bulename",bulename);                  // 保存蓝队名字
            intent.putExtras(bundle);
            //将 Bundle 对象添加到 Intent 对象中
            startActivity(intent);                                        //启动 Intent
        }else {
```

```
        Toast.makeText(MainActivity.this,"请填写名字",Toast.LENGTH_SHORT).show();
    }
  }
});
```

(5)在另一个活动(MainActivity2)中编写代码接收主活动传递过来的数据。

核心代码如下。

```
TextView textView_gamename=findViewById(R.id.textView_gamename);
TextView textView_red = findViewById(R.id.textView_red);
TextView textView_blue = findViewById(R.id.textView_blue);
Intent intent=getIntent();                                         //获取 Intent 对象
Bundle bundle = intent.getExtras();                                //获取传递的 Bundle 信息
textView_gamename.setText(bundle.getString("gamename"));           //获取比赛名称并显示
textView_red.setText(bundle.getString("redname"));                 //获取红队名称并显示
textView_blue.setText(bundle.getString("bulename"));               //获取蓝队名称并显示
```

(6)实现分数加 1 和减 1 功能(加 2、减 2 功能类似)。

核心代码如下。

```
intscore_red=0;
int score_blue=0;
TextView textView_red_score= findViewById(R.id.textView_red_score);
Button button_red_increase1= findViewById(R.id.button_red_increase1);
Button button_red_decrease1= findViewById(R.id.button_red_decrease1);
button_red_increase1.setOnClickListener(new View.OnClickListener(){
    @Override
    public void onClick(View v){
        score_red=score_red+1;
        textView_red_score.setText(score_red+"分");
    }
});
    button_red_decrease1.setOnClickListener(new View.OnClickListener(){
    @Override
    public void onClick(View v){
        score_red=score_red-1;
        textView_red_score.setText(score_red+"分");
    }
});
```

(7)实现分数清空功能。

```
Button button_reset= findViewById(R.id.button_reset);
button_reset.setOnClickListener(new View.OnClickListener(){
```

```
    @Override
    public void onClick(View v){
        score_red=0;
        score_blue=0;
        textView_red_score.setText(score_red+"分");
        textView_blue_score.setText(score_blue+"分");
    }
});
```

(8)实现点击“返回”按钮返回主界面功能。

核心代码如下。

```
Button button_finish= findViewById(R.id.button_finish);
button_finish.setOnClickListener(new View.OnClickListener(){
    @Override
    public void onClick(View v){
        finish();
    }
});
```

(9)单击工具栏中的“run”按钮▶，将程序运行到安卓设备中。

经验分享

finish( )函数的作用是关闭当前活动。

任务 8 计算身体质量指数

【任务描述】

利用约束布局设计计算身体质量指数(BMI)，如图 3-29、图 3-30 所示。

(1)分别输入身高、体重能实现计算一个人的 BMI 值。

(2)如果输入为空则提示填写相应内容。

(3)点击“返回”按钮可以返回主界面。

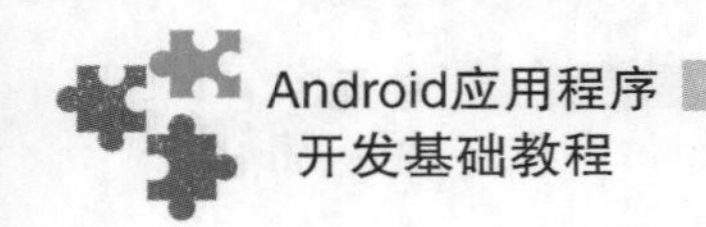

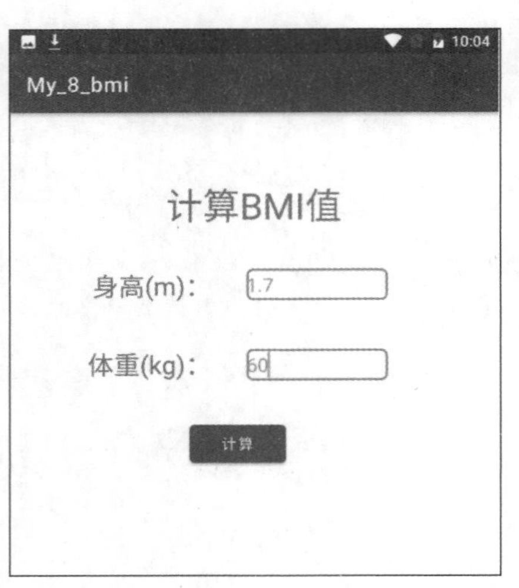

图 3-29

图 3-30

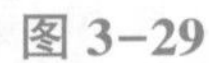

【操作步骤】

（1）打开 Android Studio 软件，新建一个工程。

（2）按本单元“任务 1 界面跳转”中操作方式新增活动，在 activity_main. xml 文件中设计“计算 BMI 值”输入相关数据界面布局，添加 3 个 TextView 控件、两个 EditText 控件和一个 Button 控件。设置获取身高的 EditText 控件 id 为 editText_height，获取体重的 EditText 控件 id 为 editText_weight，根据单元 1“任务 4 添加线框”介绍的方法给文本输入控件添加边框，设置“计算”按钮 Button 控件 id 为 button_submit，并使用约束布局，如图 3-31 所示。

操作视

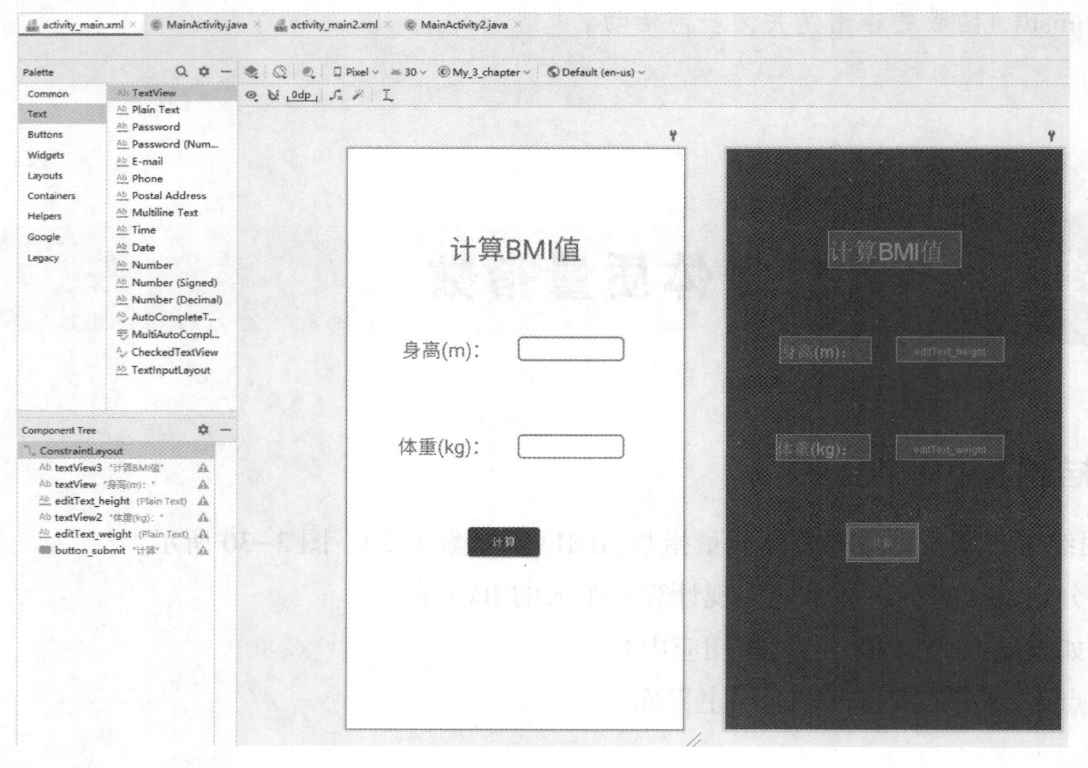

图 3-31

（3）打开 activity_main2.xml 文件，添加 3 个 TextView 控件和一个 Button 控件，并设置“您的身高”TextView 控件 id 为 textView_height，“您的体重”TextView 控件 id 为 textView_weight，“您的 BMI 值为”TextView 控件 id 为 textView_View，“返回”按钮 Button 控件 id 为 button_finish，并使用约束布局，如图 3-32 所示。

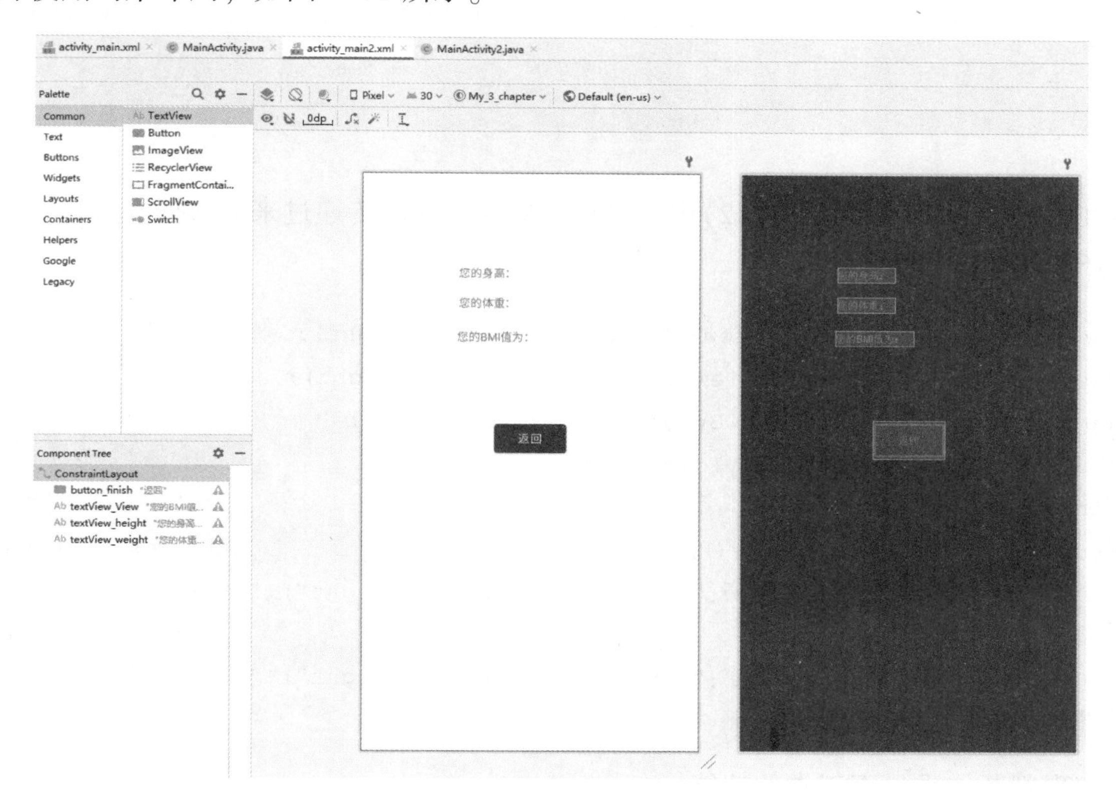

图 3-32

（4）实现点击“计算”按钮将主活动（MainActivity）数据通过 Intent 传递到另一个活动（Activity2）的功能，在主活动（MainActivity）中编写代码。

核心代码如下。

```
EditText editText_height= findViewById(R.id.editText_height);
EditText editText_weight =findViewById(R.id.editText_weight);
Button button =findViewById(R.id.button_submit);
button.setOnClickListener(new View.OnClickListener(){
    @Override
    public void onClick(View v){
      String height = editText_height.getText().toString();
      String weight = editText_weight.getText().toString();
        if(!"".equals(height)&&!"".equals(weight)){
            Intent intent = new Intent(MainActivity.this,MainActivity2.class);
            Bundle bundle =new Bundle();
            bundle.putCharSequence("height",height);          //保存身高
            bundle.putCharSequence("weight",weight);          //保存体重
```

```
        intent.putExtras(bundle);
        //将 Bundle 对象添加到 Intent 对象中
        startActivity(intent);                              //启动 Intent
    }else {
        Toast.makeText(MainActivity.this,"请输入身高或体重",Toast.LENGTH_SHORT).show();
    }
  }
});
```

(5)在另一个活动(MainActivity2)中编号代码接收主活动传递过来的数据。

核心代码如下。

```
TextView textView_height=findViewById(R.id.textView_height);
TextView textView_weight =findViewById(R.id.textView_weight);
TextView textView_View =findViewById(R.id.textView_View);
Button button_finish =findViewById(R.id.button_finish);
Intent intent = getIntent();                                //获取 Intent 对象
Bundle bundle = intent.getExtras();                         //获取传递的 Bundle 信息
textView_height.setText("您的身高:"+bundle.getString("height")+"m");
//获取身高值并显示
textView_weight.setText("您的体重:"+bundle.getString("weight")+"kg");
//获取体重值并显示
```

(6)实现判断体重是否正常的功能。

核心代码如下。

```
floatheight,weight,bmi;
height= Float.parseFloat(bundle.getString("height"));
weight = Float.parseFloat(bundle.getString("weight"));
bmi =weight/(height* height);
if(bmi>24.0){
    textView_View.setText("您的 BMI 值:"+bmi+"  您的体重偏重,注意饮食");
}else if(bmi>18.5){
    textView_View.setText("您的 BMI 值:"+bmi+"  太好了,您的体重正常");
}else {
    textView_View.setText("您的 BMI 值:"+bmi+"  您的体重偏轻,注意饮食");
}
```

(7)实现点击“返回”按钮返回主界面的功能。

核心代码如下。

```
Button button_finish= findViewById(R.id.button_finish);
button_finish.setOnClickListener(new View.OnClickListener(){
```

```
    @Override
    public void onClick(View v){
        finish();
    }
});
```

经验分享

android: layout_gravity="center", center 让控件居中显示。

android: layout_gravity="left | bottom", left | bottom 让控件在左下角显示。

【单元小结】

本单元在任务设计过程中，讲述了 MainActivity. java 的程序设计，编程实现界面、更换背景颜色、应用 Math. random( )产生随机整数、在控件显示变量值，if 语句条件应用，Toast 实现信息提示、变量的取整、变量的运算、应用 finish( )退出程序、应用 getIntent( )和 getExtras( )实现参数传递等技能。

【拓展任务】

训练 1　关闭程序

【任务描述】

设计一个关闭程序按钮，如图 3-33 所示。

(1) 设计一个按钮，按钮文本显示“退出”。

(2) 点击“退出”按钮，应用程序关闭。

图 3-33

核心代码提示如下。

```
Button button=findViewById(R.id.button);                    //绑定 Button 控件 id
button.setOnClickListener(new View.OnClickListener(){
    @Override
    public void onClick(View v){
        finish();                                           //关闭应用程序
    }
});
```

训练 2　注册界面

【任务描述】

设计一个可以跳转到注册界面的应用程序，如图 3-34、图 3-35 所示。

(1)设计两个界面，应用程序登录界面和应用程序注册界面。

(2)点击“注册”按钮，应用程序跳转到注册界面。

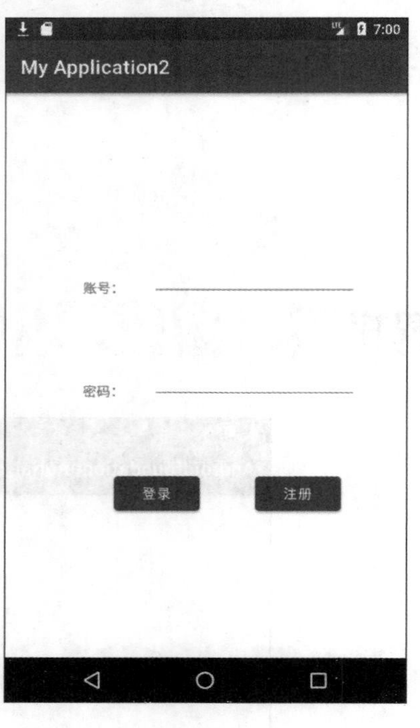

图 3-34

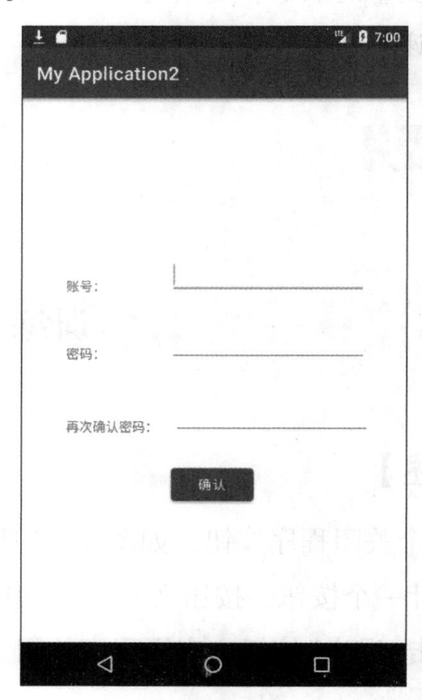

图 3-35

核心代码提示如下。

```
Button button_Sign=findViewById(R.id.button_Sign);              //绑定“登录”按钮 Button 控件 id
Button button_register =findViewById(R.id.button_register);     //绑定“注册”按钮 Button 控件 id
button_Sign.setOnClickListener(new View.OnClickListener(){
```

```
    @Override
    public void onClick(View v){
        Intent intent = new Intent(MainActivity.this,MainActivity2.class);
        startActivity(intent);                                    //跳转到登录界面
    }
});
button_register.setOnClickListener(new View.OnClickListener(){
    @Override
    public void onClick(View v){
        Intent intent = new Intent(MainActivity.this,MainActivity3.class);
        startActivity(intent);                                    //跳转到注册界面
    }
});
```

训练3 简易计算器

【任务描述】

设计一个简易的计算器，如图3-36所示。

（1）设计两个输入框，3个文本显示控件和一个按钮控件。

（2）先在输入框输入需要计算的值，点击“计算”按钮，得到两个值之和。

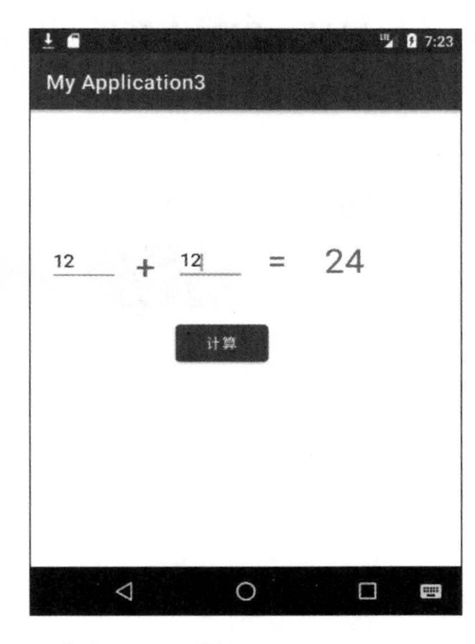

图3-36

核心代码提示如下。

```
//绑定相关控件 id
EditText editText_number1= findViewById(R.id.editTextNumber);
EditText editText_number2=findViewById(R.id.editTextNumber2);
TextView textView =findViewById(R.id.text_view);
Button button =findViewById(R.id.button);
button.setOnClickListener(new View.OnClickListener(){
    @Override
    public void onClick(View v){
```

```
        int number1= Integer.valueOf(editText_number1.getText().toString());
        //获取输入框的值并转换成整型
        int number2= Integer.valueOf(editText_number2.getText().toString());
        int number= number1+number2;
        //计算结果
        textView.setText(String.valueOf(number));
        //将结果显示到控件(需要转换成字符串类型)
    }
});
```

训练 4　模拟保存电话号码功能

【任务描述】

设计一个保存电话号码的应用程序，如图 3-37、图 3-38 所示。

(1)设计一个输入姓名和电话号码的界面。

(2)输入姓名和电话号码，点击“保存”按钮之后，界面跳转到显示界面，显示刚才输入的信息。

(3)输入内容为空时，点击“保存”按钮之后，弹出提示框“请输入姓名或电话”。

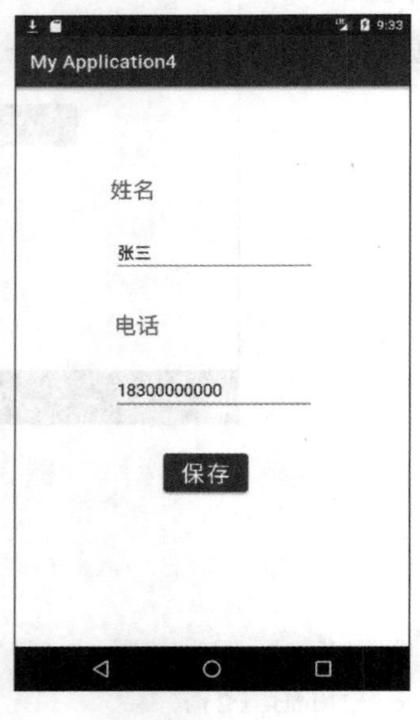

图 3-37

图 3-38

核心代码提示如下。

```
MainActivity.java
EditText editText_Name=findViewById(R.id.editText_Name);
```

```
EditText editText_number =findViewById(R.id.editText_Phone);
Button button_save =findViewById(R.id.button);
button_save.setOnClickListener(new View.OnClickListener(){
    @Override
    public void onClick(View v){
        String name = editText_Name.getText().toString();          //获取姓名
        String phone = editText_number.getText().toString();       //获取电话
        if(!"".equals(name)&&!"".equals(phone)){
            Intent intent = new Intent(MainActivity.this,MainActivity2.class);
            Bundle bundle =new Bundle();
            bundle.putCharSequence("name",name);                   //保存姓名
            bundle.putCharSequence("phone",phone);                 //保存电话号码
            intent.putExtras(bundle);              //将Bundle对象添加到Intent对象中
            startActivity(intent);                                 //启动Intent
        }else {
            Toast.makeText(MainActivity.this,"请输入姓名或电话",Toast.LENGTH_SHORT).show();
        }
    }
});
MainActivity2.java
TextView textView_view=findViewById(R.id.text_View);
Intent intent = getIntent();                                   //获取Intent对象
Bundle bundle = intent.getExtras();                            //获取传递的Bundle信息
textView_view.setText("姓名:\n"+bundle.getString("name")+
        "\n电话:\n"+bundle.getString("phone"));                 //获取值并显示
```

UNIT 4 单元 4

消息通知及广播

学习目标

本单元通过任务设计，学习使用 Toast 控件实现信息提示、使用 Notification 显示通知、使用 AlertDialog 对话框提醒用户更新应用程序、对话框实现选择喜欢的蔬菜、使用 setMultiChoiceItems 方法实现下拉多选框、使用 DatePickerDialog 实现日期选择、广播接收器 BroadcastReceovers 应用等。

【单元概述】

在安卓开发中，消息、通知、广播有什么用处？

1. 消息

(1)通过 Toast 类显示消息提示框。

Toast 类主要用于显示一些快速提示消息。

(2)使用 AlertDialog 类实现对话框。

AlertDialog 类生成带按钮的提示对话框，还可以生成带列表的列表对话框。

AlertDialog 对话框通常包含：图标区、标题区、内容区和按钮区。

2. 通知

状态栏位于手机屏幕的最上方，用来显示当前的网络状态、系统时间和电池状态等信息。在使用手机时，当有未接来电或者新短消息时，手机会给出相应的提示信息，这些提示信息通常会显示到手机屏幕的状态栏上。Android 提供了用于处理这些信息的类，包括 Notification 类和 NotificationManager 类。

其中，Notification 类是具有全局效果的通知，NotificationManager 类则用来发送 Notification 通知的系统服务。

3. 广播

在安卓开发中，当我们需要接收系统发出或者别的程序发出的消息时，就需要用到广播接收器。或者需要在应用之中传递一些数据时，我们也可以用本地广播来发送和接收这些数据。

Android 中的广播分为两种：标准广播和有序广播。标准广播是一种完全异步的广播，在广播发出之后，所有的 BroadcastReceiver 几乎在同一时间收到这条广播消息，因此它们没有先后顺序之分。这种广播的效率比较高，但是也无法被截断。有序广播是一种同步的广播，在广播发送之后，同一时刻只有一个 BroadcastReceiver 能收到广播消息，它们是有先后顺序的，优先级高的先执行，并且可以截断正在传递的广播。

任务1 Toast 提示

【任务描述】

设计一个按钮，点击后出现提示语，如图 4-1 所示。

(1) 设计一个黄色边框的按钮。

(2) 点击按钮之后，界面提示“正在为您更新…”。

图 4-1

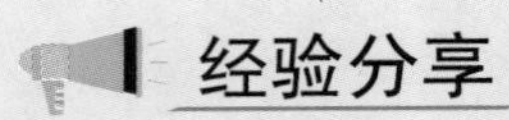

经验分享

Toast 控件用于向用户显示一些信息提示。例如，软件升级，用它进行提示；在输入框输入信息时，进行输入限制的提醒。系统默认 Toast 采用队列的方式，等当前 Toast 消失后，下一个 Toast 才显示出来。它也可以自定义位置、自定义布局以及自定义带动画效果。

【操作步骤】

操作视

(1) 打开 Android Studio 软件，新建一个工程，根据单元 1“任务 4 添加线框”介绍的方法为按钮添加一个黄色边框。

(2) 在 MainActivity. java 文件里添加函数 toast_tip，实现提示功能，如图 4-2 所示。

```
1   package com.example.my_toast;
2
3   import ...
8
9   public class MainActivity extends AppCompatActivity {
10
11      @Override
12      protected void onCreate(Bundle savedInstanceState) {
13          super.onCreate(savedInstanceState);
14          setContentView(R.layout.activity_main);
15      }
16
17      public void toast_tip(View view) {
18          Toast.makeText( context: MainActivity.this, text: "正在为您更新...",Toast.LENGTH_SHORT).show();
19
20      }
21  }
```

图 4-2

参考代码如下。

```
public voidtoast_tip(View view){
    Toast.makeText(MainActivity.this,"正在为您更新...",Toast.LENGTH_SHORT).show();
}
```

(3) 在 activity_main. xml 文件中，为按钮的 onClick 事件添加 toast_tip 函数，如图 4-3 所示。

(4) 单击工具栏中的“run”按钮▶，将程序运行到安卓设备中。

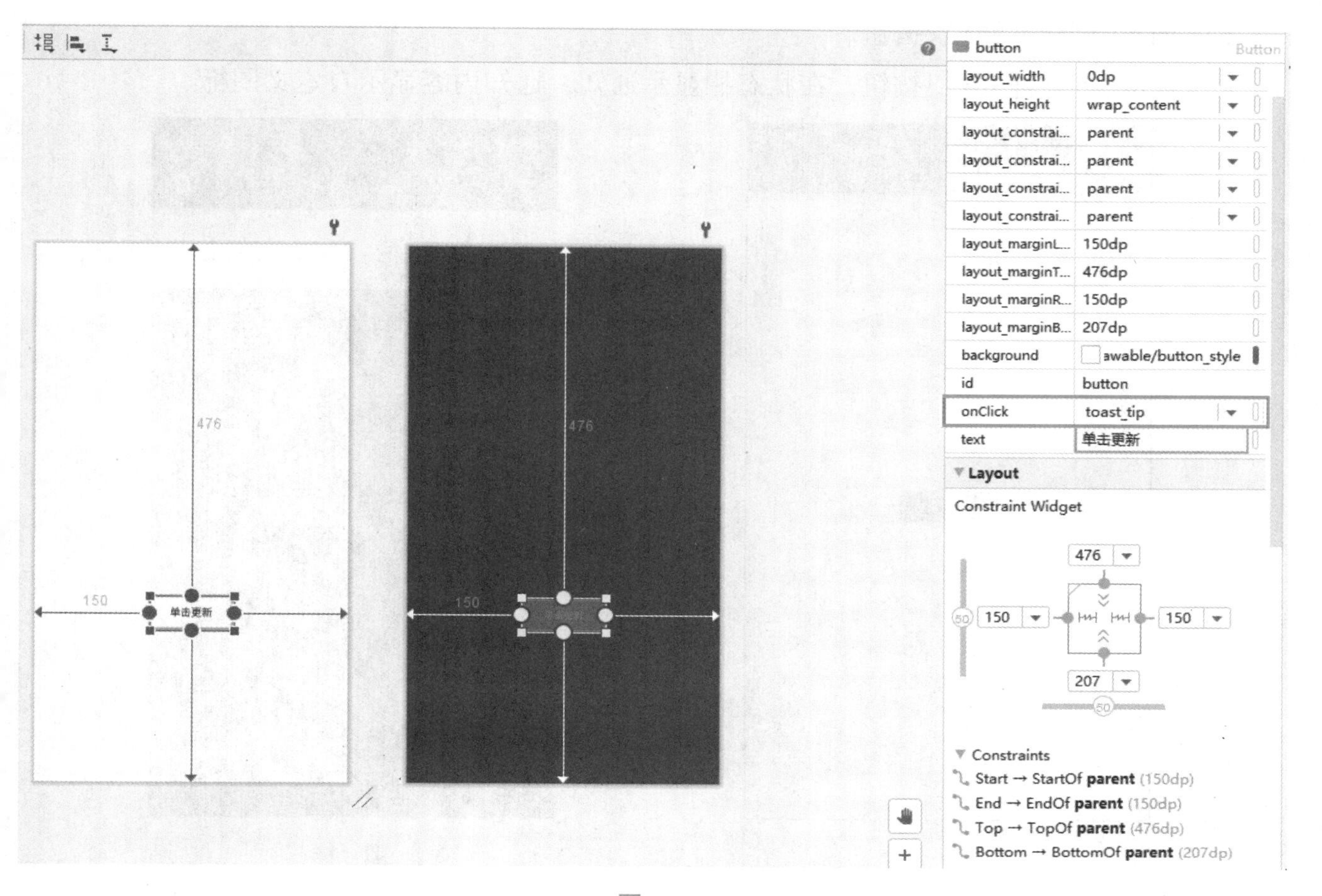

图 4-3

经验分享

```
Toast.makeText(MainActivity.this,"正在为您更新...",Toast.LENGTH_SHORT).show();
```

第一个参数为当前的上下文环境。

第二个参数为要浮现的内容。

第三个参数设置浮现时间的长短，Toast.LENGTH_SHORT 是短时间显示，Toast.LENGTH_LONG 是长时间显示。

任务 2 状态栏显示通知

【任务描述】

利用约束布局设计一个显示通知界面，如图 4-4、图 4-5 所示。

(1)创建“创建通知栏”按钮。

(2)点击“创建通知栏”按钮，在状态栏显示通知，通知内容显示自定义图标。

图 4-4

图 4-5

经验分享

Notification 是一种具有全局效果的通知。可以在系统的通知栏中显示。当 App 向系统发出通知时，它将先以图标的形式显示在状态栏中。用户可以下拉通知栏查看通知的详细信息。通知栏和抽屉式通知栏均由系统控制，用户可以随时查看。通知的目的是告知用户 App 事件，达到显示接收到的短消息、及时消息、客户端的推送消息以及显示正在进行的事务。它的基本操作有创建、更新、取消等，必要属性有小图标、标题、内容。

【操作步骤】

(1)打开 Android Studio 软件，新建一个工程。

(2)打开 activity_main. xml 文件，添加一个按钮，如图 4-6 所示。

(3)添加按钮事件，设置消息通知，如图 4-7 所示。

操作

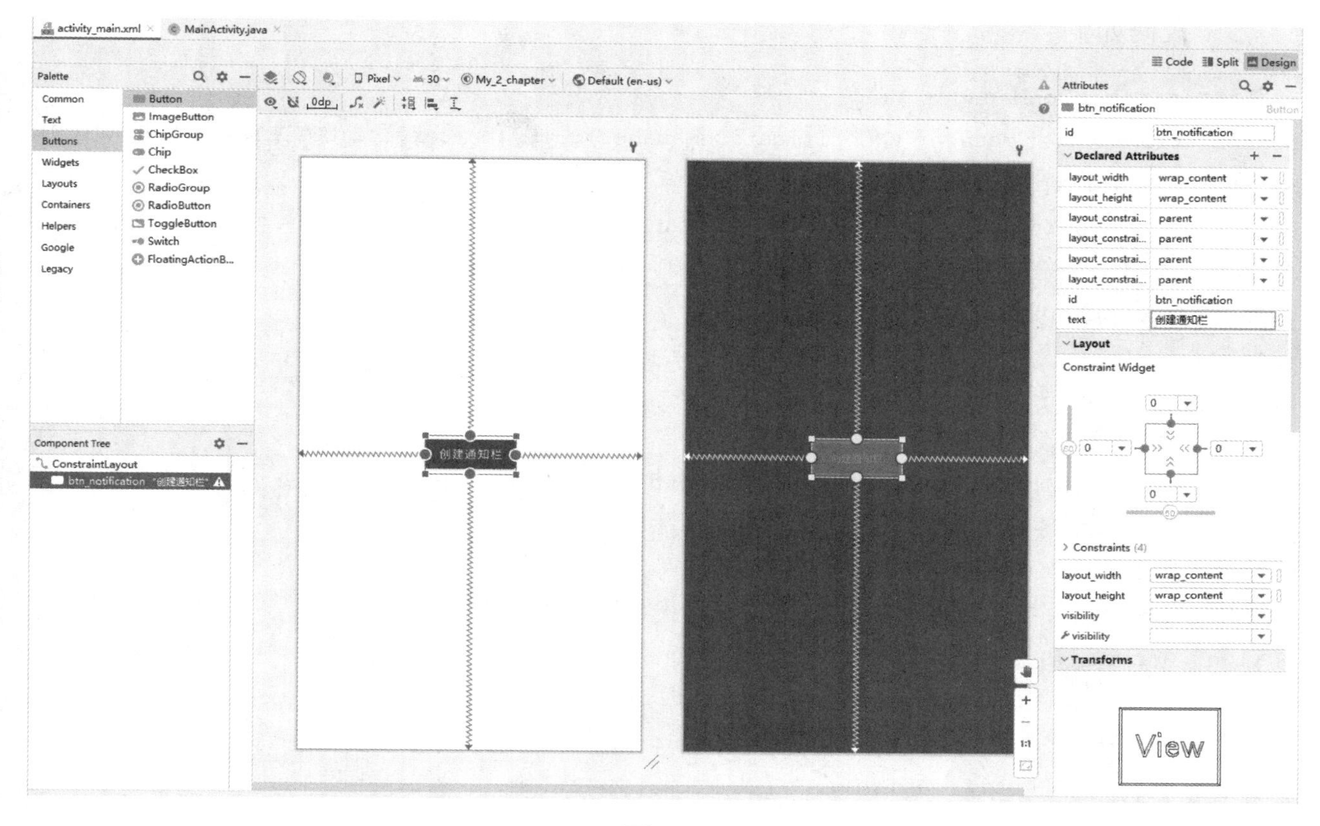

图 4-6

```
Button button_send =findViewById(R.id.btn_notification);

button_send.setOnClickListener(new View.OnClickListener() {
    @Override
    public void onClick(View v) {
        //获取NotificationManager的实例
        NotificationManager manager =(NotificationManager)getSystemService(NOTIFICATION_SERVICE);
        //创建一个  Notification.Builder对象
        Notification.Builder builder = new Notification.Builder( context: MainActivity.this);
        //标题
        builder.setContentTitle("通知");
        //内容
        builder.setContentText("你有新的包裹到了");
        //图标
        builder.setSmallIcon(android.R.drawable.btn_star_big_on);
        //通知被创建的时候顶部的提示
        builder.setTicker("我被创建了");
        //通知产生的时间，会在通知信息里显示，一般是系统获取到的时间
        builder.setWhen(System.currentTimeMillis());

        Notification notification = builder.getNotification();
        //显示通知，第一个参数是id
        manager.notify( id: 0,notification);


    }
});
```

图 4-7

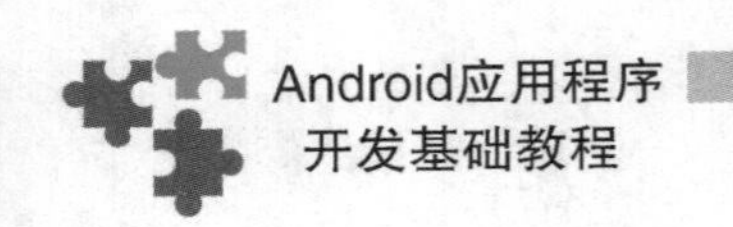

参考代码如下。

```
//获取 NotificationManager 的实例
NotificationManager manager = (NotificationManager)getSystemService(NOTIFICATION_SERVICE);
//创建一个 Notification.Builder 对象
Notification.Builder builder = new Notification.Builder(MainActivity.this);
//标题
builder.setContentTitle("通知");
//内容
builder.setContentText("你有新的包裹到了");
//图标
builder.setSmallIcon(android.R.drawable.btn_star_big_on);
//通知被创建的时候顶部的提示
builder.setTicker("我被创建了");
//通知产生的时间,会在通知信息里显示,一般是系统获取到的时间
builder.setWhen(System.currentTimeMillis());
Notification notification = builder.getNotification();
//显示通知,第一个参数是 id
manager.notify(0,notification);
```

(4)运行程序，如图 4-5 所示。

经验分享

"builder.setContentTitle("通知");"设置通知栏的标题。

"builder.setContentText("你有新的包裹到了");"设置通知栏的内容。

任务 3 提醒用户更新应用程序

【任务描述】

设计一个界面添加一个按钮，点击弹出提示对话框如图 4-8、图 4-9 所示。

(1)点击"更新"按钮弹出"是否更新?"提示对话框。

(2)对话框有"确定"和"取消"按钮。

(3)点击"确定"按钮提示"更新成功"。

图 4-8

图 4-9

经验分享

AlertDialog 对话框是 Dialog 的一个直接子类。用来提示用户做出决定，输入额外信息或显示某种状态的小窗口，通常不会填充整个屏幕，用于进行一些额外交互，能接收用户输入的信息，也可反馈信息给用户。你可定义对话框的头部信息，包括标题名或者一个图标。AlertDialog 对话框的 Content 部分，你可设置一些 message 信息，或者是定义一组选择框，还可以定义你的布局弹出框；Action Buttons 部分，你可以定义你的操作按钮。

【操作步骤】

操作视频

(1)打开 Android Studio 软件，新建一个工程。

(2)打开 activity_ main. xml 文件，在界面添加一个 TextView 控件和一个 Button 控件，设置“更新”按钮 Button 控件 id 为 button，并使用约束布局，如图 4-10 所示。

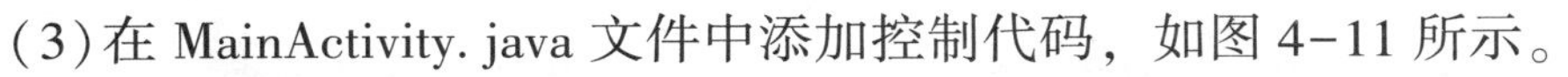

(3)在 MainActivity. java 文件中添加控制代码，如图 4-11 所示。

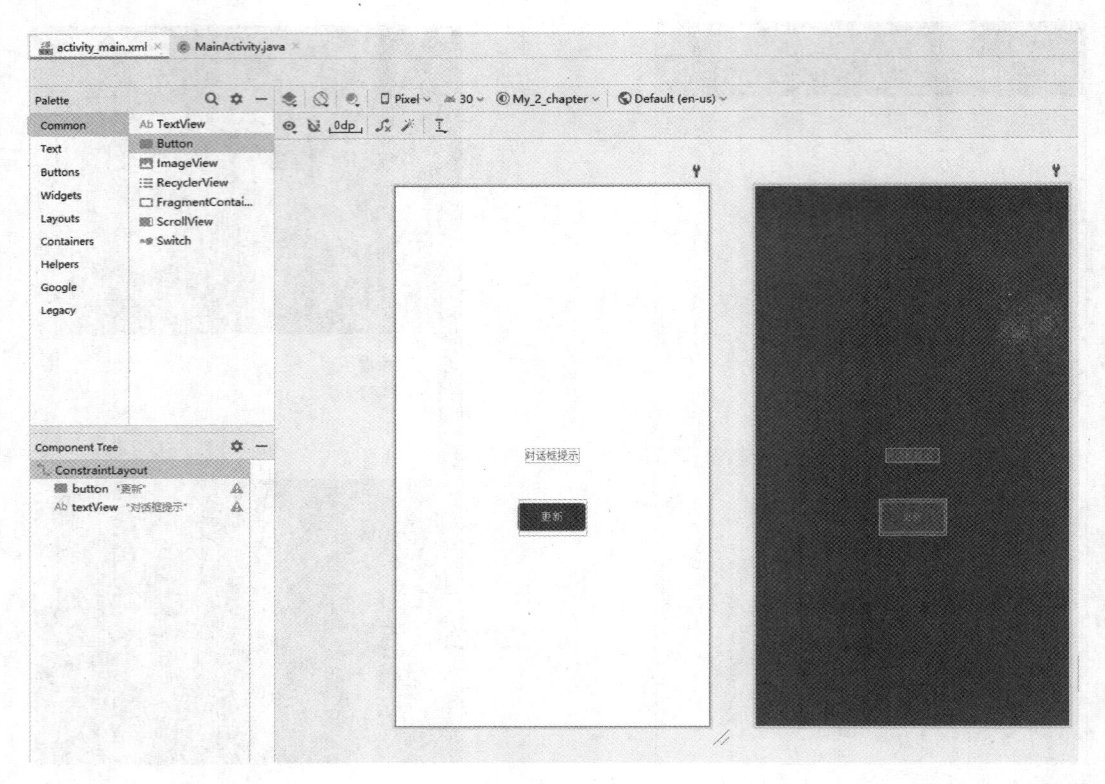

图 4-10

```
activity_main.xml × | MainActivity.java ×
1   package com.example.my_2_chapter;
2
3   import ...
11
12  public class MainActivity extends AppCompatActivity {
13
14      @Override
15      protected void onCreate(Bundle savedInstanceState) {
16          super.onCreate(savedInstanceState);
17          setContentView(R.layout.activity_main);
18
19          AlertDialog.Builder builder = new AlertDialog.Builder( context: this);
20          Button button =findViewById(R.id.button);
21          builder.setTitle("更新提示");  //设置标题
22          builder.setMessage("是否更新？").setPositiveButton( text: "确定", new DialogInterface.OnClickListener() {
23              @Override
24              public void onClick(DialogInterface dialog, int which) {
25                  Toast.makeText( context: MainActivity.this, text: "更新成功",Toast.LENGTH_SHORT).show();
26
27              }
28          }).setNegativeButton( text: "取消", new DialogInterface.OnClickListener() {
29              @Override
30              public void onClick(DialogInterface dialog, int which) {
31                  dialog.dismiss();//取消对话框
32              }
33          });
34
35          button.setOnClickListener(new View.OnClickListener() {
36              @Override
37              public void onClick(View v) {
38                  builder.create().show(); //创建对话框
39
40              }
41          });
42
43
44      }
45  }
```

图 4-11

参考代码如下。

```
AlertDialog.Builder builder = new AlertDialog.Builder(this);
Button button =findViewById(R.id.button);
builder.setTitle("更新提示");                                   //设置标题
builder.setMessage("是否更新?").setPositiveButton("确定",new DialogInterface.OnClickListener(){
    @Override
    public void onClick(DialogInterface dialog,int which){
        Toast.makeText(MainActivity.this,"更新成功",Toast.LENGTH_SHORT).show();
    }
}).setNegativeButton("取消",new DialogInterface.OnClickListener(){
    @Override
    public void onClick(DialogInterface dialog,int which){
        dialog.dismiss();                                       //取消对话框
    }
});
button.setOnClickListener(new View.OnClickListener(){
    @Override
    public void onClick(View v){
        builder.create().show();                                //创建对话框
    }
});
```

(4)单击工具栏中的“run”按钮▶，将程序运行到安卓设备中。

经验分享

“builder. setTitle("更新提示");”设置对话框标题。

“builder. create(). show();”创建对话框。

“dialog. dismiss();”取消对话框。

任务4 选择喜欢的蔬菜

【任务描述】

设计一个界面添加一个按钮，点击按钮弹出对话框显示下拉列表框，如图4-12、图4-13

所示。

(1)点击“请选择最喜欢的蔬菜”按钮弹出对话框，显示一个下拉列表框提示需要选择的蔬菜。

(2)点击对话框的选项时，提示用户选择了哪种蔬菜。

(3)确定选项后，对话框自动消失。

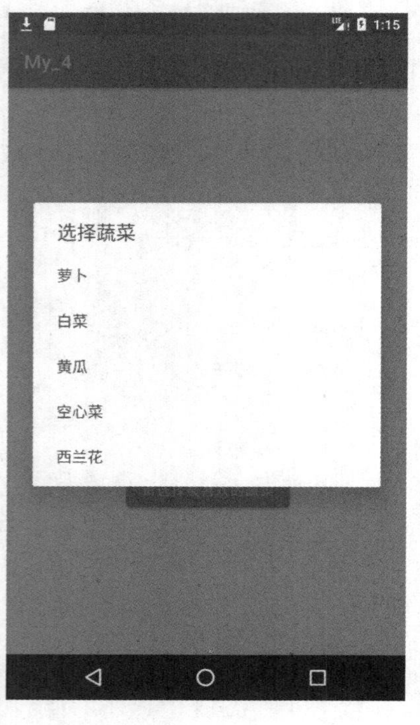

图 4-12

图 4-13

经验分享

在 AlertDialog 对话框中通过 setItems(CharSequence[] items, DialogInterface.OnClickListener listener)方法可设置下拉列表框。注意：因为下拉列表框(或者下拉多选框)是显示在 Content 中的，所以 message 信息和下拉列表框是不能够同时存在的。绑定一个 DialogInterface.OnClickListener 监听器，当选中一个选项时，对话框就会消失。通过每个选项的索引可以轻松得到用户选中的选项。

【操作步骤】

(1)打开 Android Studio 软件，新建一个工程。

(2)打开 activity_main.xml 文件，在界面添加一个 TextView 控件和一个 Button 控件，设置“请选择最喜欢的蔬菜”按钮 Button 控件 id 为 button，并使用约束布局，如图 4-14 所示。

(3)在 MainActivity.java 文件中添加控制代码。

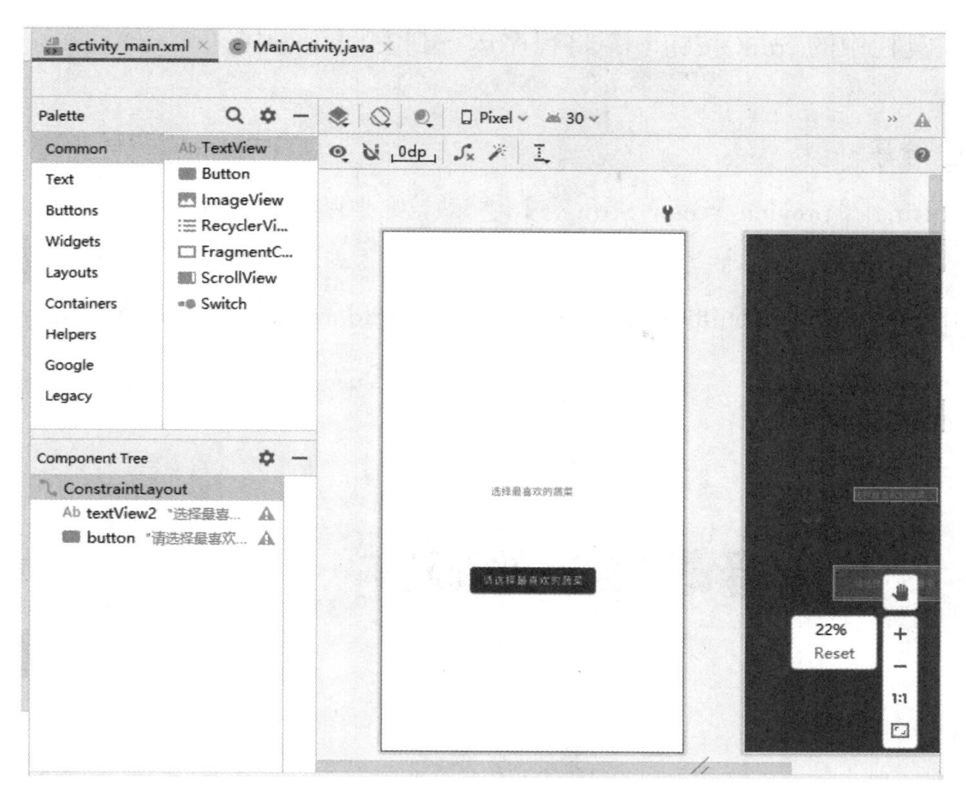

图 4-14

参考代码如下。

```
final String[]provices = new String[]{"萝卜","白菜","黄瓜","空心菜","西兰花"};//定义数组
@Override
protected void onCreate(Bundle savedInstanceState){
    super.onCreate(savedInstanceState);
    setContentView(R.layout.activity_main);
    Button button =findViewById(R.id.button);
    AlertDialog.Builder builder = new AlertDialog.Builder(this);     //实例化对象
    builder.setTitle("选择蔬菜");                                      //设置标题
    builder.setItems(provices,new DialogInterface.OnClickListener(){
        @Override
        public void onClick(DialogInterface dialog,int which){
            Toast.makeText(MainActivity.this,"你选择的蔬菜是:"+provices[which],Toast.
LENGTH_SHORT).show();
        }
    });
    button.setOnClickListener(new View.OnClickListener(){
        @Override
        public void onClick(View v){
            builder.create().show();                                   //创建实例化对话框
        }
    });
```

(4)单击工具栏中的"run"按钮▶，将程序运行到安卓设备中。

经验分享

"final String[ ] provices = new String[ ] {"萝卜","白菜","黄瓜","空心菜","西兰花"};"定义存放蔬菜名称的数组。

"AlertDialog. Builder builder = new AlertDialog. Builder(this);"实例化对象。

任务5 选择最喜欢的语言

【任务描述】

设计一个界面，添加一个按钮，点击弹出对话框显示下拉多选框，如图4-15、图4-16所示。

图4-15

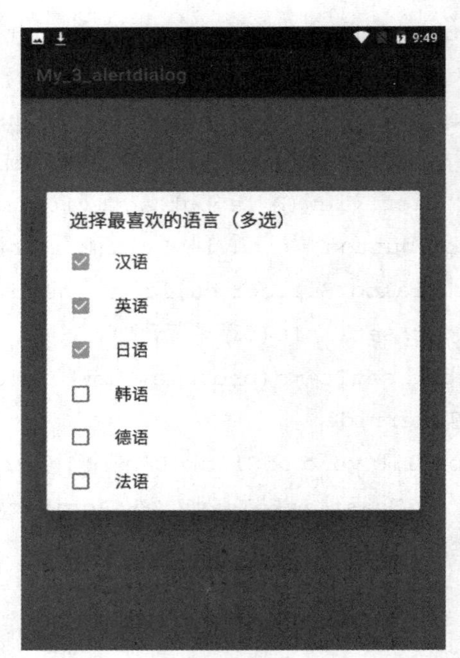

图4-16

(1)设计一个"选择你最喜欢的语言"按钮。

(2)点击"选择你最喜欢的语言"按钮，弹出对话框，显示下拉多选框。

经验分享

设置下拉多选框时使用的是 setMultiChoiceItems 方法。对于下拉多选框，当选中其中一个复选框时，对话框是不会消失的，只有点击了操作按钮才会消失。

【操作步骤】

(1)打开 Android Studio 软件，新建一个工程。

操作视频

(2)打开 activity_ main. xml 文件，在界面添加一个 TextView 控件和一个 Button 控件，设置"选择你最喜欢的语言"按钮 Button 控件 id 为 button，并使用约束布局，如图 4-17 所示。

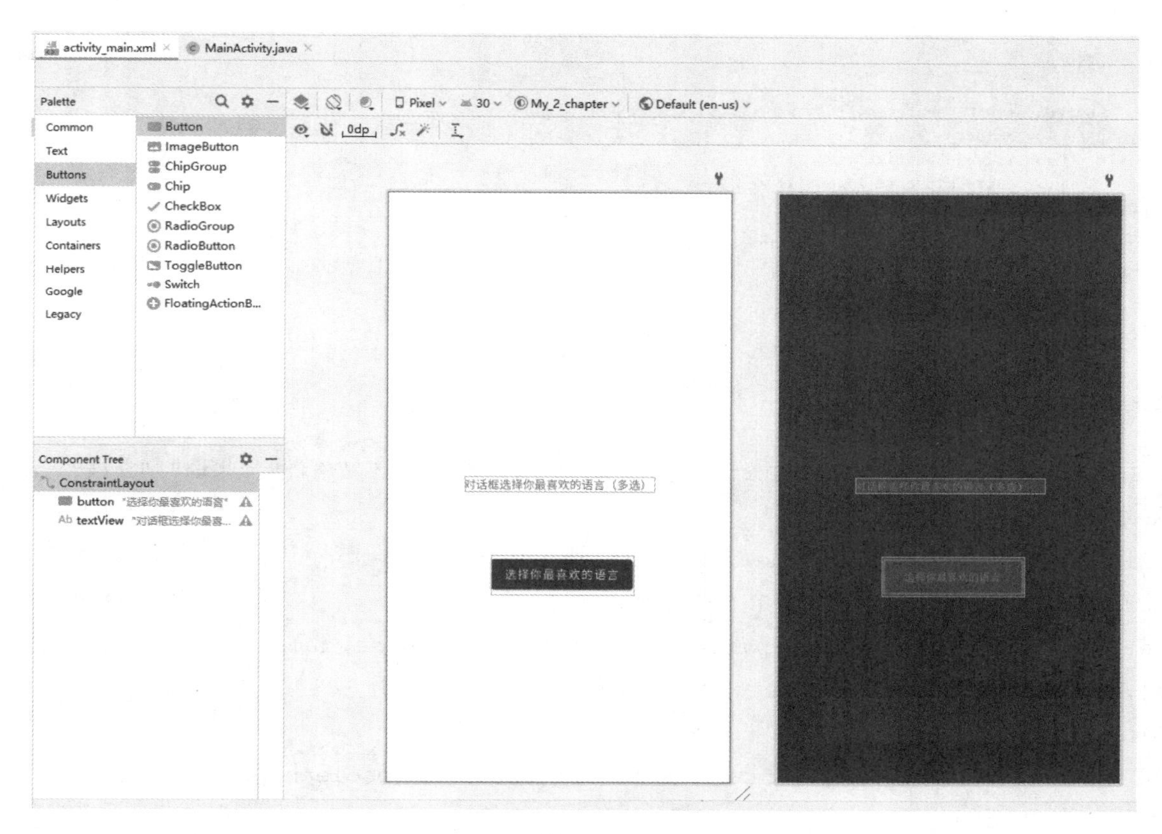

图 4-17

(3)在 MainActivity. java 文件中添加控制代码，如图 4-18 所示。

activity_main.xml × MainActivity.java ×

```
1  package com.example.my_5;
2
3  import ...
11
12 public class MainActivity extends AppCompatActivity {
13
14     @Override
15     protected void onCreate(Bundle savedInstanceState) {
16         super.onCreate(savedInstanceState);
17         setContentView(R.layout.activity_main);
18         Button button =findViewById(R.id.button);
19
20         final String [] provices = new String[]{"汉语","英语","日语","韩语","德语","法语"};//定义数组
21         AlertDialog.Builder builder = new AlertDialog.Builder( context: this);//实例化对象
22         builder.setTitle("选择最喜欢的语言（多选）");  //设置标题
23         builder.setMultiChoiceItems(provices,
24                 new boolean[]{false, false, false, false, false, false}, new DialogInterface.OnMultiChoiceClickListener() {
25             @Override
26             public void onClick(DialogInterface dialog, int which, boolean isChecked) {
27                 if (isChecked){
28                     Toast.makeText( context: MainActivity.this, text: "选择的语言为："+provices[which], Toast.LENGTH_SHORT).show();
29                 }
30
31             }
32         });
33
34         button.setOnClickListener(new View.OnClickListener() {
35             @Override
36             public void onClick(View v) {
37                 builder.create().show(); //创建实例化对话框
38
39             }
40         });
41     }
42 }
```

图 4-18

参考代码如下。

```
final String [] provices = new String[]{"汉语","英语","日语","韩语","德语","法语"};
//定义数组
AlertDialog.Builder builder = new AlertDialog.Builder(this);              //实例化对象
builder.setTitle("选择最喜欢的语言(多选)");                                //设置标题
builder.setMultiChoiceItems(provices,new boolean[]{false,false,false,false,false,
false},new DialogInterface.OnMultiChoiceClickListener(){
    @Override
    public void onClick(DialogInterface dialog,int which,boolean isChecked){
       if(isChecked){
            Toast.makeText(MainActivity.this,"选择的语言为:"+provices[which],
Toast.LENGTH_SHORT).show();
       }
    }
});
    builder.create().show();                                              //创建实例化对话框
```

(4)单击工具栏中的“run”按钮▶，将程序运行到安卓设备中。

经验分享

```
if (isChecked){
    Toast.makeText(MainActivity.this,"选择的语言为:"+provices[which],Toast.LENGTH_
SHORT).show();
}           //用于判断用户选择了多选框的那个选项
```

任务6 选择日期

【任务描述】

设计一个界面，添加一个按钮，点击按钮弹出日期选择器对话框如图4-19、图4-20所示。

图4-19

图4-20

（1）点击“请选择时间”按钮弹出日期选择器对话框。

（2）对话框有“确定”和“取消”按钮。

（3）如果用户点击“确定”按钮，有Toas提示。

经验分享

日期选择器对话框 DatePickerDialog 可以用来选择日期。日期可以在 OnDateSetListener 事件中获得。

【操作步骤】

（1）打开 Android Studio 软件，新建一个工程。

（2）打开 activity_main. xml 文件，在界面添加控件并布局，如图 4-21 所示。

操作

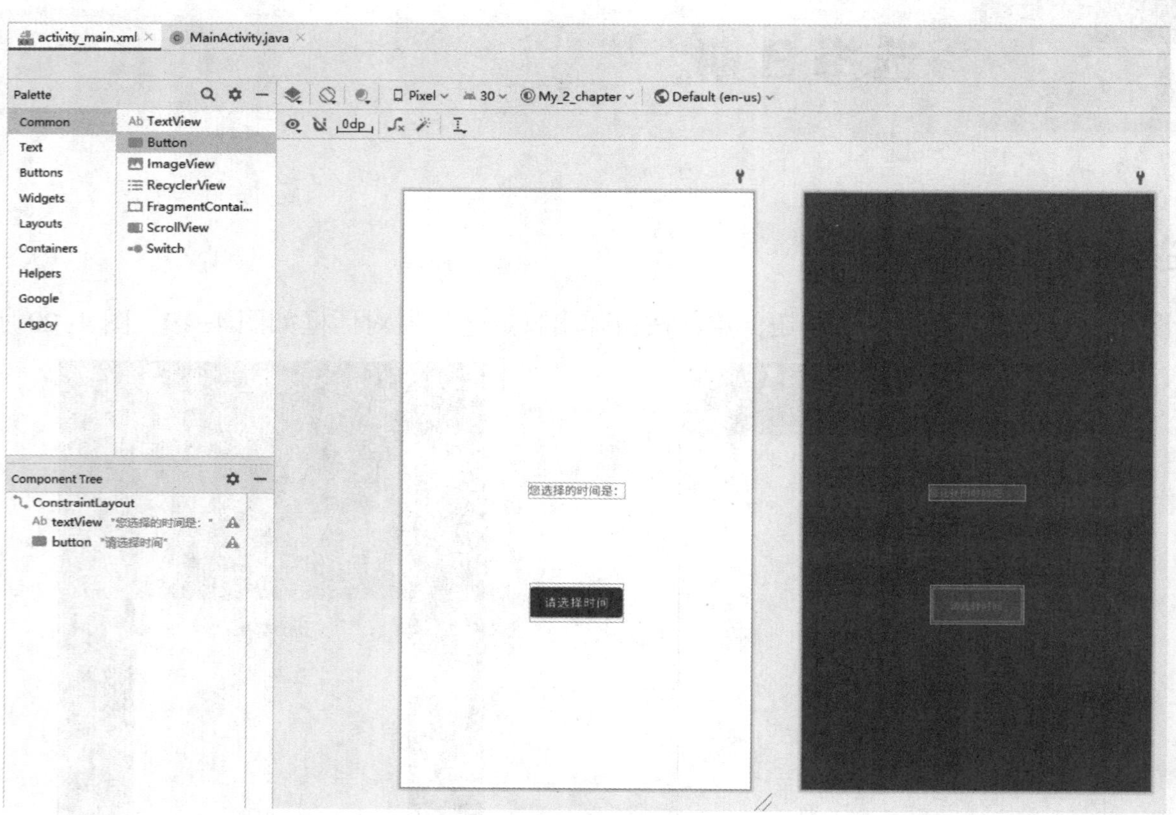

图 4-21

（3）在 MainActivity. java 文件中添加控制代码，如图 4-22 所示。

参考代码如下。

```
DatePickerDialog.OnDateSetListener dateSetListener=new DatePickerDialog.OnDateSetListener(){
    @Override
    public void onDateSet(DatePicker view,int year,int month,int dayOfMonth){
        myear=year;
        mMonth=month;
        mDay=dayOfMonth;
        String date = year+"年"+(month+1)+"月"+dayOfMonth+"日";
```

```
        textView.setText(date);
    }
};
newDatePickerDialog(MainActivity.this,dateSetListener,myear,mMonth,mDay).show();
//创建实例化对话框
```

```
1   package com.example.my_4_alertdialog;
2
3   import ...
14
15  public class MainActivity extends AppCompatActivity {
16      int myear,mMonth,mDay;
17
18      @Override
19      protected void onCreate(Bundle savedInstanceState) {
20          super.onCreate(savedInstanceState);
21          setContentView(R.layout.activity_main);
22
23          Button button =findViewById(R.id.button);
24          TextView textView =findViewById(R.id.textView);
25
26          DatePickerDialog.OnDateSetListener dateSetListener = new DatePickerDialog.OnDateSetListener() {
27              @Override
28              public void onDateSet(DatePicker view, int year, int month, int dayOfMonth) {
29                  myear=year;
30                  mMonth=month;
31                  mDay=dayOfMonth;
32                  String date = year+"年"+(month+1)+"月"+dayOfMonth+"日";
33                  textView.setText(date);
34
35              }
36          };
37
38          button.setOnClickListener(new View.OnClickListener() {
39              @Override
40              public void onClick(View v) {
41               new DatePickerDialog( context: MainActivity.this,dateSetListener,myear,mMonth,mDay).show(); //创建实例化对话框
42
43              }
44          });
45
46      }
47
48  }
```

图 4-22

(4)单击工具栏中的“run”按钮▶，将程序运行到安卓设备中。

经验分享

“myear=year;”获取选择的年。

“mMonth=month;”获取选择的月。

“mDay=dayOfMonth;”获取选择的日。

任务 7 简单广播消息

【任务描述】

利用约束布局设计一个发送广播消息的应用程序，如图 4-23 所示。

(1)在界面中摆放一个“发送广播”按钮。

(2)点击“发送广播”按钮，有 Tosat 提示。

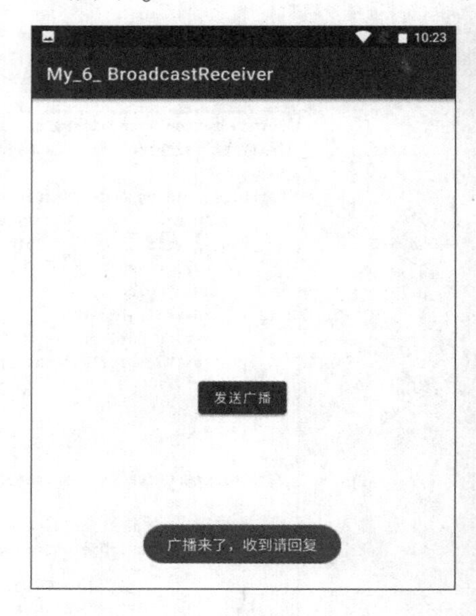

图 4-23

经验分享

广播接收器 BroadcastReceiver 用于响应来自其他应用程序或者系统的广播消息。这些消息有时被称为事件或者意图。需要创建广播接收器和注册广播接收器才能让广播接收器和系统的广播意图一起工作。创建广播接收器就是广播接收器需要实现为 BroadcastReceiver 类的子类，并重写 onReceive( ) 方法来接收以 Intent 对象为参数的消息。应用程序通过在 AndroidManifest. xml 中注册广播接收器来监听指定的广播意图。Action 动作的常量由你自己定义。主动发送广播就是要实例化广播所需要的 Intent：设置 Action，放入要广播的消息通过 putExtra( ) 方法，发送广播通过 sendBroadcast( ) 方法。

【操作步骤】

(1)打开 Android Studio 软件，新建一个工程。

(2)打开 activity_main. xml 文件，添加 Button 控件并设置控件 id 为 button，图 4-24 所示。

(3)在 AndroidManifest. xml 文件里添加注册广播接收代码，如图 4-25 所示。

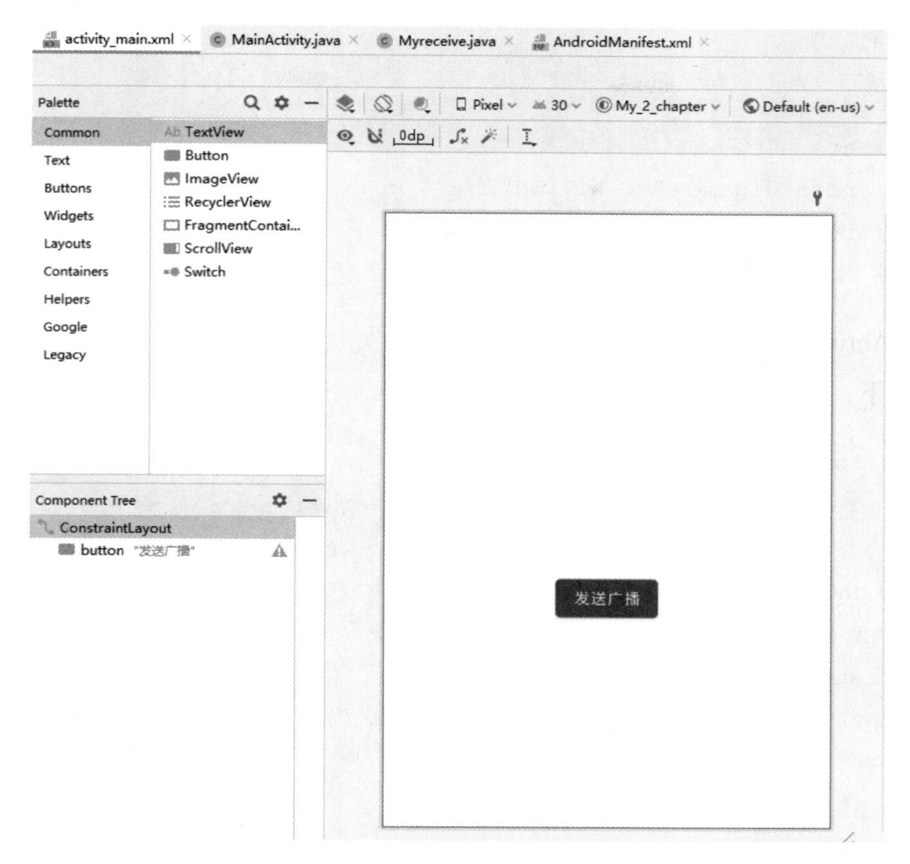

图 4–24

```
<?xml version="1.0" encoding="utf-8"?>
<manifest xmlns:android="http://schemas.android.com/apk/res/android"
    package="com.example.my_6_broadcastreceiver">

    <application
        android:allowBackup="true"
        android:icon="@mipmap/ic_launcher"
        android:label="My_6_ BroadcastReceiver"
        android:roundIcon="@mipmap/ic_launcher_round"
        android:supportsRtl="true"
        android:theme="@style/Theme.My_2_chapter">
        <activity android:name=".MainActivity">
            <intent-filter>
                <action android:name="android.intent.action.MAIN" />
                <category android:name="android.intent.category.LAUNCHER" />
            </intent-filter>
        </activity>

        <receiver android:name="Myreceive">
            <intent-filter>
                <action android:name="MY_ACTION"/>
            </intent-filter>
        </receiver>

    </application>

</manifest>
```

图 4–25

参考代码如下。

```
<receiver android:name="Myreceive">
    <intent-filter>
        <action android:name="MY_ACTION"/>
    </intent-filter>
</receiver>
```

(4)在 MainActivity. java 文件中添加广播发送代码。

参考代码如下。

```
Button button=findViewById(R. id. button);
button. setOnClickListener(new View. OnClickListener(){
    @Override
    public void onClick(View v){
        Intent intent =new Intent();                          //实例化 intent
        intent. setAction(MY_ACYION);                         //设置 Action
        intent. putExtra("extra","广播来了,收到请回复");      //附加消息
        sendBroadcast(intent);                                //发送广播
    }
});
```

(5)新建一个接收广播的类，如图 4-26。

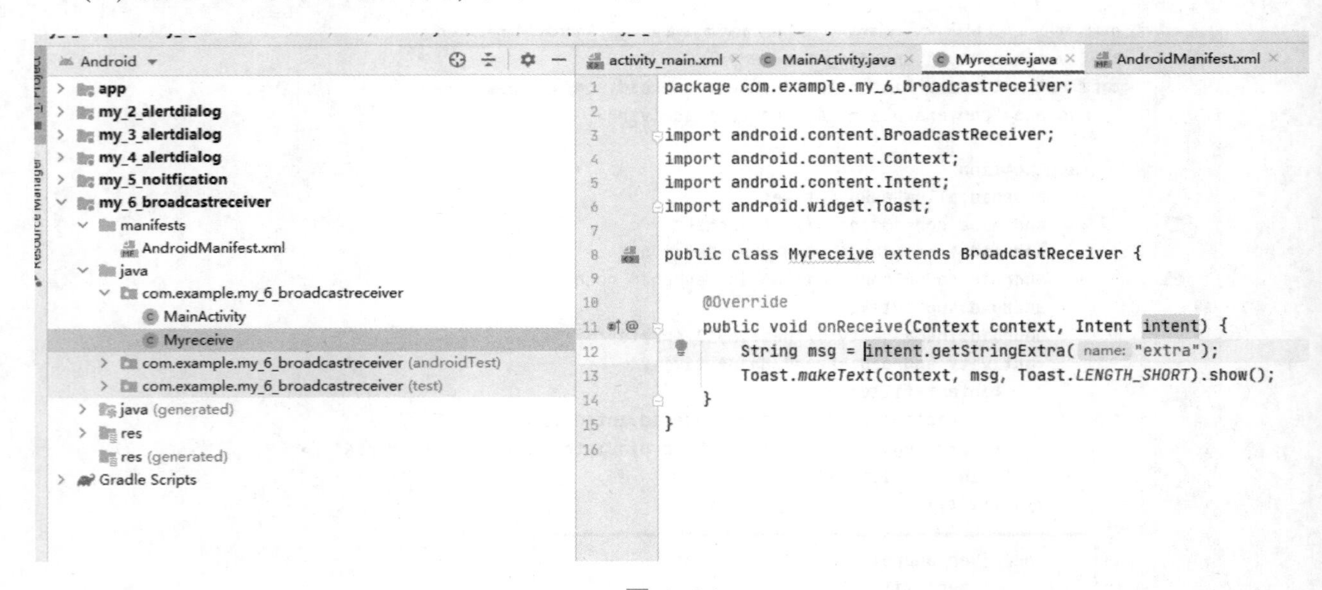

图 4-26

参考代码如下。

```
public class Myreceive extends BroadcastReceiver {
    @Override
    public void onReceive(Context context,Intent intent){
        String msg = intent. getStringExtra("extra");
```

```
        Toast.makeText(context,msg,Toast.LENGTH_SHORT).show();
    }
}
```

(6)单击工具栏中的“run”按钮▶，将程序运行到安卓设备中。

经验分享

“Intent intent=new Intent();”创建一个实例 intent。

“intent.setAction(MY_ACYION);”设置需要触发 Action。

“intent.putExtra("extra","广播来了，收到请回复");”发送附加消息。

“sendBroadcast(intent);”发送广播。

任务 8 模拟唤起支付界面

【任务描述】

利用约束布局实现一个 App 唤起另外一个 App，如图 4-27、图 4-28 所示。

11:25
my_6_broadcastreceiver_A
某电商App
使用微信付款

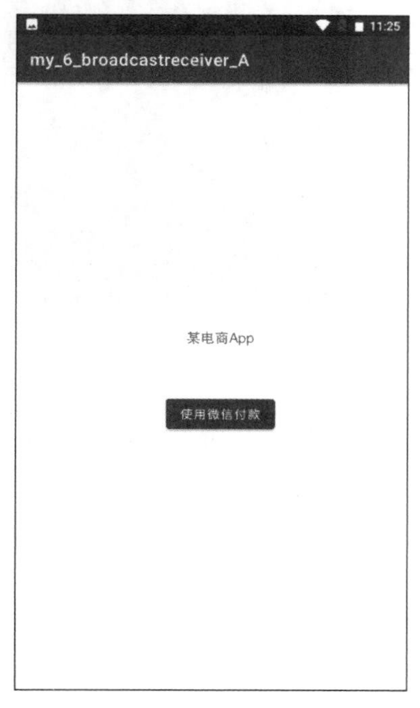

图 4-27

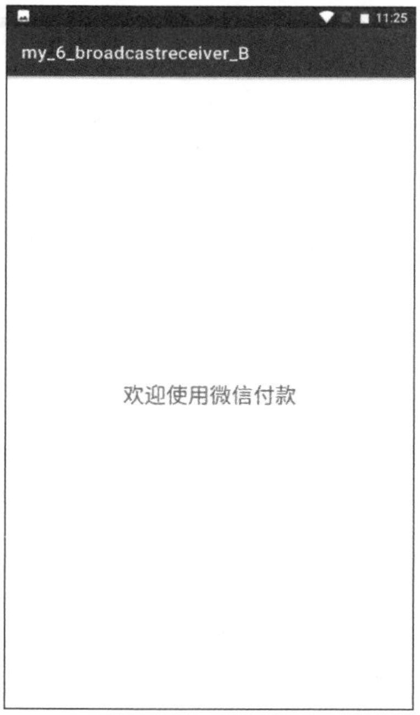
11:25
my_6_broadcastreceiver_B
欢迎使用微信付款

图 4-28

（1）设计两个 App 界面。

（2）仿照微信付款，通过点击按钮唤起微信付款界面。

经验分享

如何接收广播，如何发送广播，在前面已经学习过。接收广播时在一个新的上下文启动活动即开启另外一个线程需要使用 setFlags()。

【操作步骤】

（1）打开 Android Studio 软件，新建第一个 App 工程并命名为 my_6_broadcastreceiver_A。

（2）打开 activity_main.xml 文件，添加 TextView 控件和 Button 控件，如图 4-29 所示。

操作视频

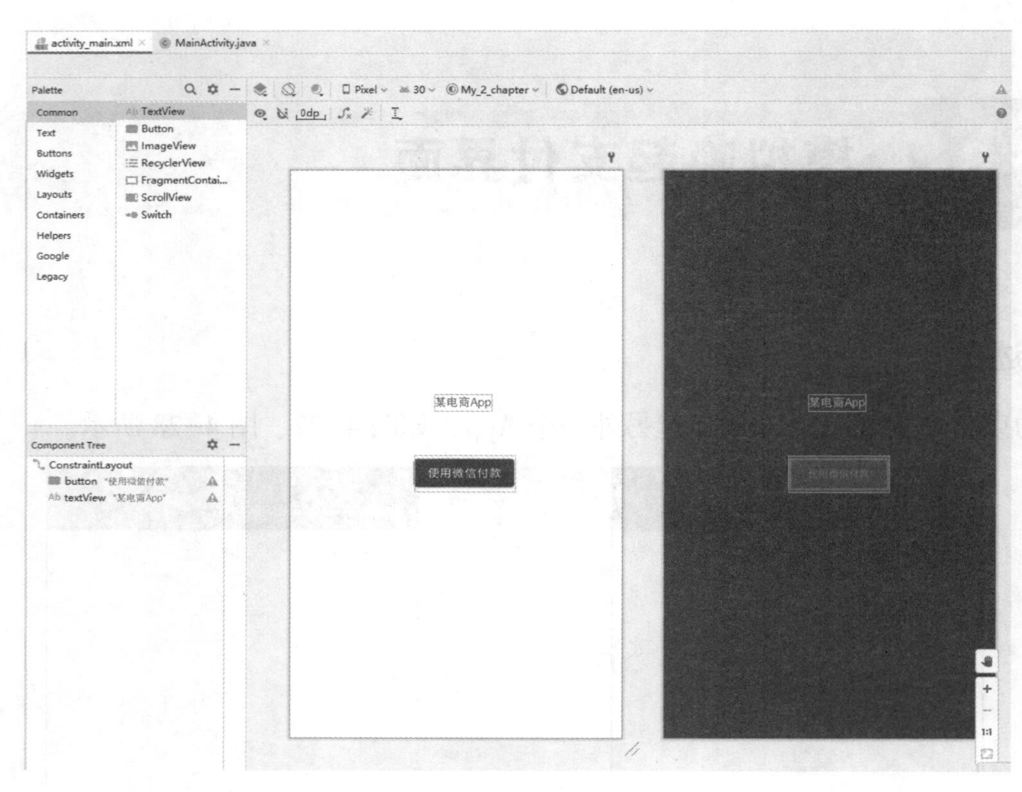

图 4-29

（3）在第一个工程的 MainActivity.java 文件添加按钮事件，设置广播消息发送，完成第一个 App 设计。

参考代码如下。

```
Button button=findViewById(R.id.button);
button.setOnClickListener(new View.OnClickListener(){
    @Override
```

```
    public void onClick(View v){
        String broadcastIntent = "com.example.android.notepad.NotesList";  //自定义
        Intent intent = new Intent(broadcastIntent);
        sendBroadcast(intent);
    }
});
```

(4)将应用程序运行到设备中。

(5)打开 Android Studio 软件，新建第二个 App 工程并命名为 my_6_broadcastreceiver_B。

(6)打开 activity_main.xml 文件，添加 TextView 控件，如图 4-30 所示。

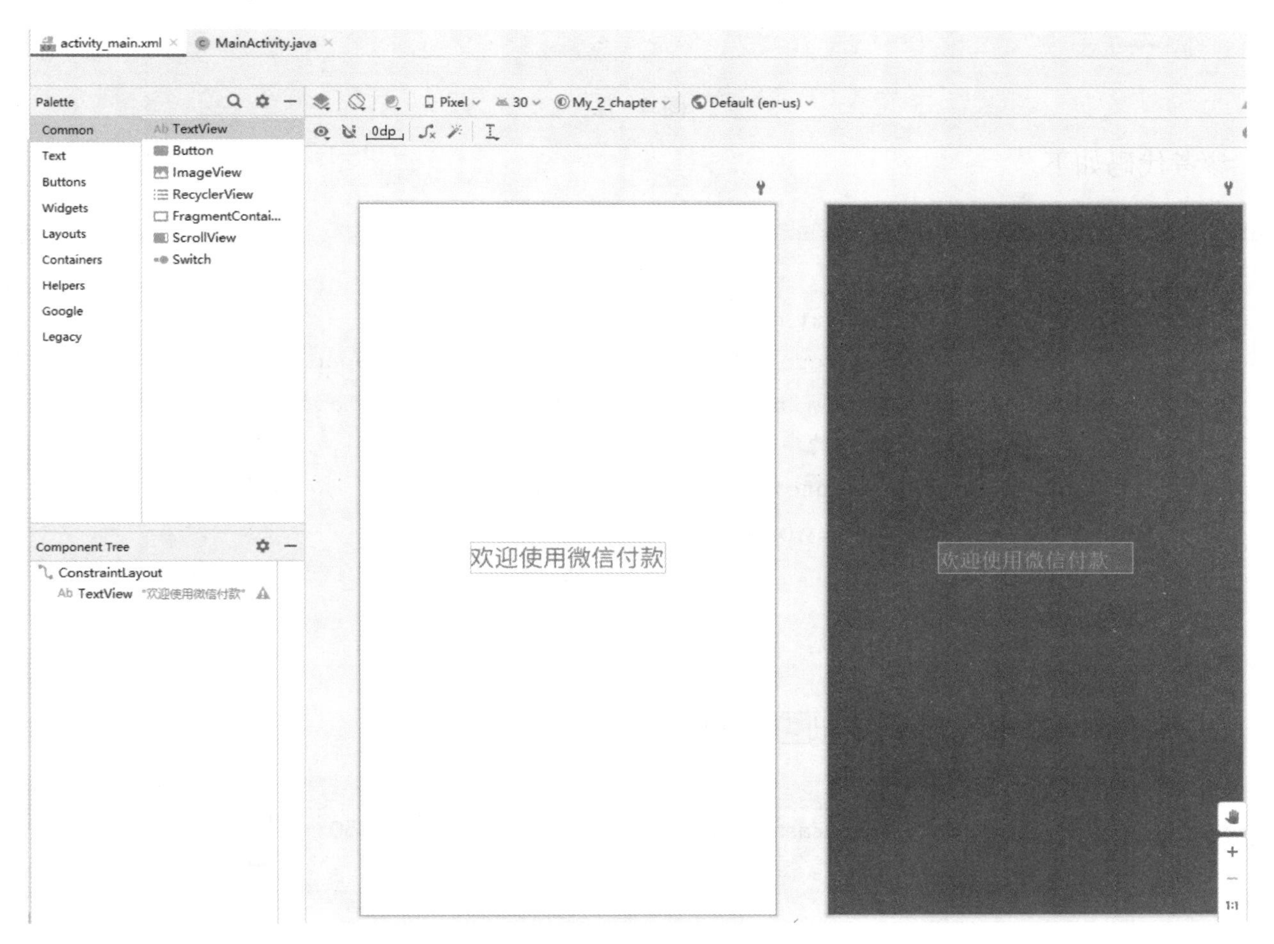

图 4-30

(7)在 AndroidManifest.xml 文件里添加注册广播接收。

参考代码如下。

```
<receiver android:name="Myreceive_A">
    <intent-filter>
        <action android:name="com.example.android.notepad.NotesList"/>
    </intent-filter>
</receiver>
```

(8)在 Myreceive_ A. java 文件中新建一个接收广播的类，如图 4-31 所示。

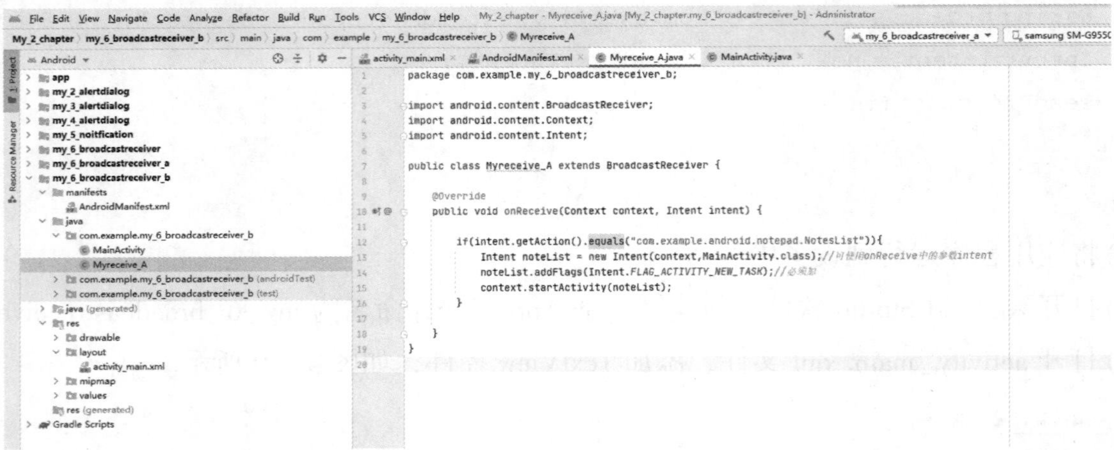

图 4-31

参考代码如下。

```
public classMyreceive_A extends BroadcastReceiver {
    @Override
    public void onReceive(Context context,Intent intent){
        if(intent.getAction().equals("com.example.android.notepad.NotesList")){
            Intent noteList = new Intent(context,MainActivity.class);
            //可使用 onReceive 中的参数 intent
            noteList.addFlags(Intent.FLAG_ACTIVITY_NEW_TASK);       //必须加
            context.startActivity(noteList);
        }
    }
}
```

(9)单击工具栏中的“run”按钮，如图 4-32 所示。

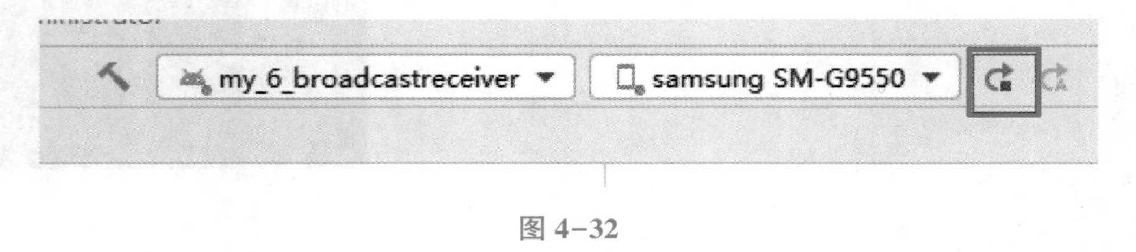

图 4-32

(10)通过单击第一个 App 里面的“使用微信付款”按钮唤起第二个 App，如图 4-27、图 4-28所示。

【单元小结】

本单元在任务设计过程中，讲述了 Toast 提示的上下文环境、内容、时长等的设置，Notification 对象的创建与通知的实现，AlertDialog 对象的创建与对话框的应用，应用 dialog. dismiss( )取消对话框，下拉列表框的应用，使用 setMultiChoiceItems 方法实现下拉多选框，日期选择器对话框 DatePickerDialog 提供日期选择，在 OnDateSetListener 事件中正确获得选择的日期等技能。

【拓展任务】

训练1　提示用户输入内容

【任务描述】

设计一个按钮，点击后显示提示语，如图 4-33、图 4-34 所示。

(1) 设计一个按钮和一个输入框。

(2) 点击按钮之后显示界面输入框内容，如果输入框内容为空则提醒用户需要输入内容。

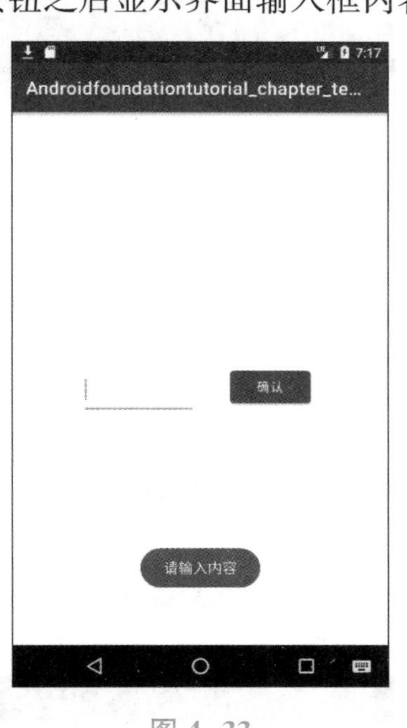

图 4-33

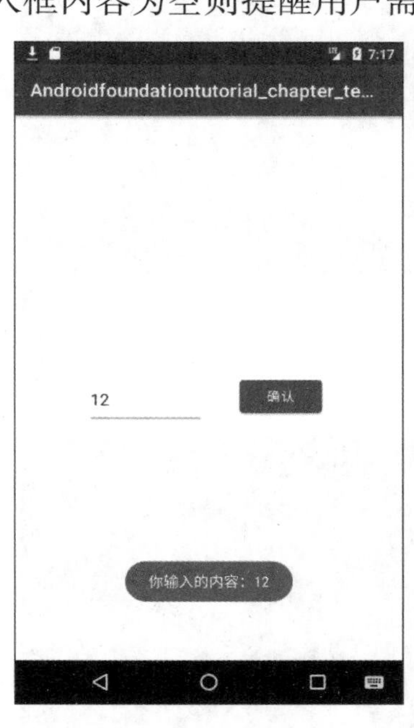

图 4-34

核心代码提示如下。

```
EditText editText=findViewById(R.id.editText);                //绑定 EditText 控件 id
Button button =findViewById(R.id.button);                     //绑定 Button 控件 id
button.setOnClickListener(new View.OnClickListener(){
    @Override
    public void onClick(View v){
        if(editText.getText().toString().equals("")){
        //输入框内容为空,则提示用户输入内容
            Toast.makeText(MainActivity.this,"请输入内容",Toast.LENGTH_LONG).show();
```

```
        }else {
            Toast.makeText (MainActivity.this," 你 输 入 的 内 容:" + editText.getText ()
.toString(),
                Toast.LENGTH_LONG).show();
        }
    }
});
```

训练 2　操作确认对话框

【任务描述】

设计一个操作确认对话框，如图 4-35、图 4-36 所示。

图 4-35

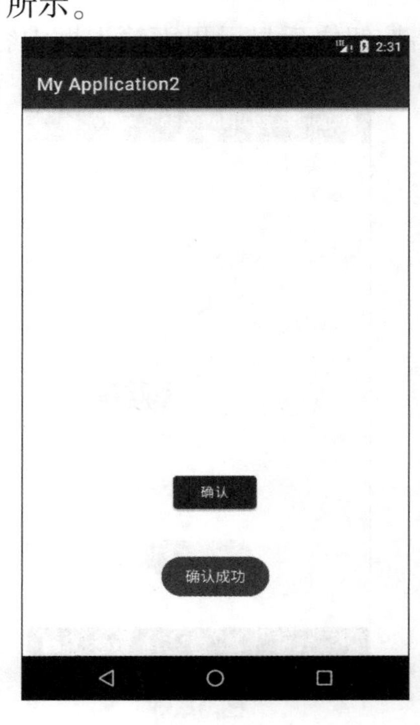

图 4-36

(1)设计一个按钮和一个输入框。

(2)点击按钮之后，界面弹出对话框，再次进行确认。

核心代码提示如下。

```
Button button=findViewById(R.id.button);                    //绑定 Button 控件 id
AlertDialog.Builder builder = new AlertDialog.Builder(this);
builder.setTitle("操作确认");                               //设置标题
builder.setMessage("核对信息是否确认?").setPositiveButton("确认",new DialogInterface.
OnClickListener(){
```

```
    @Override
    public void onClick(DialogInterface dialog,int which){
        Toast.makeText(MainActivity.this,"确认成功",Toast.LENGTH_SHORT).show();
    }
}).setNegativeButton("取消",new DialogInterface.OnClickListener(){
    @Override
    public void onClick(DialogInterface dialog,int which){
        dialog.dismiss();                                       //取消对话框
    }
});
button.setOnClickListener(new View.OnClickListener(){
    @Override
    public void onClick(View v){
        builder.create().show();                                //创建对话框
    }
});
```

训练3　通过广播改变值

【任务描述】

设计一个应用程序发送值，在另一个应用程序获取并显示发送的值，如图4-37、图4-38所示。

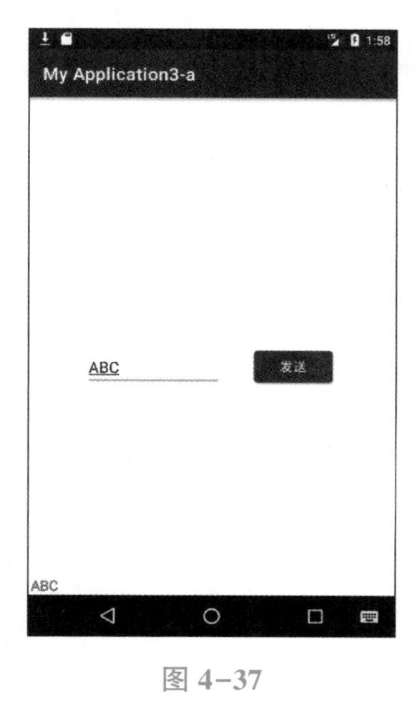

图4-37

图4-38

（1）应用程序a设计一个EditText控件，一个Button控件，应用程序b设计一个TextView控件。

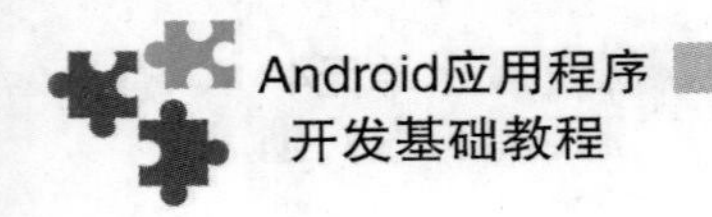

(2)应用程序 a 发送输入框值，应用程序 b 收到消息并显示在界面上。

应用程序 a 核心代码提示如下。

```
EditText editText=findViewById(R.id.editText);
Button button =findViewById(R.id.button);
button.setOnClickListener(new View.OnClickListener(){
    @Override
    public void onClick(View v){
        String broadcastIntent = "myapplicatio_b";                    //自定义
        Intent intent = new Intent(broadcastIntent);
        intent.putExtra("extra",editText.getText().toString());       //附加消息
        sendBroadcast(intent);
    }
});
```

应用程序 b 核心代码提示如下。

AndroidManifest.xml 代码：

```
<receiver android:name="Myreceive">
    <intent-filter>
        <action android:name="myapplicatio_b"/>
    </intent-filter>
</receiver>
```

MainActivity.java 代码：

```
TextView textView=findViewById(R.id.text);                 //绑定控件 id
Myreceive myreceive = new Myreceive();                     //实例化类
textView.setText("来自应用程序 A 发来的消息:"+myreceive.msg);
```

Myreceive.java 代码：

```
public classMyreceive extends BroadcastReceiver {
    static String msg="";
    @Override
    public void onReceive(Context context,Intent intent){
        if(intent.getAction().equals("myapplicatio_b")){
            Intent intent1 = new Intent(context,MainActivity.class);
            //可使用 onReceive 中的参数 intent
            intent1.addFlags(Intent.FLAG_ACTIVITY_NEW_TASK);          //必须加
            msg = intent.getStringExtra("extra");                     //获取内容
            context.startActivity(intent1);                           //启动应用程序
        }
    }
```

UNIT 5 单元 5

数据存储

学习目标

本单元将学习 Android 数据存储开发相关的知识，如 SharedPreferences 轻量级数据存储、SQLite 数据库存储等。读者可以通过学习，掌握数据的保存，记录的更改、删除等技能。

【单元概述】

Android 提供了多种数据存储方式。

例：SharedPreferences 轻量级数据存储

Sharedpreferences 是 Android 平台上一个轻量级的存储类，用来保存应用程序的各种配置信息，其本质是一个以键值对的方式保存数据的 . xml 文件，其文件保存在/data/data/shared_prefs 目录下。它以 XML 的形式存储，在整个项目中都可以获取。要想使用 SharedPreferences 来存储数据，首先需要用 Context 类中的 getSharedPreferences( ) 方法获取 SharedPreferences 对象，然后通过 SharedPreferences. Editor( ) 方法获取 SharedPreferences 对象的编辑器，再使用编辑器的 putString( ) 和 putInt( ) 方法存储字符串类型和整型的数据。

使用 SharedPreferences 读取已经存储的数据要用到两类方法。一类还是前面已经用到的获取 SharedPreferences 对象的 getSharedPreferences( ) 方法。一类是根据键提取值的方法，如 getString( ) 、getInt( ) 等。

例：SQLite 数据库存储

常用数据库操作包括数据库创建，表的创建，记录插入、记录查询、记录更新、记录删除等。

数据库操作主要的步骤如下。

(1) 创建数据库。

(2) 创建表。

(3) 记录操作（记录插入、记录查询、记录更新、记录删除）。

Android 中内置了小巧轻便、功能却很强的 SQLite 数据库。

Android 中查询 SQLite 中的数据是通过 Cursor 类来实现的。rawQuery( ) 方法会返回一个 Cursor 对象。Cursor 类提供了很多有关数据的方法。

除此之外，Android 还可以提供文件存储、ContentProvider、网络存储等数据存储方式。

任务 1 记住账号密码

【任务描述】

设计一个记住账号密码的应用程序，如图 5-1 所示。

（1）在应用程序中输入账号密码，点击“登录”按钮跳转到登录成功界面。

（2）用户选中“记住密码”复选框后，退出程序再次登录，程序自动补充账号密码。

图 5-1

【操作步骤】

（1）打开 Android Studio 软件，新建工程。

操作视频

（2）由于编写应用程序需要用到两个界面，需要再新建一个空的活动和界面。在 Android Studio 软件左边工程文件中单击鼠标右键，在弹出的快捷菜单中执行“New”-“Activity”-“Empty Activity”命令，如图 5-2 所示。

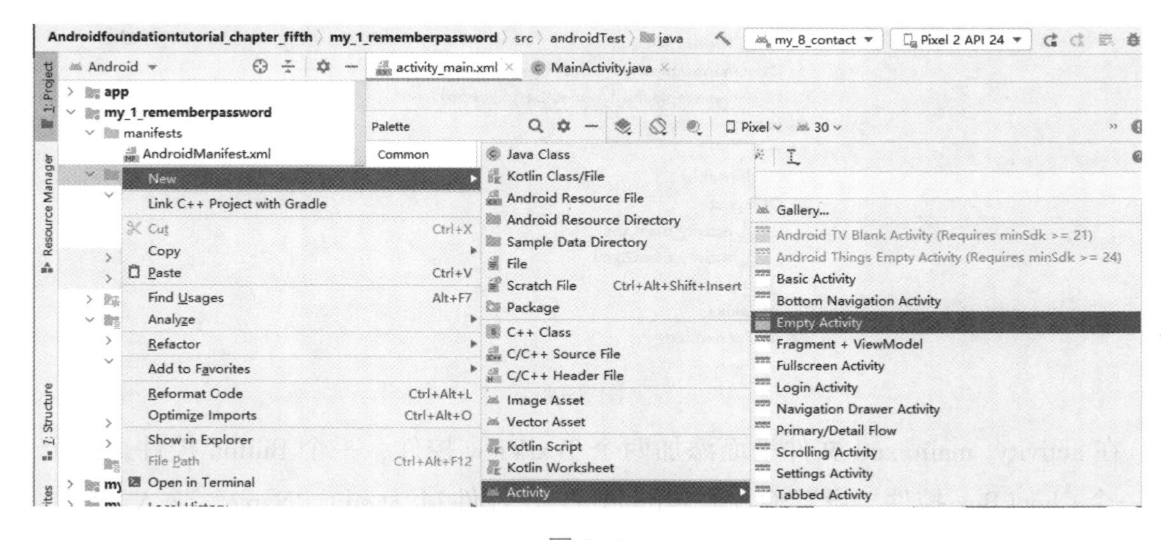

图 5-2

（3）在弹出的“New Android Activity”对话框里面可以设置 Activity Name 和 Layout Name，单击“Finish”按钮完成创建，如图 5-3 所示。

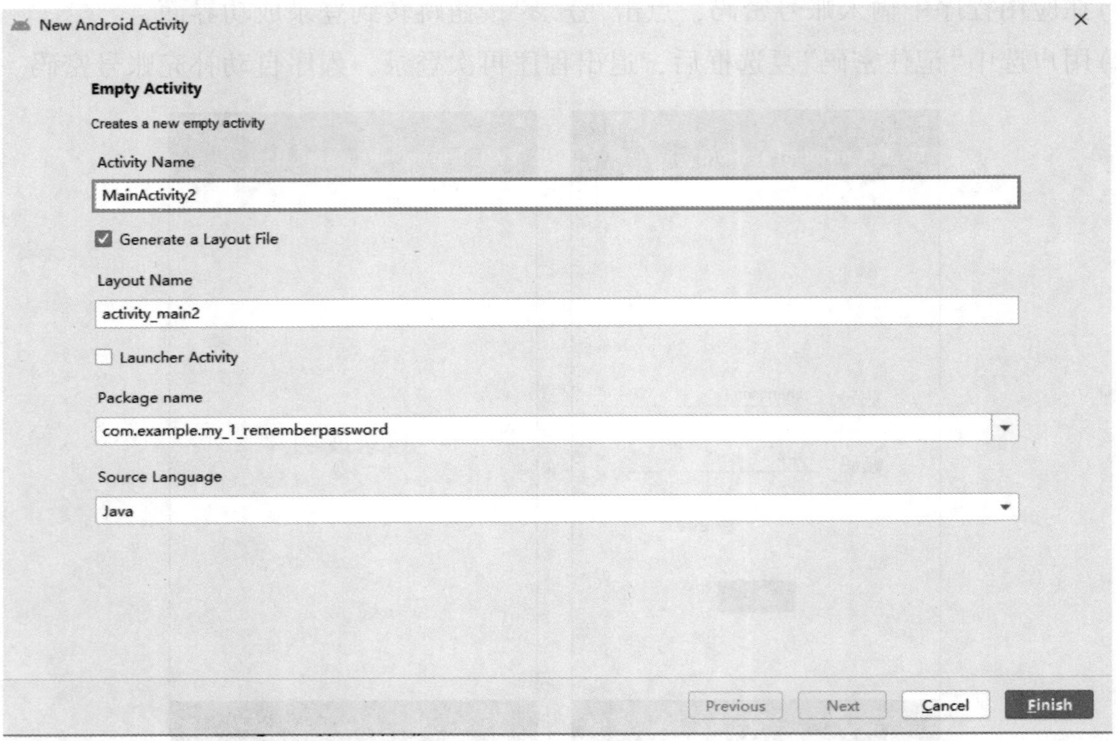

图 5-3

提示：新建空活动和界面后，在工程目录下会新增 MainActivity2. java 文件和 activity_ main2. xml 文件，如图 5-4 所示。

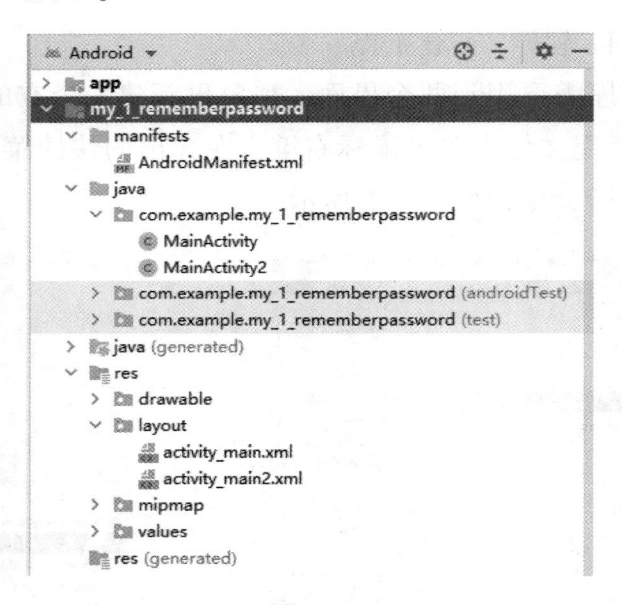

图 5-4

(4)在 activity_ main. xml 文件里面添加两个 TextView 控件、一个 Button 控件，两个 EditText 控件和一个 CheckBox 控件。设置输入账号的 EditText 控件 id 为 edit_ Name，输入密码的 EditText 控件 id 为 edit_ Password，Button 控件 id 为 button，CheckBox 控件 id 为 checkBox_ remember，并使用约束布局，如图 5-5 所示。

(5)在 MainActivity. java 文件中添加实现记住密码和界面跳转功能的代码。

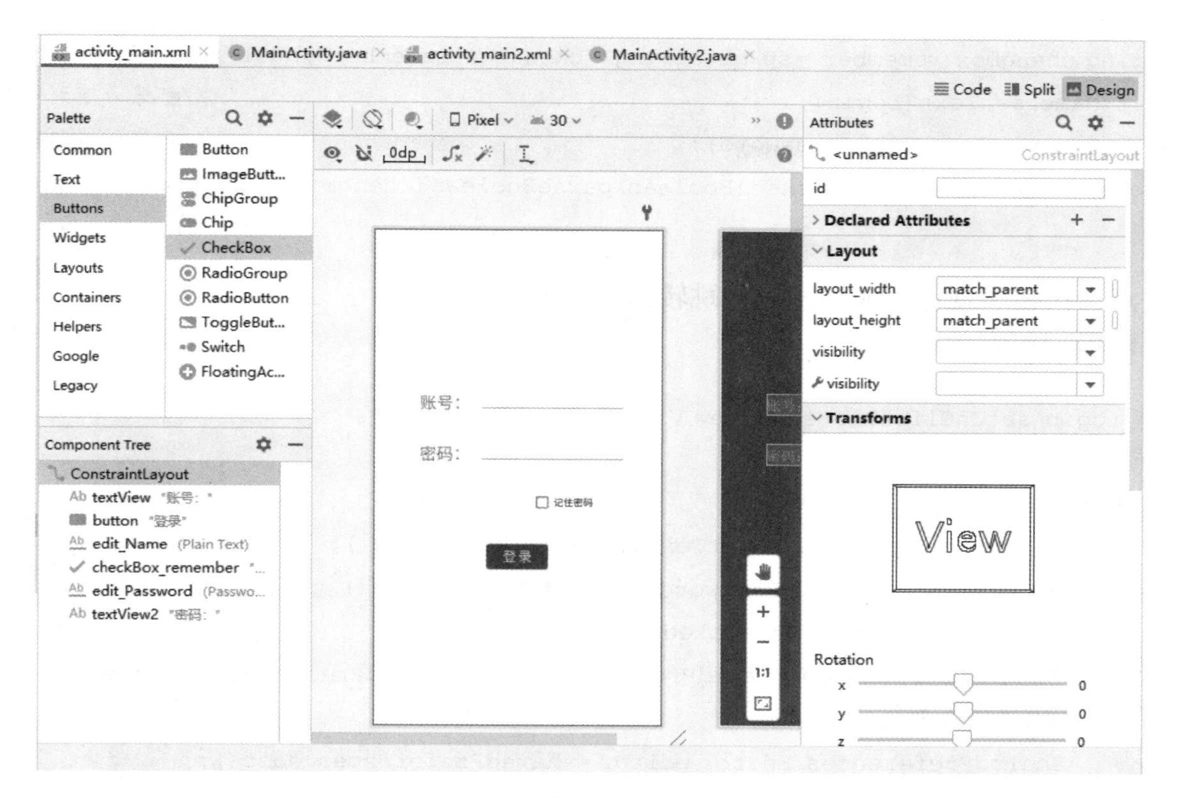

图 5-5

① 声明变量。

参考代码如下。

```
EditTextedit_Name;                                    //账号
EditText edit_Password;                               //密码
CheckBox checkBox_remember;                           //复选框
Button button_Login;                                  //“登录”按钮
private SharedPreferences sp;                         //声明变量
```

② 绑定相应控件 id。

参考代码如下。

```
edit_Name= findViewById(R.id.edit_Name);
edit_Password =findViewById(R.id.edit_Password);
button_Login =findViewById(R.id.button);
checkBox_remember =findViewById(R.id.checkBox_remember);
```

③ 检测是否保存账号密码。

参考代码如下。

```
private voidinit(){
    sp = getSharedPreferences("remember_name_pasword",MODE_PRIVATE);
    String Login =sp.getString("Login",null);                       //获取账号
    String Password =sp.getString("Password",null);                 //获取密码
```

```
    String chengbox_remember =sp.getString("chengbox_remember",null);//获取密码
    edit_Name.setText(Login);                                    //把账号填到输入框
    edit_Password.setText(Password);                             //把密码填到输入框
    checkBox_remember.setChecked(Boolean.parseBoolean(chengbox_remember));
}
```

④ 点击按钮实现保存账号密码并跳转到登录成功界面。

参考代码如下。

```
button_Login.setOnClickListener(new View.OnClickListener(){
    @Override
    public void onClick(View v){
        String Login = edit_Name.getText().toString().trim();
        String Password = edit_Password.getText().toString().trim();
        if(checkBox_remember.isChecked()){
            SharedPreferences sharedPreferences=getSharedPreferences("remember_name_
pasword",MODE_PRIVATE);
            SharedPreferences.Editor editor=sharedPreferences.edit();
            editor.putString("chengbox_remember",String.valueOf(true));
            //将保存密码选项保存
            if(! Login.equals("")&& ! Password.equals("")){
                editor.putString("Login",Login);
                editor.putString("Password",Password);
                editor.commit();
                Intent intent = new Intent(MainActivity.this,MainActivity2.class);
                startActivity(intent);                  //跳转到登录成功的活动界面
            }
        }else {
            SharedPreferences sp = getSharedPreferences("remember_name_pasword",MODE_
PRIVATE);
            SharedPreferences.Editor editor = sp.edit();
            editor.clear();
            editor.commit();
            edit_Name.setText("");
            edit_Password.setText("");
        }
    }
});
```

(6)在 activity_main2.xml 登录界面布局里面只需要一个 TextView 控件提醒用户登录成功。在 TextView 控件设置文字“登录成功”，并使用约束布局，如图 5-6 所示。

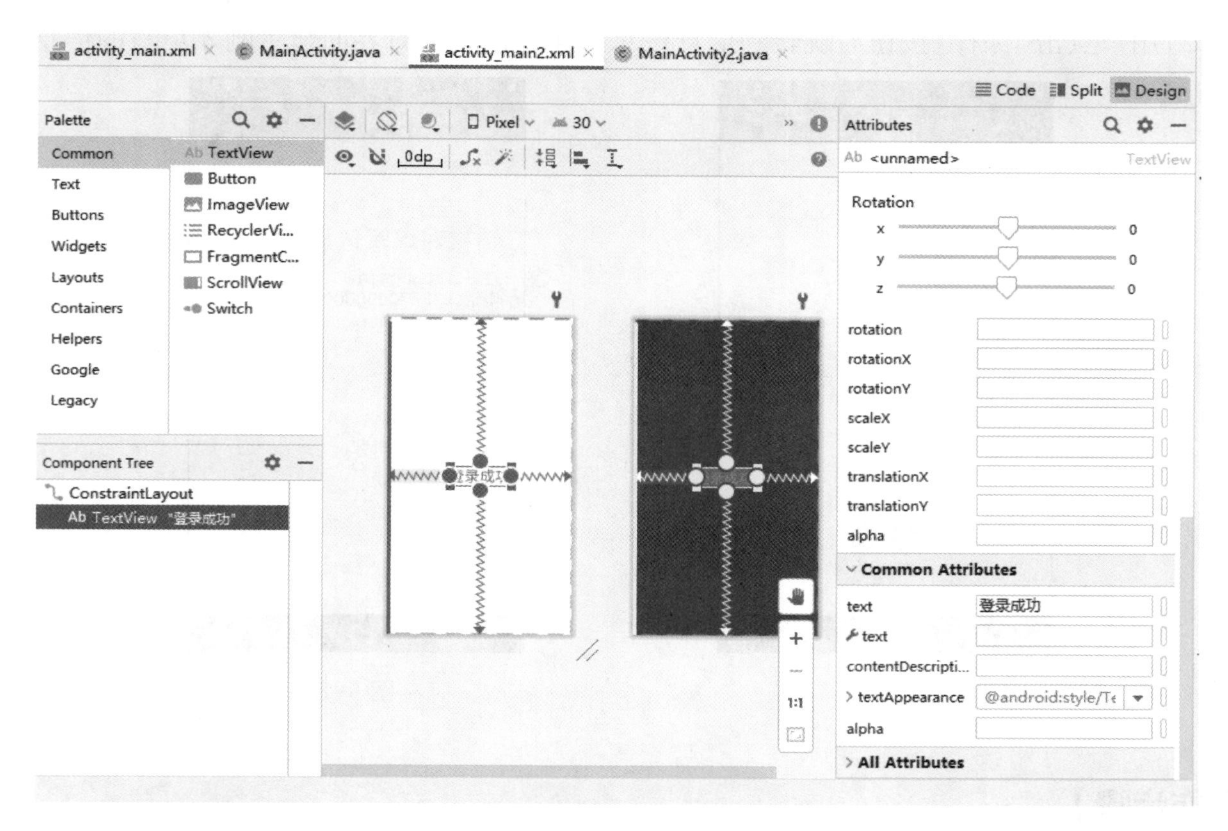

图 5-6

（7）单击工具栏中的“run”按钮▶，将应用程序运行到移动设备中。

经验分享

实例化格式如下。

```
SharedPreferences sharedPreferences = getSharedPreferences ("remember_name_pasword",MODE_PRIVATE);
SharedPreferences.Editor editor = sharedPreferences.edit();
```

任务 2 保存收货地址

【任务描述】

设计一个核对信息的应用程序，如图 5-7、图 5-8 所示。

（1）用户需要输入姓名、电话和地址。

（2）用户点击“保存”按钮后跳转到信息核对界面，信息核对界面显示刚才填写的信息。

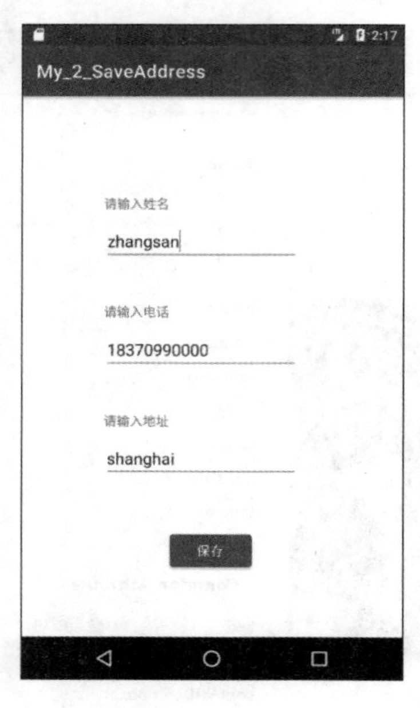

图 5-7

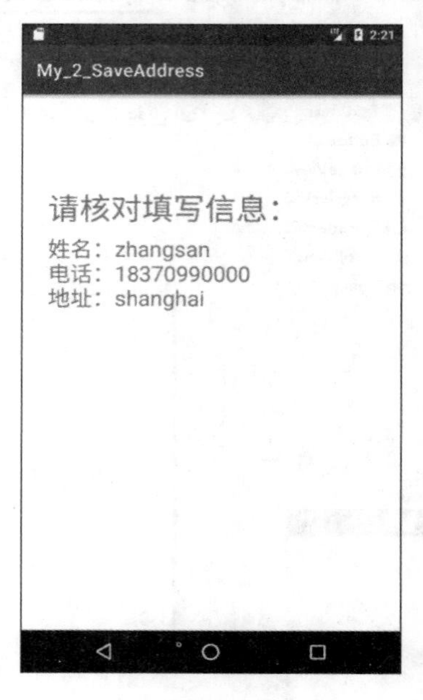

图 5-8

【操作步骤】

（1）打开 Android Studio 软件，新建工程。

（2）由于编写应用程序需要用到两个界面，需要再新建一个空的活动和界面。在 Android Studio 软件左边工程文件中单击鼠标右键，在弹出的快捷菜单中执行“New”-“Activity”-“Empty Activity”命令，如图 5-9 所示。

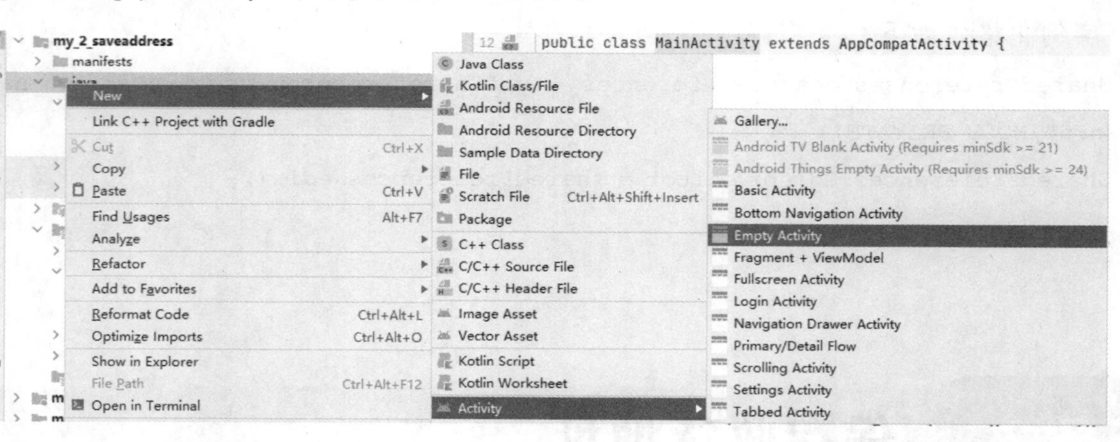

图 5-9

（3）在弹出的“New Android Activity”对话框里面可以设置 Activity Name 和 Layout Name，单击“Finish”按钮完成创建，如图 5-10 所示。

提示：新建空活动和界面后，在工程目录下会新增 MainActivity2. java 文件和 activity_main2. xml 文件，如图 5-11 所示。

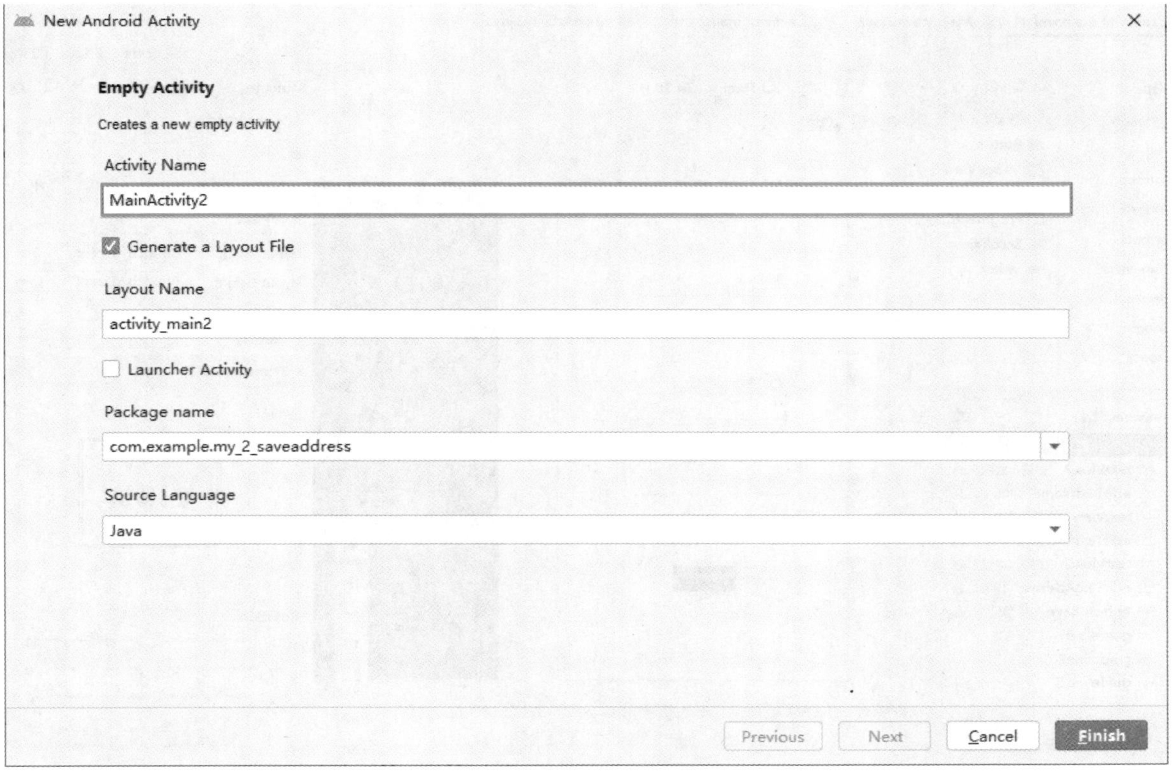

图 5-10

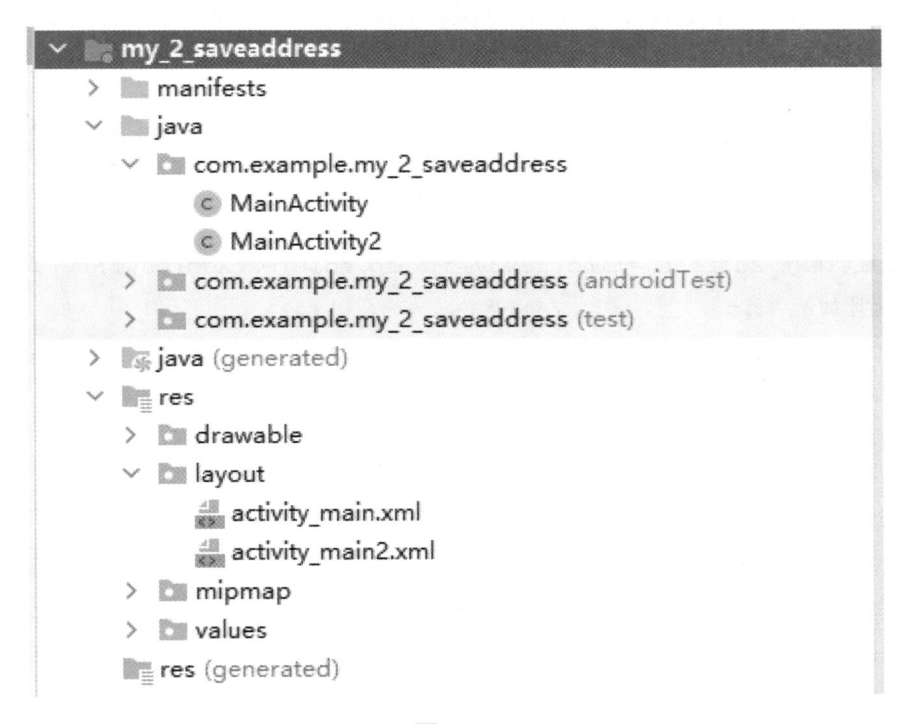

图 5-11

(4)在 activity_main. xml 文件里面添加 3 个 TextView 控件、一个 Button 控件、3 个 EditText 控件。设置输入姓名的 EditText 控件 id 为 editTextName，输入电话号码的 EditText 控件 id 为 editTextPhone，输入地址的 EditText 控件 id 为 editTextAddress，Button 控件 id 为 button_save。3 个 TextView 控件只是用来显示文字内容，可以不用设置 id。使用约束布局，如图 5-12 所示。

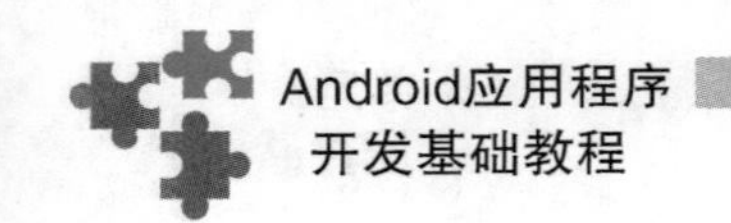

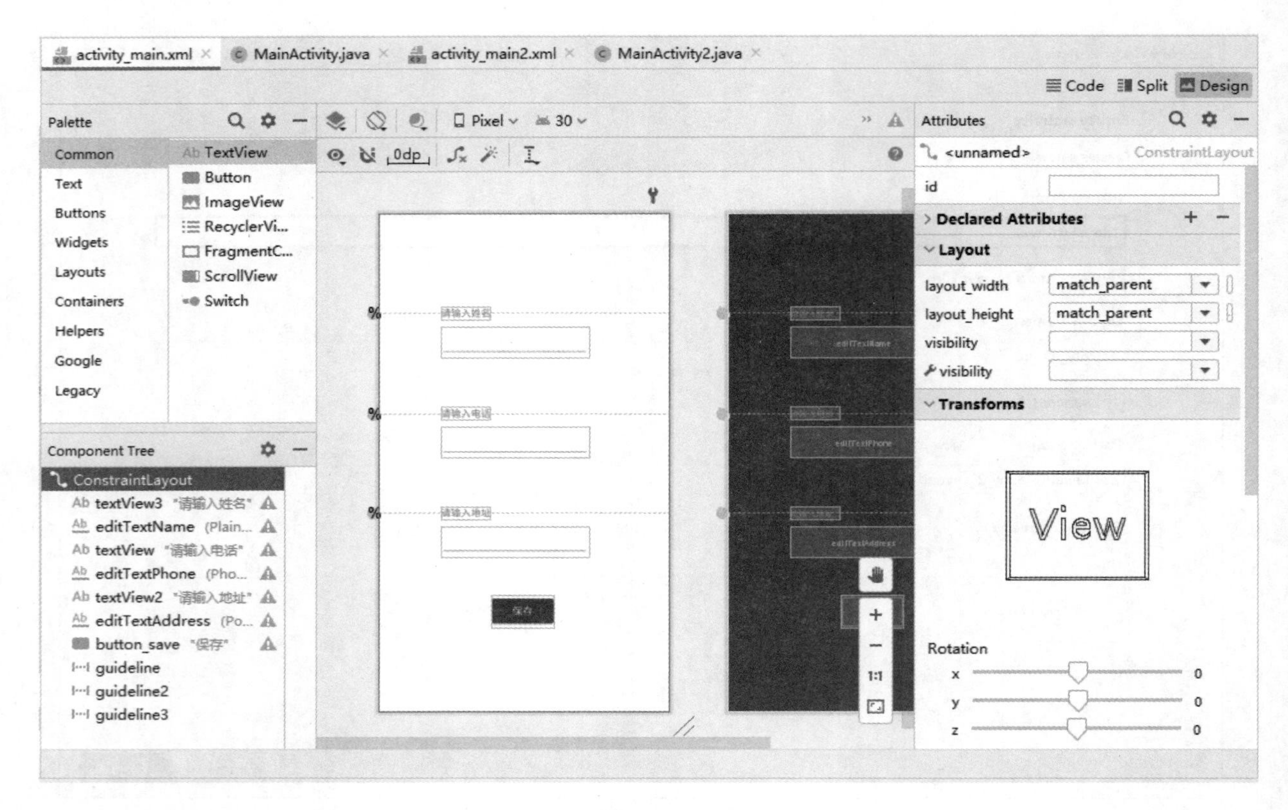

图 5-12

(5)在 MainActivity. java 文件中添加实现保存用户信息和界面跳转功能的代码。参考代码如下。

```
EditText editText_name =findViewById(R.id.editTextName);  //绑定输入用户名字的控件 id
    EditText editText_phone =findViewById(R.id.editTextPhone);
    //绑定输入电话号码的控件 id
    EditText editText_address =findViewById(R.id.editTextAddress);
    //绑定输入地址的控件 id
    Button button_save =findViewById(R.id.button_save);  //绑定“保存”按钮控件 id
    button_save.setOnClickListener(new View.OnClickListener(){
        @Override
        public void onClick(View v){
            //实例化 sharedPreferences
            SharedPreferences sharedPreferences = getSharedPreferences("remember_address",
MODE_PRIVATE);
            SharedPreferences.Editor editor = sharedPreferences.edit();
            String name = editText_name.getText().toString().trim();
            //获取用户输入的名字
            String phone = editText_phone.getText().toString().trim();
            //获取用户输入的电话号码
            String address = editText_address.getText().toString().trim();
            //获取用户输入的地址
```

```
            editor.putString("name",name);                    //保存用户名
            editor.putString("phone",phone);
            editor.putString("address",address);
            editor.commit();                                  //提交数据
            Intent intent = new Intent(MainActivity.this,MainActivity2.class);
            startActivity(intent);                            //跳转到另一个界面
        }
    });
}
```

（6）在 activity_main2. xml 信息核对界面布局里面只需要两个 TextView 控件。第一个 TextView 控件用于文本显示“请核对填写信息：”，第二个 TextView 控件用于显示所获取的用户填写的信息。设置第二个 TextView 控件 id 为 textView_read，并使用约束布局，如图 5-13 所示。

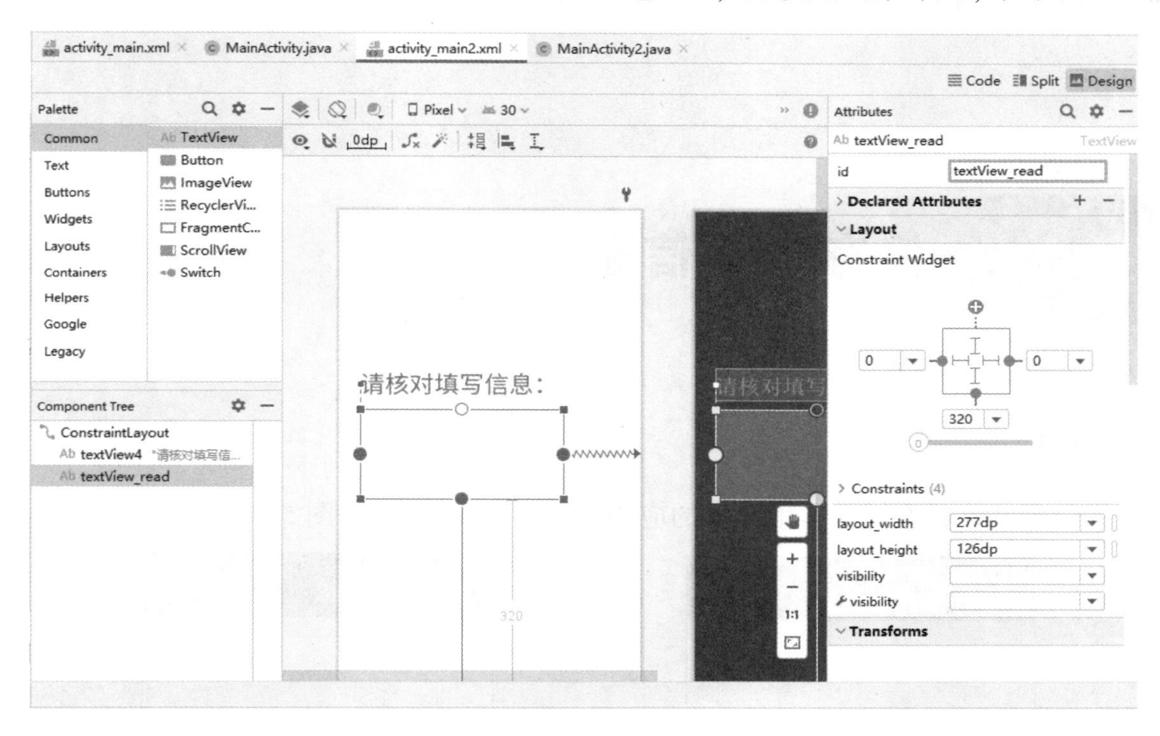

图 5-13

（7）在 MainActivity2. java 文件中添加获取 sharedPreferences 数据，并用绑定 TextView 控件 id 的代码。

参考代码如下。

```
@Override
protected void onCreate(Bundle savedInstanceState){
    super.onCreate(savedInstanceState);
    setContentView(R.layout.activity_main2);
    TextView textView_read =findViewById(R.id.textView_read);  //绑定 TextView 控件 id
```

```
    SharedPreferences sharedPreferences = getSharedPreferences("remember_address",
MODE_PRIVATE);  //实例化 sharedPreferences
    String name = sharedPreferences.getString("name",null);  //获取姓名
    String phone = sharedPreferences.getString("phone",null);  //获取电话号码
    String address = sharedPreferences.getString("address",null);  //获取地址
    textView_read.setText("姓名:"+name+"\n"+"电话:"+phone+"\n"+"地址:"+address);
    //显示获取的内容
}
```

(8)单击工具栏中的“run”按钮▶，将应用程序运行到移动设备中。

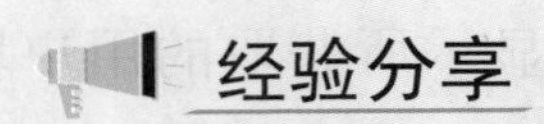

经验分享

“editor.commit();”用于提交数据。

任务 3 保存学籍信息

【任务描述】

设计一个通过数据库保存学生信息的应用程序，如图 5-14、图 5-15 所示。

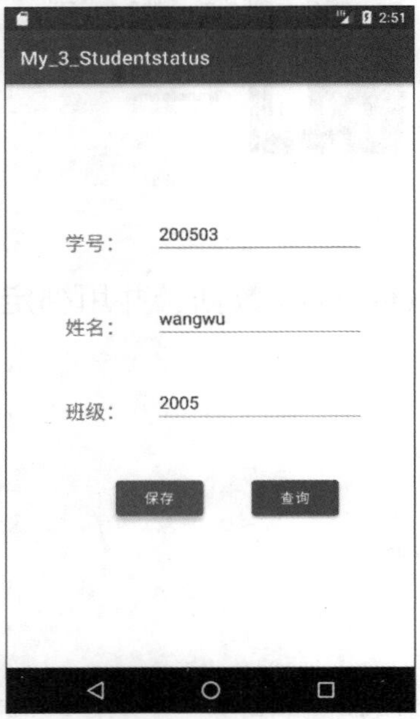

2:51
My_3_Studentstatus
学号:
200503
姓名:
wangwu
班级:
2005
保存
查询

图 5-14

2:56
My_3_Studentstatus
学生数据信息为:
学号: 200501;
名字: zhangsan;
班级: 2005;
学号: 200502;
名字: lishi;
班级: 2005;
学号: 200503;
名字: wangwu;
班级: 2005;
清空

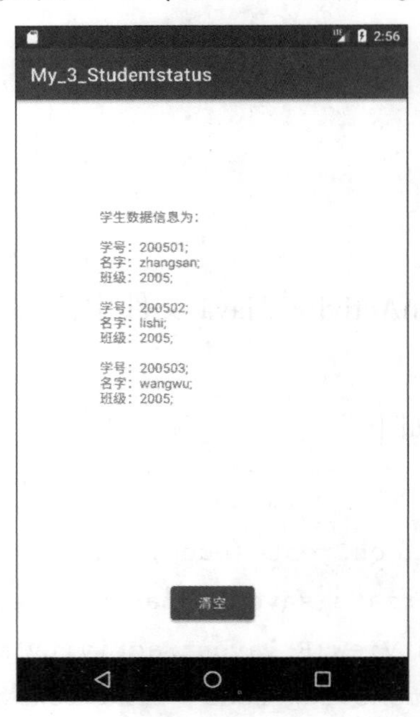

图 5-15

(1)用户输入学生的学号、姓名、班级，点击“保存”按钮，相关信息保存在数据库。

(2)当用户点击“查询”按钮，界面跳转到显示所有输入学生信息的查询界面。

(3)在查询界面，当用户点击“清空”按钮，所有学生信息清空(含数据库保存的信息)。

经验分享

SQLite是一款轻型的数据库。Android通过SQLiteOpenHelper类来管理数据库SQLite。创建和打开数据库用getWritableDatabase()方法，在已经创建的数据库中创建表用数据库对象的execSQL(string sql)方法，向表中添加数据用insert方法或者execSQL(string sql)方法，查询表中的数据用rawQuery()方法。

【操作步骤】

操作视频

(1)打开Android Studio软件，新建工程。

(2)由于编写应用程序需要用到两个界面，需要再新建一个空的活动和界面。在Android Studio软件左边工程文件中单击鼠标右键，在弹出的快捷菜单中执行“New”-“Activity”-“Empty Activity”命令，如图5-16所示。

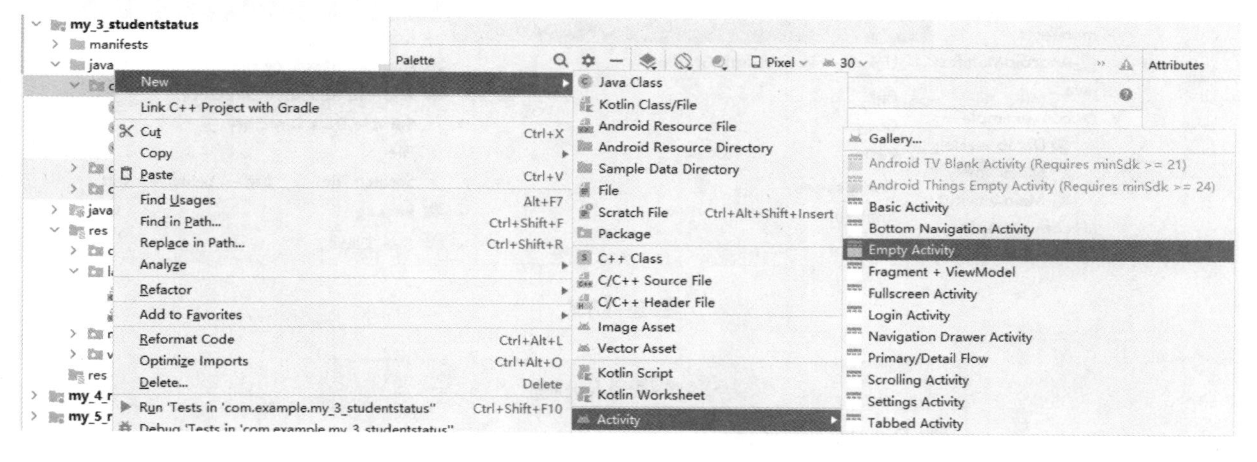

图5-16

(3)在弹出的“New Android Activity”对话框里面可以设置Activity Name和Layout Name，单击“Finish”按钮完成创建，如图5-17所示。

(4)程序需要使用SQLite数据库，还需要创建一个管理数据库的类，在工程文件下MainActivity. java文件上单击鼠标右键，在弹出的快捷菜单中执行“New”-“Java Class”命令，如图5-18所示。

(5)在弹出的“New Java Class”对话框中选择Class，将新建的类命名为DatabaseHelper，按回车键确定，如图5-19所示。

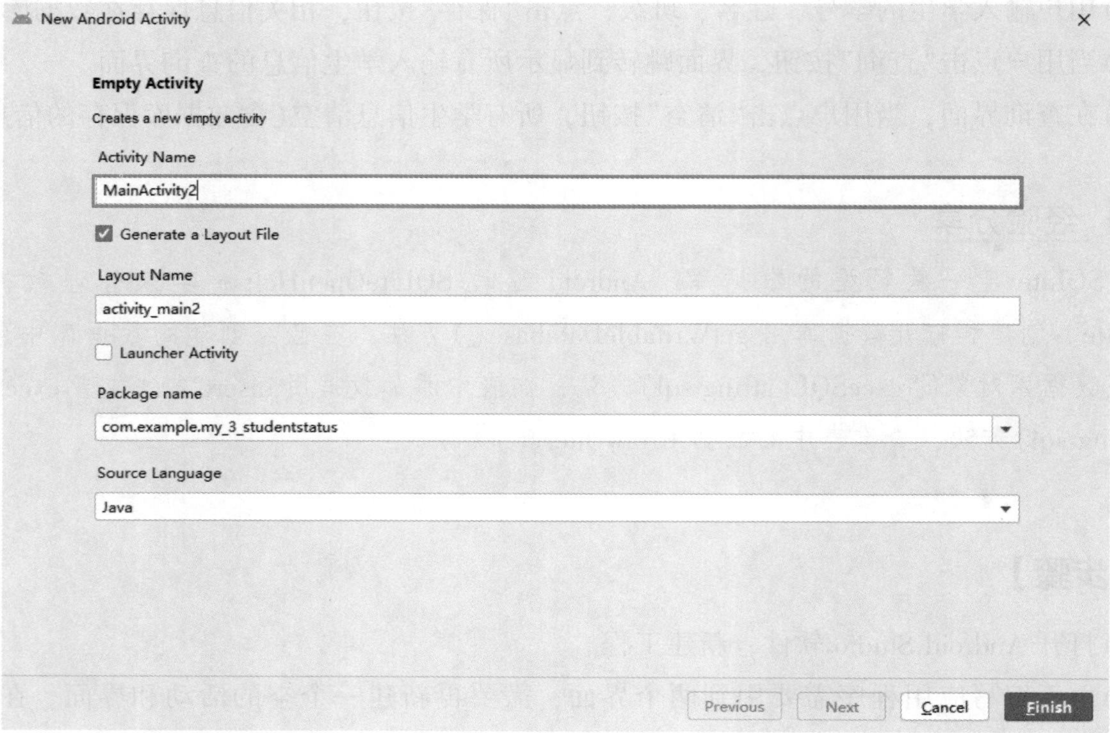

图 5-17

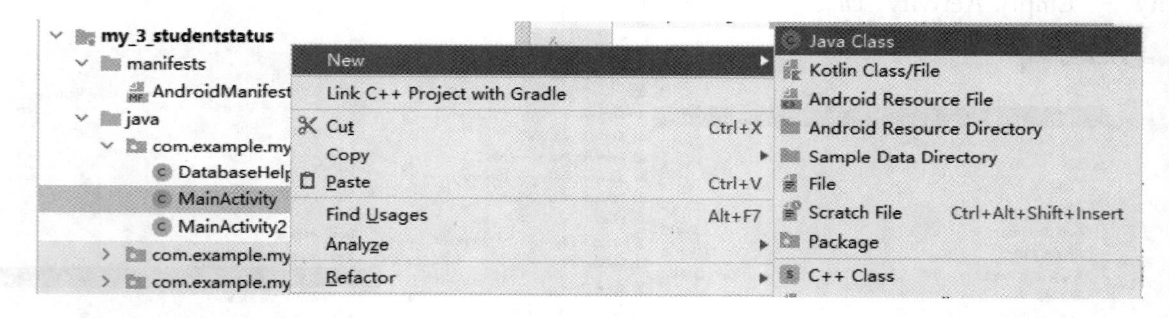

图 5-18

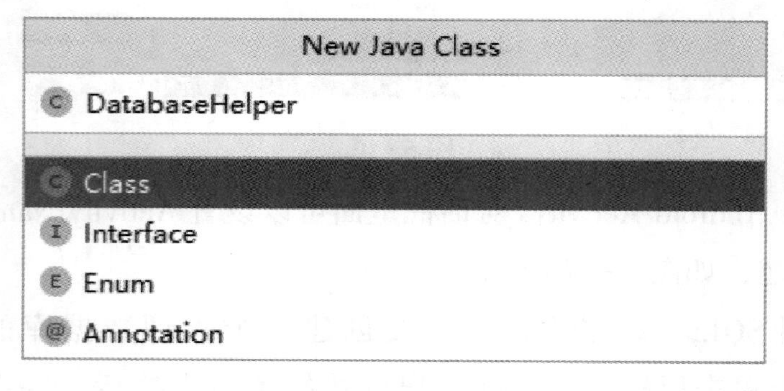

图 5-19

(6)在新建的 DatabaseHelper. java 文件中把类改成继承 SQLiteOpenHelper 类，定义学号、姓名和班级字段，如图 5-20 所示。

(7)在 activity_ main. xml 文件里面添加 3 个 TextView 控件、两个 Button 控件、3 个 EditText 控件。设置输入学号的 EditText 控件 id 为 editText_ number，输入姓名的 EditText 控件 id 为

editText_name，输入班级的 EditText 控件 id 为 editText_class，“保存”按钮 Button 控件 id 为 button_save，“查询”按钮 Button 控件 id 为 button_query。3 个 TextView 控件只是用来显示文字内容，可以不用设置 id。使用约束布局，如图 5-21 所示。

```
activity_main.xml × | AndroidManifest.xml × | MainActivity.java × | DatabaseHelper.java × | activity_main2.xml × | MainActivity2.java ×
1   package com.example.my_3_studentstatus;
2
3   import ...
10
11  public class DatabaseHelper extends SQLiteOpenHelper {
12
13      public static final String CREATE_StudentStatus="create table StudentStatus("+
14              "id integer primary key autoincrement,"
15              +"学号 text,"
16              +"姓名 text,"
17              +"班级 text)";
18
19      public DatabaseHelper(@Nullable Context context, @Nullable String name,
20                            @Nullable SQLiteDatabase.CursorFactory factory, int version) {
21          super(context, name, factory, version);
22      }
23
24      @Override
25      public void onCreate(SQLiteDatabase db) {
26          db.execSQL(CREATE_StudentStatus);
27      }
28
29      @Override
30      public void onUpgrade(SQLiteDatabase db, int oldVersion, int newVersion) {
31
32      }
33  }
34
```

图 5-20

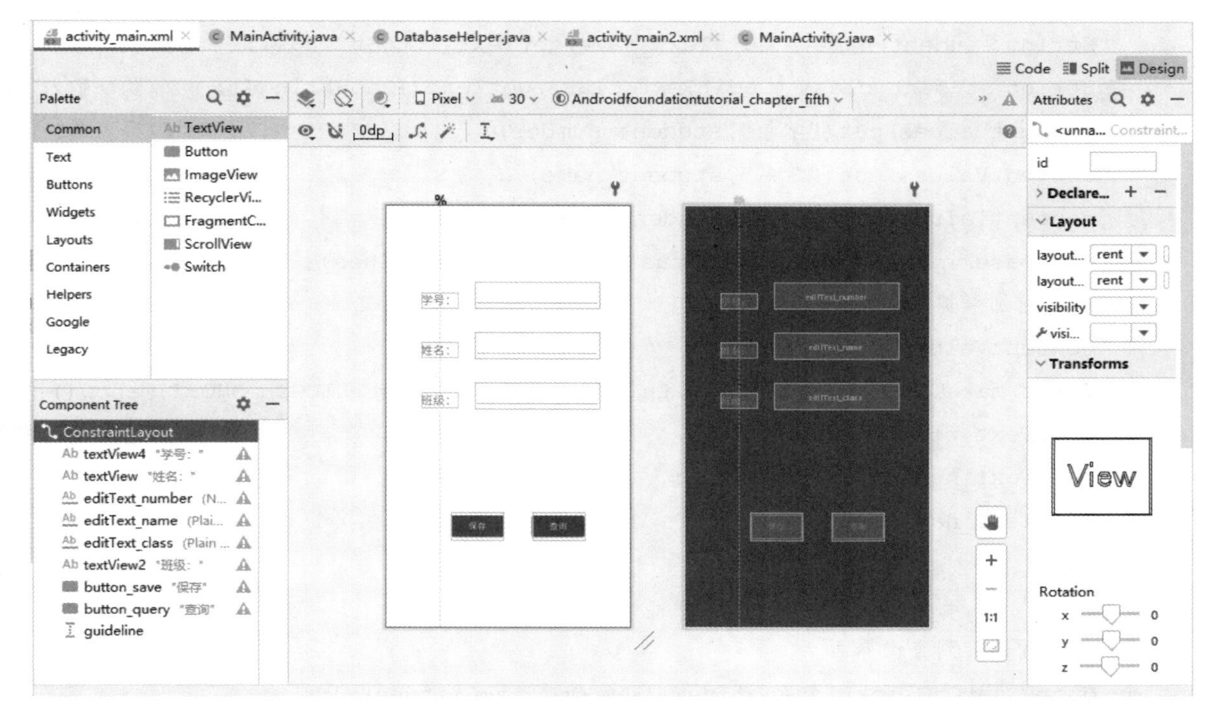

图 5-21

(8)在 MainActivity. java 文件中添加实现保存学生信息和查询功能的代码。

参考代码如下。

```
private DatabaseHelper  databaseHelper;
private SQLiteDatabase database;
EditText editText_number,editText_name,editText_class;
Button button_save,button_query;
@Override
protected void onCreate(Bundle savedInstanceState){
    super.onCreate(savedInstanceState);
    setContentView(R.layout.activity_main);
    //绑定相应控件 id
    editText_number =findViewById(R.id.editText_number);
    editText_name =findViewById(R.id.editText_name);
    editText_class =findViewById(R.id.editText_class);
    button_save =findViewById(R.id.button_save);
    button_query =findViewById(R.id.button_query);
    //创建数据库 StudentStatus.db 并实例化
    databaseHelper = new DatabaseHelper(MainActivity.this,"StudentStatus.db",null,1);
    database = databaseHelper.getReadableDatabase();
    button_save.setOnClickListener(new View.OnClickListener(){
        @Override
        public void onClick(View v){
            ContentValues contentValues =new ContentValues();
            String student_number = editText_number.getText().toString();  //获取输入学号
            String student_name = editText_name.getText().toString();      //获取输入姓名
            String student_class = editText_class.getText().toString();    //获取输入班级
            contentValues.put("学号",student_number);                     //存入数据库
            contentValues.put("姓名",student_name);                       //存入数据库
            contentValues.put("班级",student_class);                      //存入数据库
            database.insert("StudentStatus",null,contentValues);
            //注意别漏掉
            contentValues.clear();
            Toast.makeText(MainActivity.this,"保存成功",Toast.LENGTH_SHORT).show();
            editText_class.setText("");                                  //清空填的内容
            editText_number.setText("");
            editText_name.setText("");
        }
    });
    //点击按钮界面跳转到查询界面
    button_query.setOnClickListener(new View.OnClickListener(){
        @Override
        public void onClick(View v){
```

```
            Intent intent = new Intent(MainActivity.this,MainActivity2.class);
            startActivity(intent);
        }
    });
}
```

(9)在 activity_main2.xml 查询界面布局里面需要一个 TextView 控件，一个 Button 控件。设置 TextView 控件 id 为 textView_display，设置 Button 控件 id 为 button_clear，并使用约束布局，如图 5-22 所示。

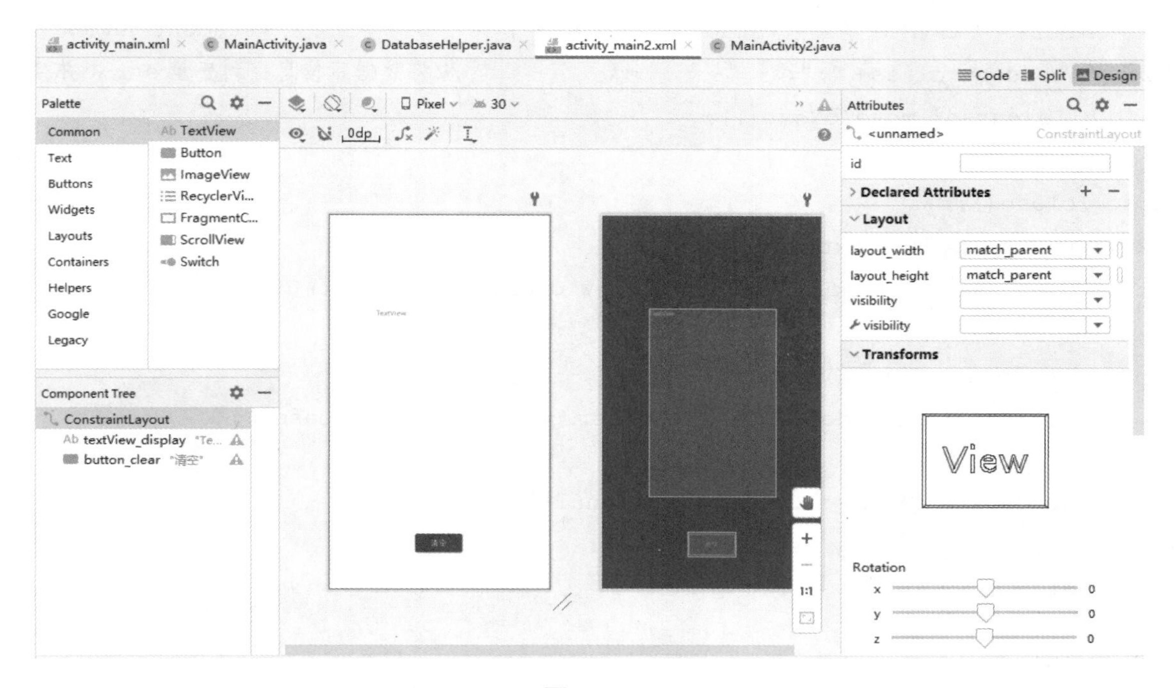

图 5-22

(10)在 MainActivity2.java 文件中添加代码，实现获取数据库数据，并在文本框中显示，点击"清空"按钮，数据库和文本框都清空。

参考代码如下。

```
privateDatabaseHelper databaseHelper;
private SQLiteDatabase sqLiteDatabase;
String str="学生数据信息为:";
@Override
protected void onCreate(Bundle savedInstanceState){
    super.onCreate(savedInstanceState);
    setContentView(R.layout.activity_main2);
    TextView textView_display =findViewById(R.id.textView_display);
    Button button_clear =findViewById(R.id.button_clear);
    //新建名字为 StudentStatus.db 的数据库
    databaseHelper = new DatabaseHelper(MainActivity2.this,"StudentStatus.db",null,1);
```

```
    sqLiteDatabase = databaseHelper.getReadableDatabase();
    Cursor cursor= sqLiteDatabase.query("StudentStatus", null, null, null, null, null,
null);
    if(cursor.moveToFirst()){
        do{
            String student_number=cursor.getString(cursor.getColumnIndex("学号"));
            //根据 key 值读取信息
            String student_name=cursor.getString(cursor.getColumnIndex("姓名"));
            String student_class=cursor.getString(cursor.getColumnIndex("班级"));
            str+= "\n\n"+"学号:"+student_number+";"+ "\n"+ "名字:"+student_name+";"+ "\
n"+ "班级:"+student_class+ ";";                              //将数据库信息存到变量 str 中并换行
        }while(cursor.moveToNext());
    }
    cursor.close();
    textView_display.setText(str);                             //打印信息
    button_clear.setOnClickListener(new View.OnClickListener(){
        @Override
        public void onClick(View v){
            SQLiteDatabase db= databaseHelper.getWritableDatabase();
            //删除所有
            db.delete("StudentStatus",null,null);
            textView_display.setText("");
            str="";
        }
    });
}
```

(11)单击工具栏中的“run”按钮▶，将应用程序运行到移动设备中。

提示：应用程序运行之后可以通过 Android Studio 软件查看模拟器是否生成数据库文件。执行“View”-“Tool Windows”-“Device File Explorer”命令，如图 5-23 所示。

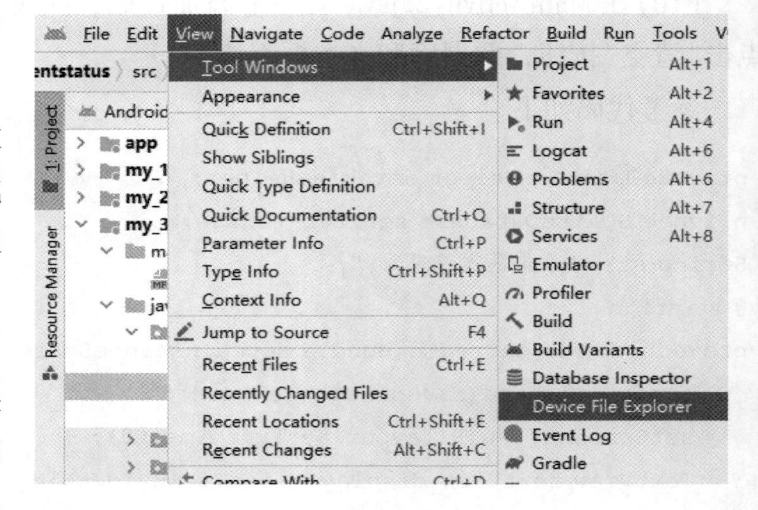

图 5-23

在“Device File Explorer”界面中，展开“data”-“data”文件夹，找到调试应用程序的文件夹，展开“databases”文件夹查看，如图 5-24 所示。

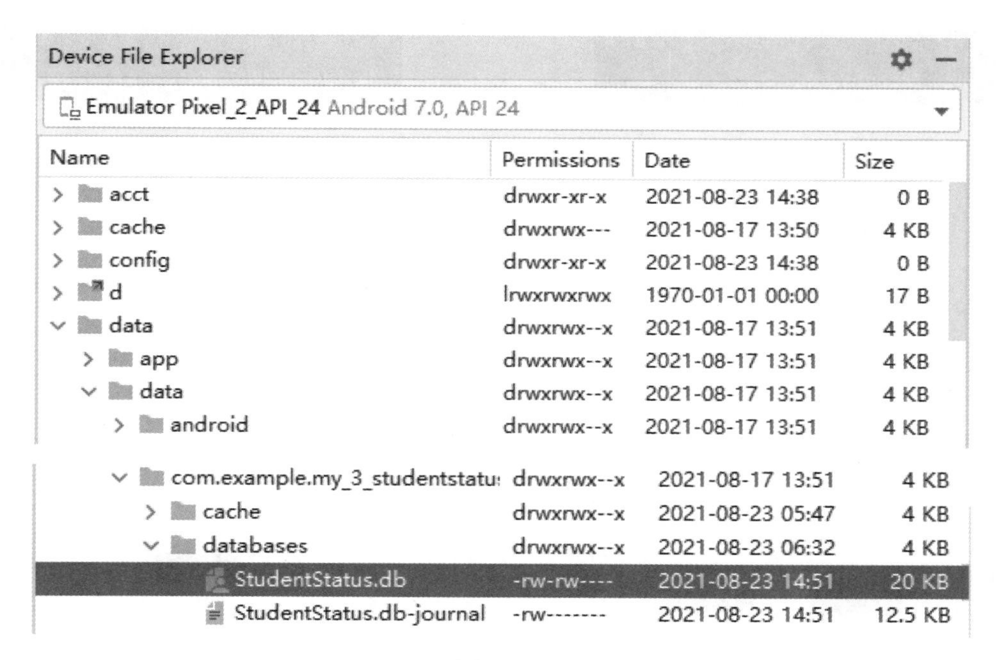

图 5-24

经验分享

运行之后程序闪退或者报错，需要在下载的应用设备系统上检查应用程序是否有存储权限。定义数据库变量语句如下。

```
public static final String CREATE_StudentStatus="create table StudentStatus("
+"id integer primary key autoincrement,"+"学号 text,"+"姓名 text,"+"班级 text)";
```

任务 4 记录每月体重信息

【任务描述】

设计一个记录每月体重的应用程序，如图 5-25、图 5-26 所示。

（1）用户主界面显示每个月记录体重的情况。

（2）当用户点击“新增记录”按钮，跳转到新增记录界面，输入月份和体重，点击“确认”按钮将数据保存在数据库，返回主界面会发现该记录已在主界面显示。

（3）用户点击“删除记录”按钮，主界面显示的数据和数据库里面的数据清空。

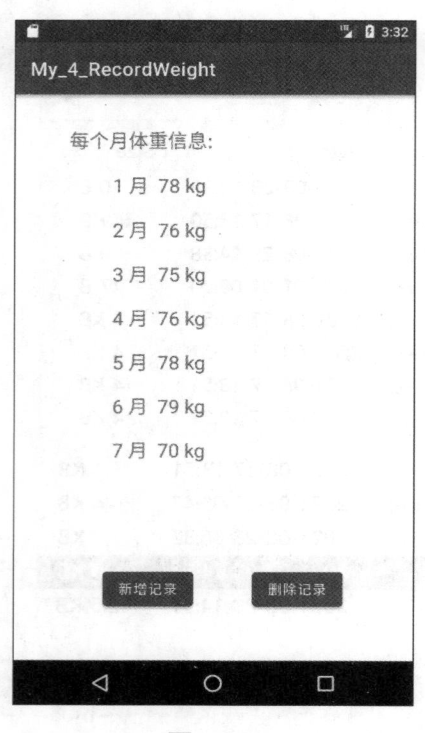

图 5-25

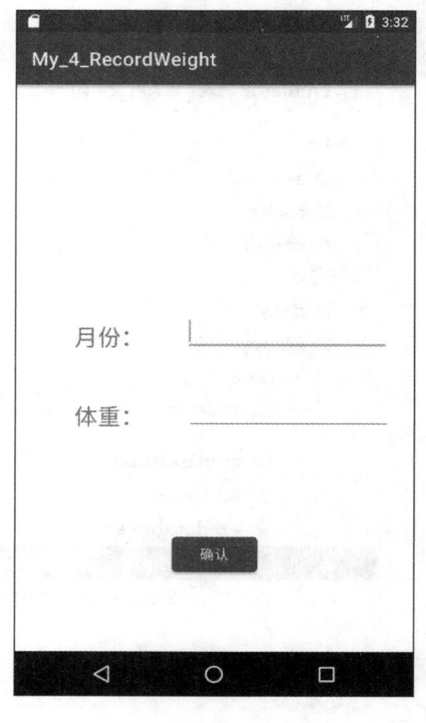

图 5-26

【操作步骤】

（1）打开 Android Studio 软件，新建工程。

（2）由于编写应用程序需要用到两个界面，需要再新建一个空的活动和界面。在 Android Studio 软件左边工程文件中单击鼠标右键，在弹出的快捷菜单中执行“New”-“Activity”-“Empty Activity”命令，如图 5-27 所示。

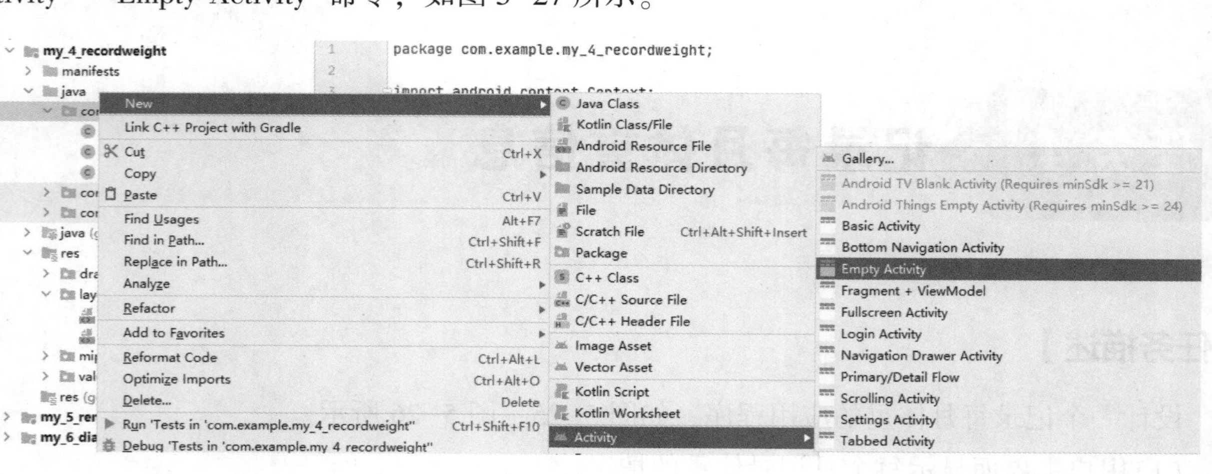

图 5-27

（3）在弹出的“New Android Activity”对话框里面可以设置 Activity Name 和 Layout Name，单击“Finish”按钮完成创建，如图 5-28 所示。

（4）程序需要使用 SQLite 数据库，还需要创建一个管理数据库的类。在工程文件下 MainActivity.java 文件上单击鼠标右键，在弹出的快捷菜单中执行“New”-“Java Class”命令，如图 5-29 所示。

图 5-28

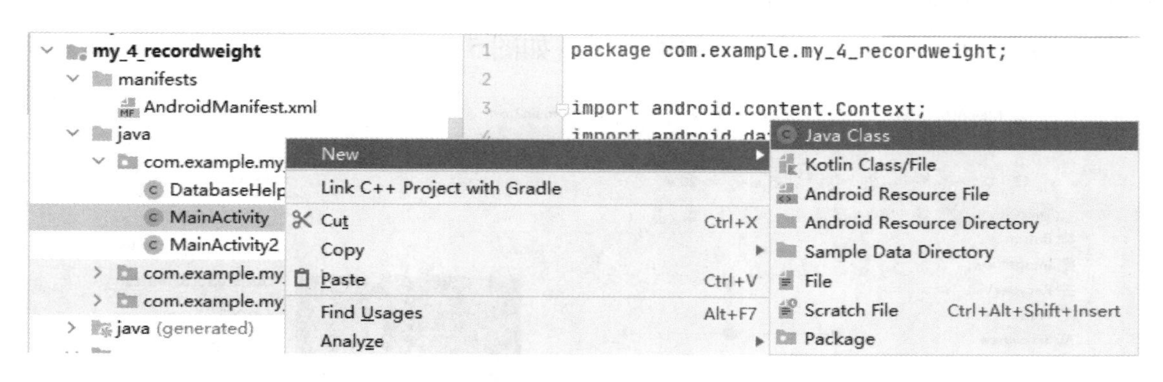

图 5-29

(5)弹出“New Java Class”对话框，选择 Class，将新建的类命名为 DatabaseHelper，按回车键确定，如图 5-30 所示。

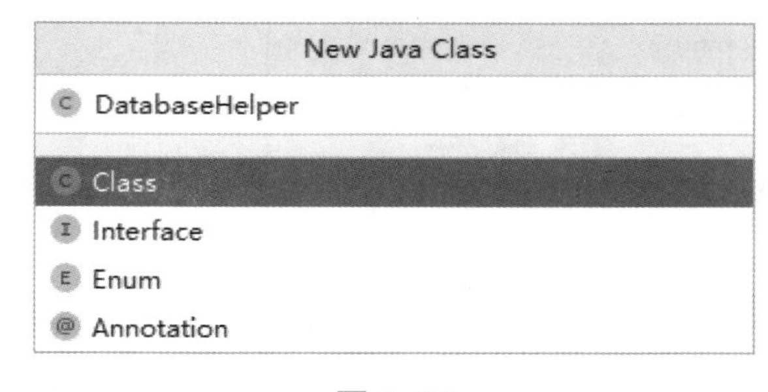

图 5-30

(6)在新建的 DatabaseHelper. java 文件中把类改成继承 SQLiteOpenHelper 类，定义月份、体重字段。

参考代码如下。

```
packagecom.example.my_4_recordweight;
import android.content.Context;
import android.database.sqlite.SQLiteDatabase;
```

```
import android.database.sqlite.SQLiteOpenHelper;
import androidx.annotation.Nullable;
public class DatabaseHelper extends SQLiteOpenHelper {
    public static final String CREATE_RecordWeight="create table RecordWeight("+
            "id integer primary key autoincrement,"+"月份 text,"+"体重 text)";
    public DatabaseHelper(@Nullable Context context,@Nullable String name,@Nullable
SQLiteDatabase.CursorFactory factory,int version){
        super(context,name,factory,version);
    }
    @Override
    public void onCreate(SQLiteDatabase db){
        db.execSQL(CREATE_RecordWeight);                    //创建数据库
    }
    @Override
    public void onUpgrade(SQLiteDatabase db,int oldVersion,int newVersion){
    }
}
```

(7)在 activity_main.xml 布局里面添加一个 TextView 控件、两个 Button 控件。设置 TextView 控件 id 为 textview_display，“新增记录”按钮 Button 控件 id 为 button_add，“删除记录”按钮 Button 控件 id 为 button_delete，并使用约束布局，如图 5-31 所示。

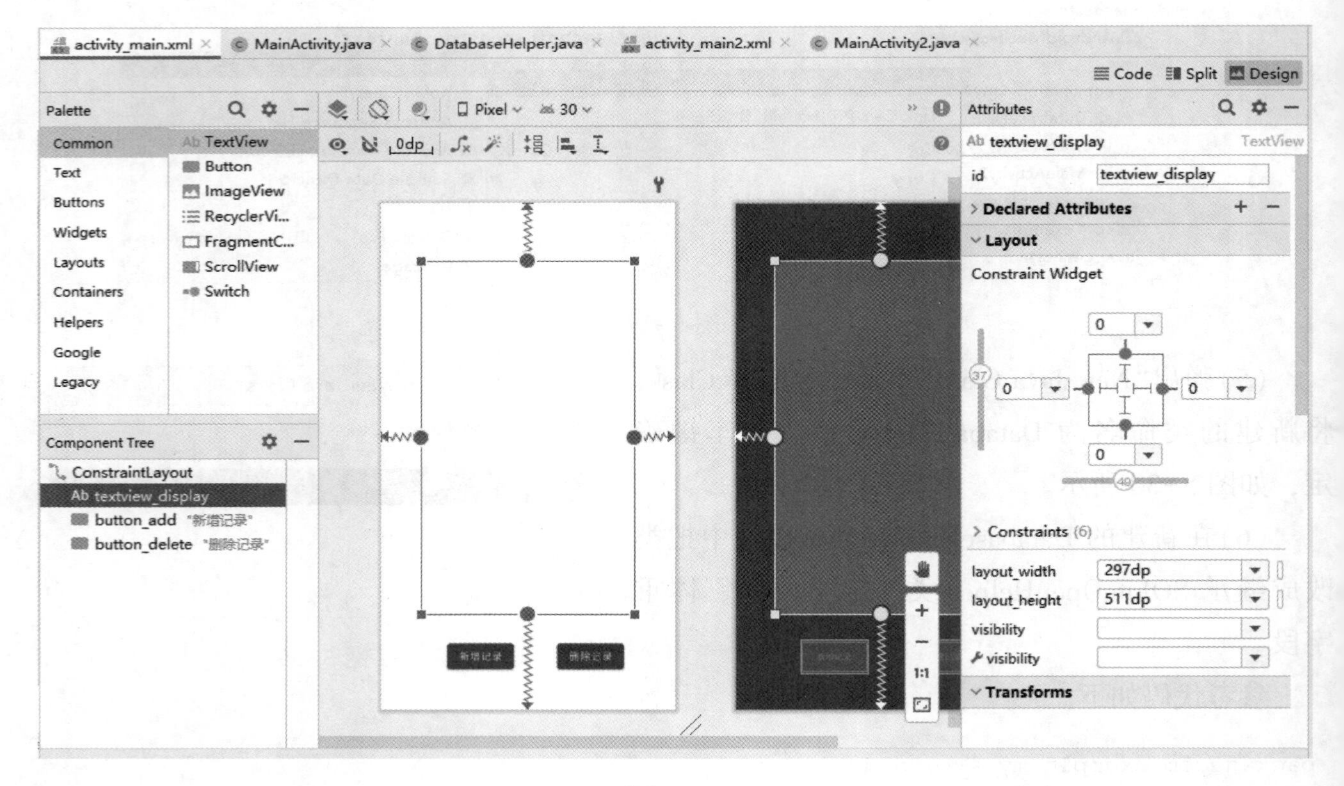

图 5-31

(8)在 MainActivity.java 文件中添加实现保存学生信息和查询功能的代码。

参考代码如下。

```
TextView textview_display;                         //定义文本显示控件变量
Button button_add,button_delete;                   //定义两个按钮变量
String str = "每个月体重信息:"+"\n\n";               //定义用于显示内容的变量
DatabaseHelper databaseHelper;
SQLiteDatabase sqLiteDatabase;
@Override
protected void onCreate(Bundle savedInstanceState){
    super.onCreate(savedInstanceState);
    setContentView(R.layout.activity_main);
    textview_display =findViewById(R.id.textview_display);
    button_add =findViewById(R.id.button_add);
    button_delete =findViewById(R.id.button_delete);
    //实例化一个数据库,数据库名 RecordWeight.db
    databaseHelper =new DatabaseHelper(MainActivity.this,"RecordWeight.db",null,1);
    //获取数据库
    sqLiteDatabase = databaseHelper.getReadableDatabase();
    //实例化一个游标,用于查找数据库内容
    Cursor cursor = sqLiteDatabase.query("RecordWeight",null,null,null,null,null,
null);
    if(cursor.moveToFirst()){
        do{
            //通过列索引获取值
            String month = cursor.getString(cursor.getColumnIndex("月份"));
            String weight=cursor.getString(cursor.getColumnIndex("体重"));
            str+="        "+month+"月  "+weight+"kg"+"\n\n";
        }while(cursor.moveToNext());
        cursor.close();
        textview_display.setText(str);
    }
    //新增每月记录
    button_add.setOnClickListener(new View.OnClickListener(){
        @Override
        public void onClick(View v){
            Intent intent =new Intent(MainActivity.this,MainActivity2.class);
            startActivity(intent);
        }
    });
    //删除记录
    button_delete.setOnClickListener(new View.OnClickListener(){
```

```
        @Override
        public void onClick(View v){
            sqLiteDatabase.delete("RecordWeight",null,null);
            str = "每个月体重信息:"+"\n\n";
            textview_display.setText(str);
        }
    });
}
```

(9)在 activity_main2. xml 文件布局里面需要两个 TextView 控件，两个 EditText 控件、一个 Button 控件。设置输入月份的 EditText 控件 id 为 editText_month，设置输入体重的 EditText 控件 id 为 editText_weight，设置 Button 控件 id 为 button_save，并使用约束布局，如图 5-32 所示。

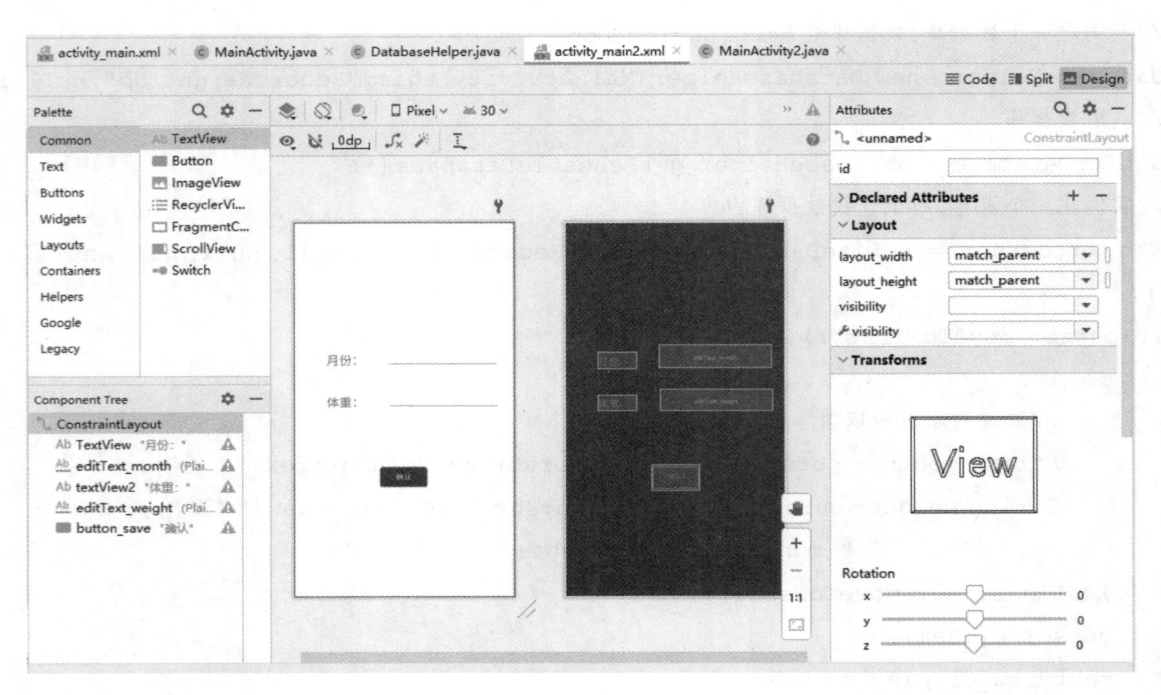

图 5-32

(10)在 MainActivity2. java 文件中实现获取用户输入的数据，点击“保存”按钮后保存在数据库，并回到主界面。

参考代码如下。

```
EditText editText_month=findViewById(R.id.editText_month);
EditText editText_weight=findViewById(R.id.editText_weight);
Button button_save=findViewById(R.id.button_save);
DatabaseHelper databaseHelper = new DatabaseHelper(MainActivity2.this,"RecordWeight.
db",null,1);
SQLiteDatabase sqLiteDatabase = databaseHelper.getReadableDatabase();
ContentValues contentValues =new ContentValues();
```

```
button_save.setOnClickListener(new View.OnClickListener(){
    @Override
    public void onClick(View v){
if(editText_month.getText().toString().equals("")||editText_weight.getText()
.toString().equals("")){
            Toast.makeText(MainActivity2.this,"请填写完整信息!",Toast.LENGTH_LONG).show
();
        }else {
            contentValues.put("月份",editText_month.getText().toString());
            contentValues.put("体重",editText_weight.getText().toString());
            sqLiteDatabase.insert("RecordWeight",null,contentValues);
            contentValues.clear();
            Toast.makeText(MainActivity2.this,"保存成功",Toast.LENGTH_LONG).show();
            Intent intent = new Intent(MainActivity2.this,MainActivity.class);
            startActivity(intent);                    //返回主界面
        }
    }
});
```

(11)单击工具栏中的“run”按钮▶，将应用程序运行到移动设备中。

经验分享

用户输入并保存数据到数据库还需要清空变量里面的数据，代码如下。

```
contentValues.clear();
```

任务5 完善登录功能

【任务描述】

设计一个具有注册、登录功能的应用程序，如图5-33~图5-35所示。

(1)应用程序需要输入账号和密码才能登录。

(2)点击“注册”按钮，程序跳转到注册界面，用户输入账号密码进行注册。

(3)如果输入账号或密码出错，点击“登录”按钮弹出提示信息“账号或密码错误”。

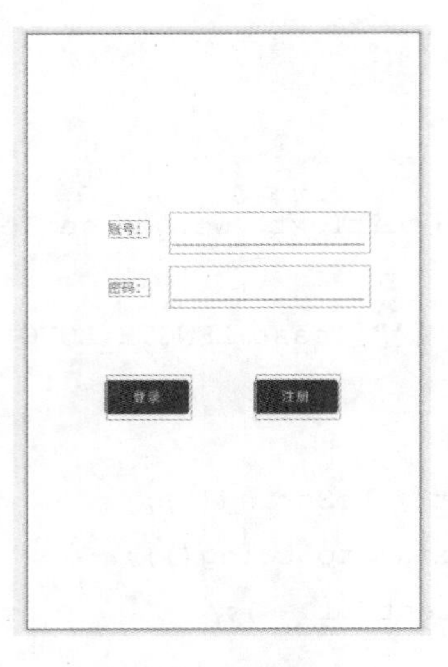

图 5-33

图 5-34

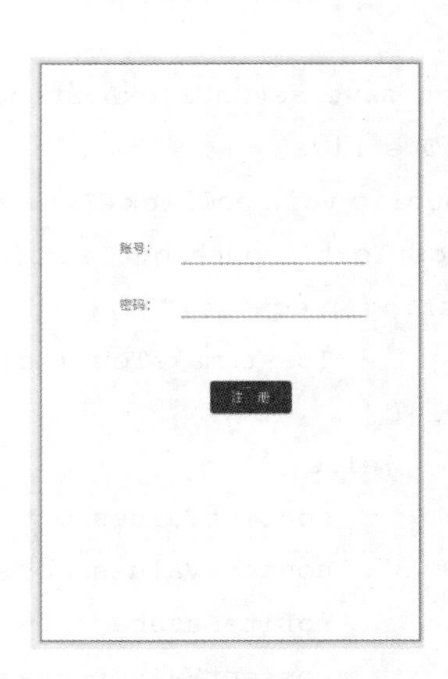

图 5-35

经验分享

注册的用户账号和密码可以通过数据库保存。

【操作步骤】

（1）打开 Android Studio 软件，新建一个工程。

（2）在工程设计好登录界面布局，如图 5-36 所示。

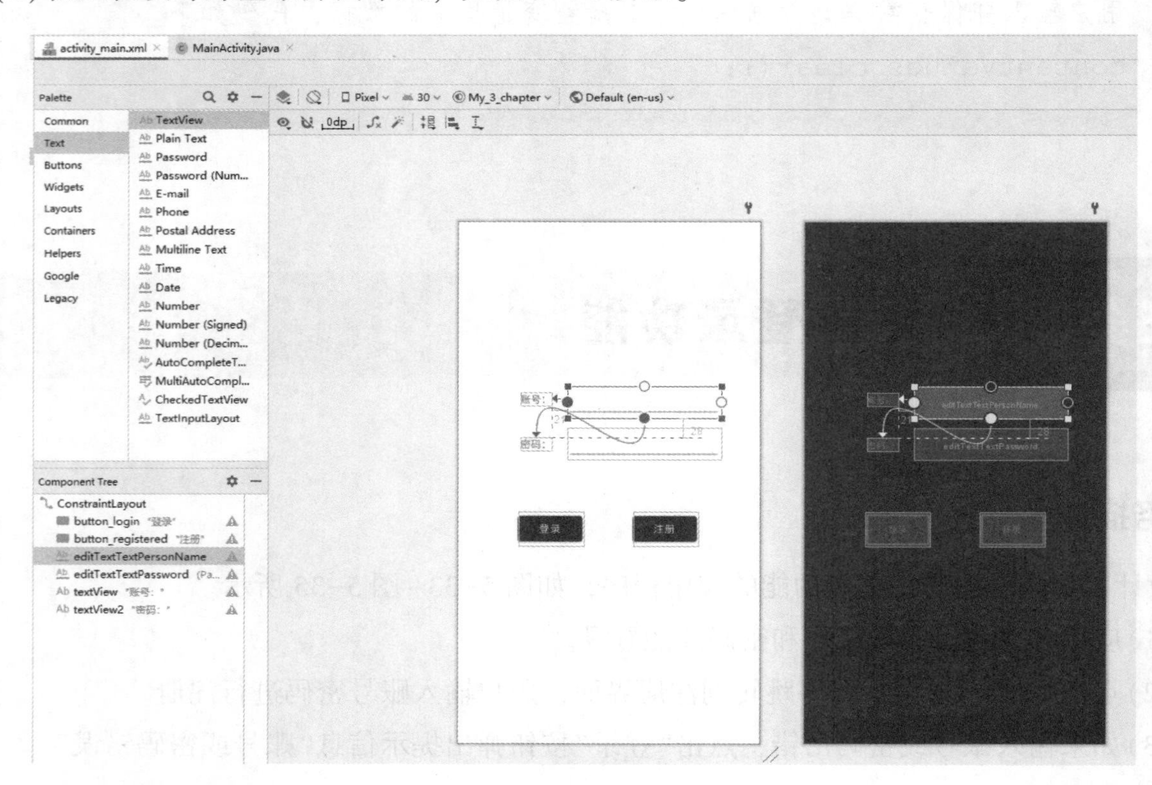

图 5-36

(3)新建登录后的界面和注册界面，如图 5-37、图 5-38 所示。

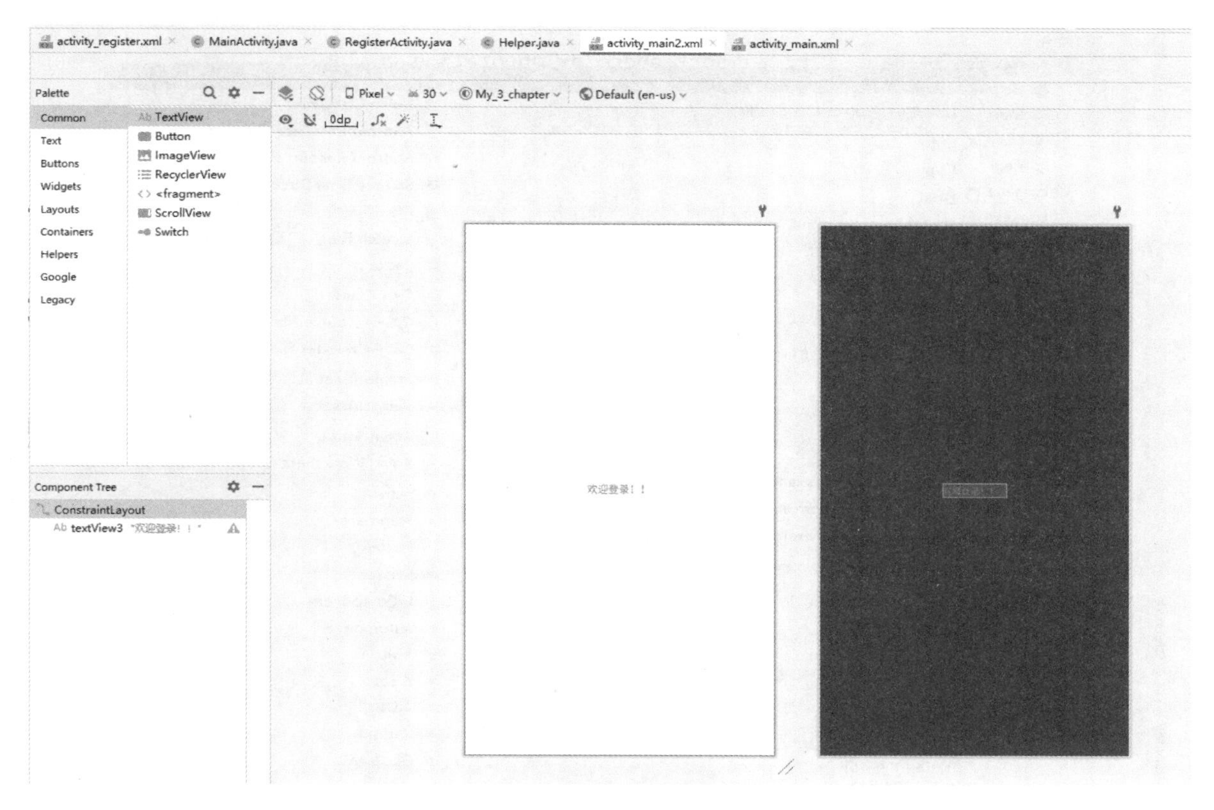

图 5-37

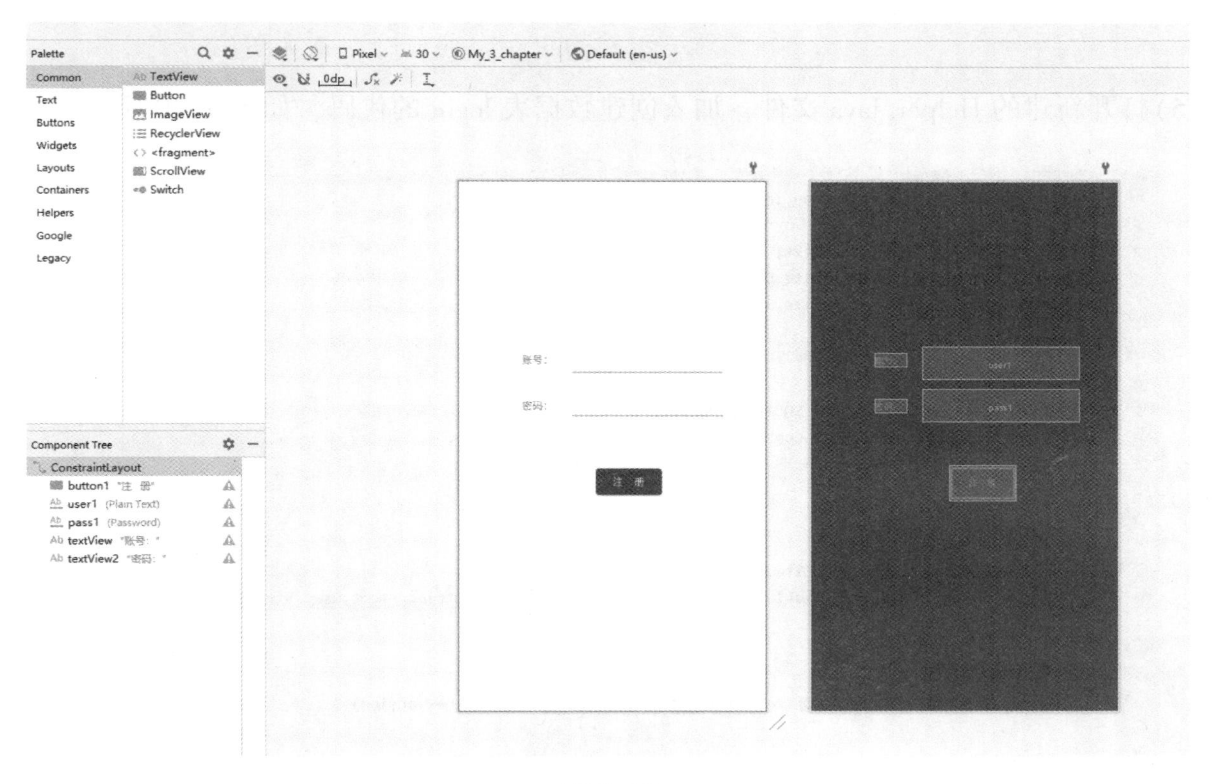

图 5-38

(4)要实现注册功能，需要应用数据库。在工程目录中单击鼠标右键，在弹出的快捷菜单中执行“New”-“Java Class”命令，新建名为 Helper 的数据库类，图 5-39 所示。

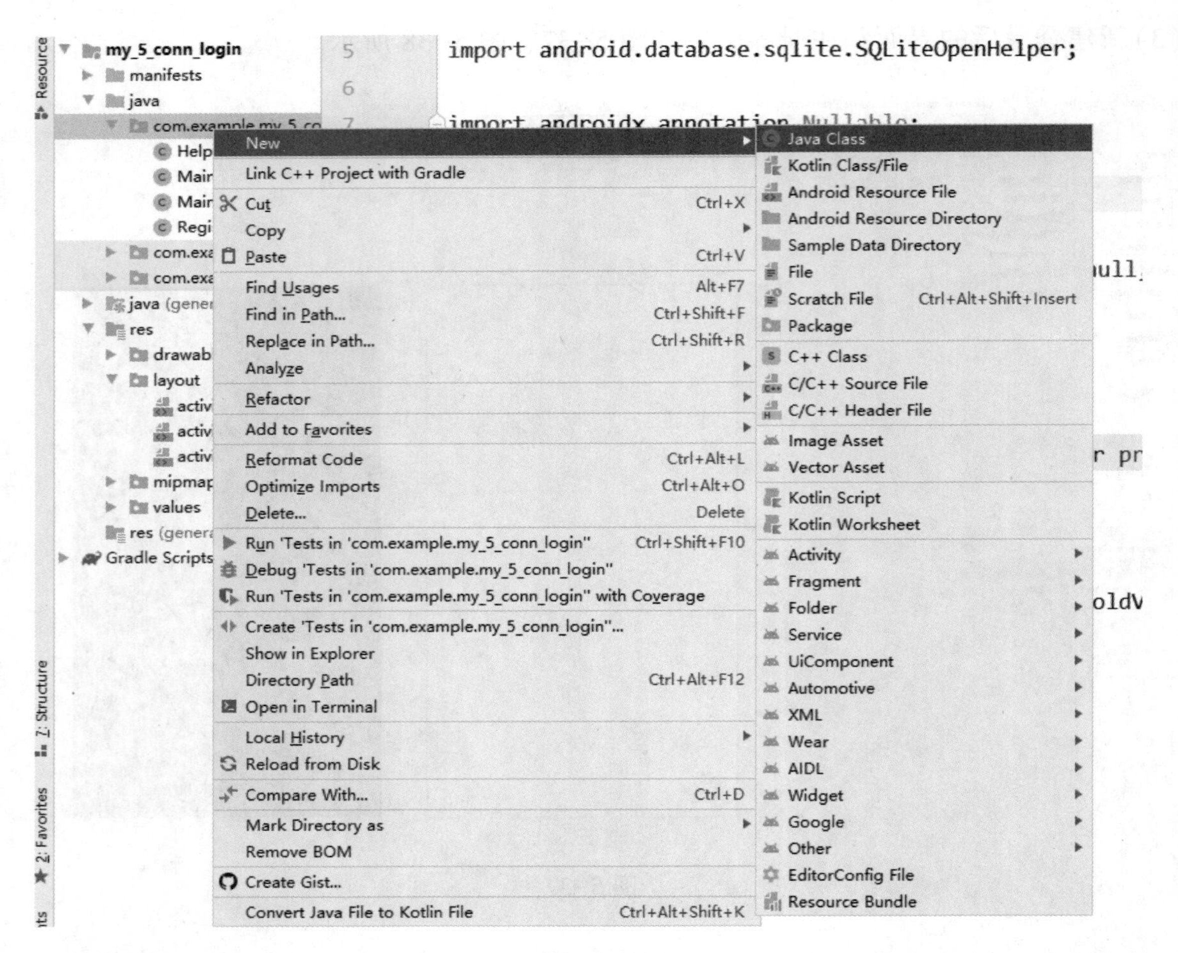

图 5-39

（5）打开新建的 Helper. java 文件，加入创建数据表 login 的代码，如图 5-40 所示。

```
package com.example.my_5_conn_login;

import android.content.Context;
import android.database.sqlite.SQLiteDatabase;
import android.database.sqlite.SQLiteOpenHelper;

import androidx.annotation.Nullable;

public class Helper extends SQLiteOpenHelper{
    public Helper(@Nullable Context context) {
        super(context, name: "user_db", factory: null, version: 1);
    }

    @Override
    public void onCreate(SQLiteDatabase db) {
        db.execSQL("create table login (id integer primary key autoincrement,user String,pass String)");
    }

    @Override
    public void onUpgrade(SQLiteDatabase db, int oldVersion, int newVersion) {

    }
}
```

图 5-40

（6）在 RegisterActivity. java 文件中添加实现注册功能的代码，如图 5-41 所示。

图 5-41

核心代码如下。

```
EditText editText_name= findViewById(R.id.user1);
EditText editText_pass = findViewById(R.id.pass1);
SQLiteDatabase db = new Helper(RegisterActivity.this).getWritableDatabase();
Button button1 = findViewById(R.id.button1);
button1.setOnClickListener(new View.OnClickListener(){
   @Override
   public void onClick(View v){
       if(TextUtils.isEmpty(editText_name.getText().toString().trim()) || TextUtils.
isEmpty(editText_pass.getText().toString().trim())){
           Toast.makeText(RegisterActivity.this,"请输入账号或密码",Toast.LENGTH_SHORT)
.show();
       }else{
           Cursor cursor = db.rawQuery("select * from login where user = '"+editText_
name.getText().toString().trim()+"'",null);
           if(cursor.moveToFirst()){
               Toast.makeText(RegisterActivity.this,"账号已注册",Toast.LENGTH_SHORT)
.show();
           }else{
               db.execSQL("insert into login(user,pass)values('"+editText_name.getText
().toString().trim()+"','"+editText_pass.getText().toString().trim()+"')");
               finish();
```

```
            Toast.makeText(RegisterActivity.this,"注册成功",Toast.LENGTH_SHORT).show();
        }
      }
    }
});
```

(7)在 MainActivity.java 添加跳转界面和实现登录功能的代码。

核心代码如下。

```
EditText editText_name= findViewById(R.id.user_login);
EditText editText_pass = findViewById(R.id.pass_login);
SQLiteDatabase db = new Helper(MainActivity.this).getWritableDatabase();
Button button_login = findViewById(R.id.button_login);
Button button_registered =findViewById(R.id.button_registered);
button_login.setOnClickListener(new View.OnClickListener(){
    @Override
    public void onClick(View v){
        if(TextUtils.isEmpty(editText_name.getText().toString().trim())||TextUtils.
isEmpty(editText_pass.getText().toString().trim())){
            Toast.makeText(MainActivity.this,"请输入账号或密码",Toast.LENGTH_SHORT)
.show();
        }else{
            Cursor cursor = db.rawQuery("select * from login where user = '"+editText_
name.getText().toString().trim()+"' and pass = '"+editText_pass.getText().toString()
.trim()+"'",null);
            if(cursor.moveToFirst()){
                startActivity(new Intent(MainActivity.this,MainActivity2.class));
                finish();
            }else{
                Toast.makeText(MainActivity.this,"账号或密码错误",Toast.LENGTH_SHORT)
.show();
            }
        }
    }
});
button_registered.setOnClickListener(new View.OnClickListener(){
    @Override
    public void onClick(View v){
        startActivity(new Intent(MainActivity.this,RegisterActivity.class));
    }
});
```

(8)单击工具栏中的“run”按钮▶，将程序运行到安卓设备中。

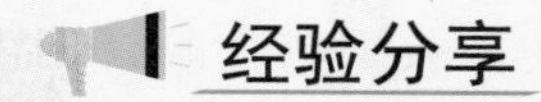

“startActivity(new Intent(MainActivity.this, MainActivity2.class));”实现从当前界面跳转到另一个界面。

任务6 单词记录本

【任务描述】

设计一个单词记录本应用程序，如图5-42~图5-44所示。

(1)程序主界面显示已经添加了的单词，有3个按钮，分别为“新增”“查询”“清空”。

(2)当用户点击“清空”按钮，界面显示的单词清空(含数据库存储的数据)。

(3)当用户点击“新增”按钮，跳转到新增界面。用户输入单词和释义，点击“保存”按钮，数据存入数据库，点击“返回”按钮，主界面显示刚刚新增的单词。

(4)当用户点击“查询”按钮，跳转到查询界面，用户输入单词，点击“查询”按钮，查询界面显示单词和释义。

图5-42

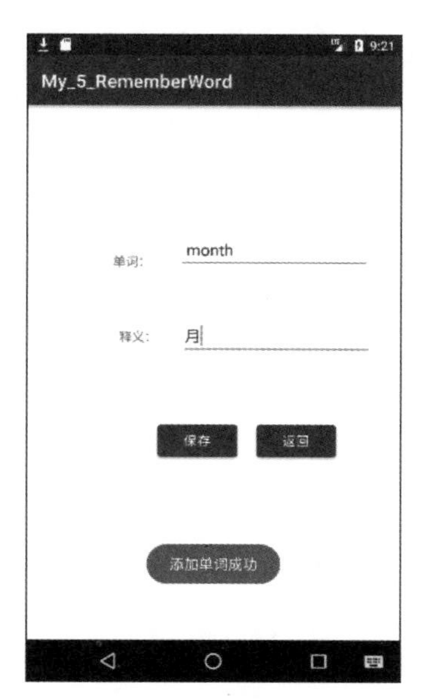

图5-43

图5-44

【操作步骤】

操作

（1）打开 Android Studio 软件，新建工程。

（2）由于编写应用程序需要用到 3 个界面，需要在新建两个空的活动和界面，在 Android Studio 软件左边工程文件中单击鼠标右键，在弹出的快捷菜单中执行“New”-“Activity”-“Empty Activity”命令，如图 5-45 所示。

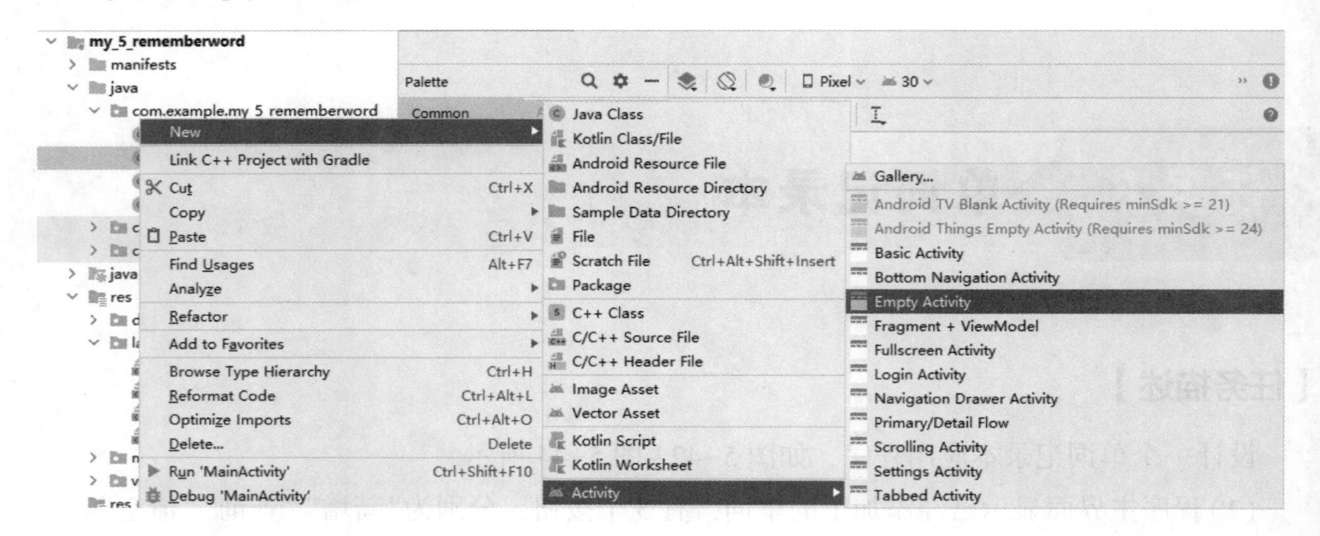

图 5-45

（3）在弹出的“New Android Activity”对话框里面可以设置 Activity Name 和 Layout Name，单击“Finish”按钮完成创建。按这个方式新建新增界面活动和查询界面活动，如图 5-46、图 5-47 所示。

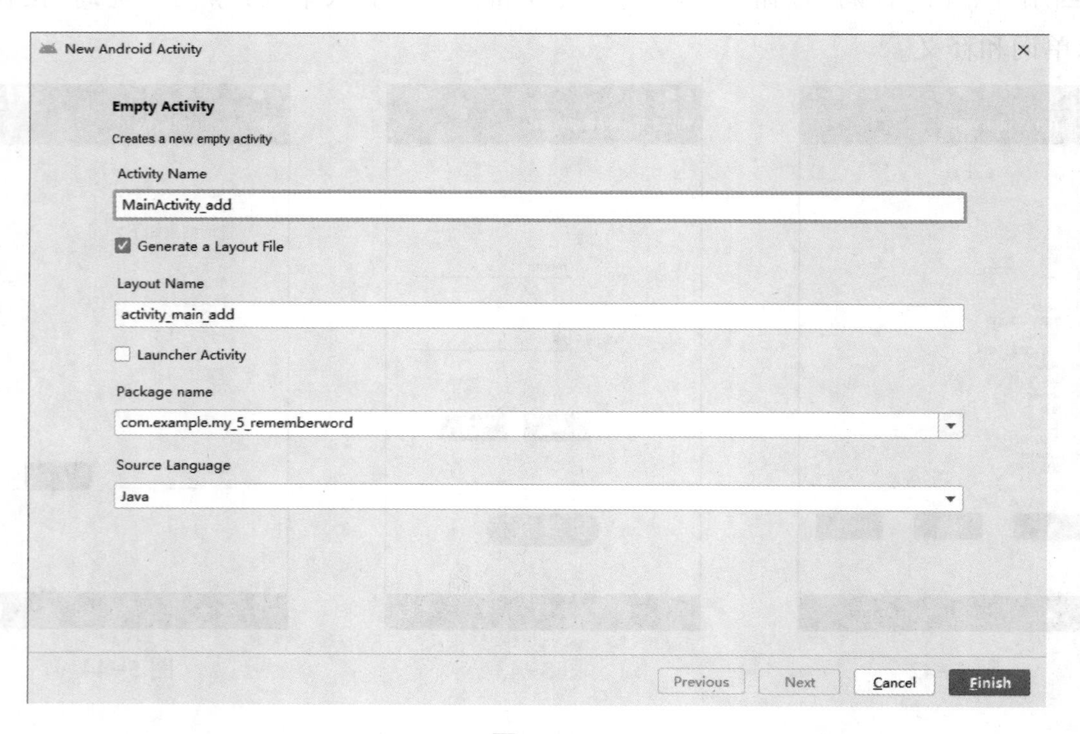

图 5-46

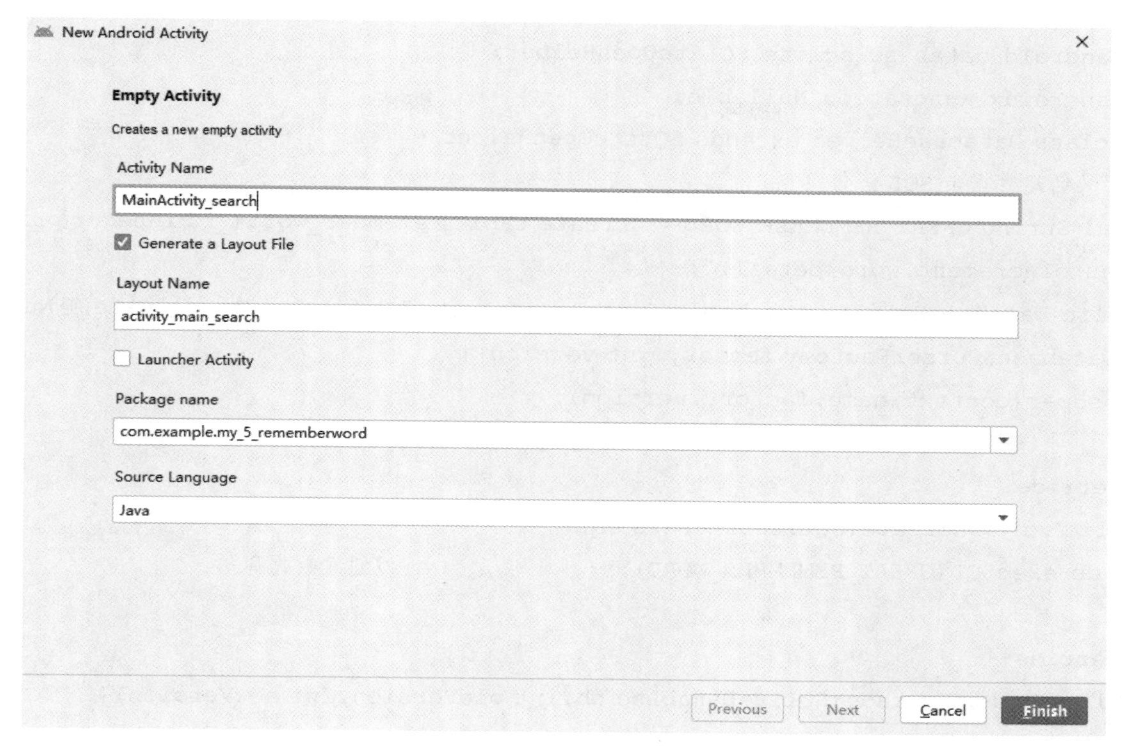

图 5-47

(4)程序需要使用 SQLite 数据库，还需要创建一个管理数据库的类。在工程文件下 MainActivity. java文件上单击鼠标右键，在弹出的快捷菜单中执行“New”-“Java Class”命令，如图 5-48 所示。

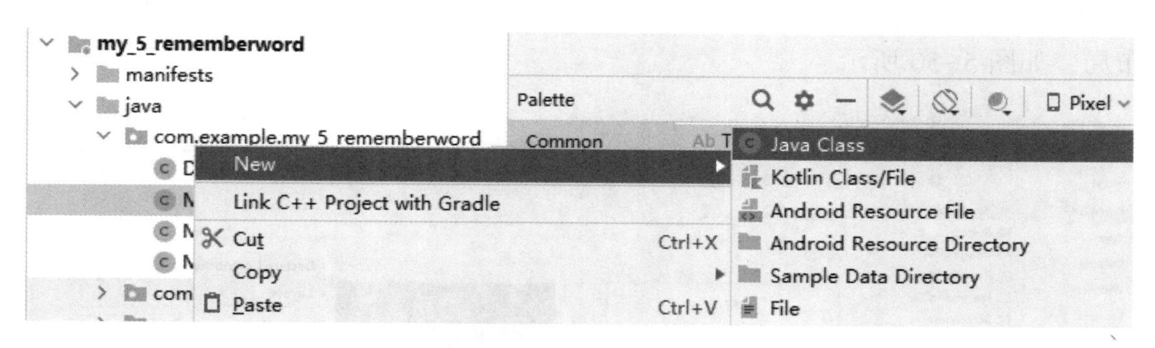

图 5-48

(5)弹出“New Java Class”对话框，选择 Class，将新建的类命名为 DatabaseHelper，按回车键确定，如图 5-49 所示。

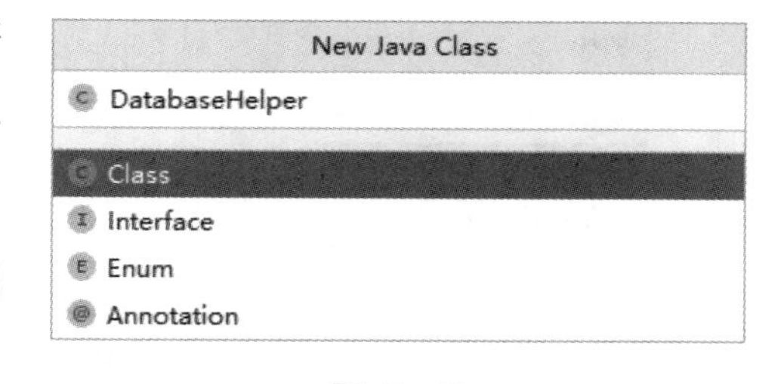

图 5-49

(6)在新建的 DatabaseHelper. java 文件中把类改成继承 SQLiteOpenHelper 类，定义单词、释义字段。

参考代码如下。

```
package com.example.my_5_rememberword;
import android.content.Context;
import android.database.sqlite.SQLiteDatabase;
```

```
import android.database.sqlite.SQLiteOpenHelper;
import androidx.annotation.Nullable;
public class DatabaseHelper extends SQLiteOpenHelper {
    //定义创建数据表 SQL 语句
    final String CREAT_REMEMBER_WORD = "create table remember_word(_id integer primary "
+" key autoincrement,word,detail)";
    public DatabaseHelper(@Nullable Context context,@Nullable String name,@Nullable
SQLiteDatabase.CursorFactory factory,int version){
        super(context,name,factory,version);
    }
    @Override
    public void onCreate(SQLiteDatabase db){
        db.execSQL(CREAT_REMEMBER_WORD);                    //创建数据库
    }
    @Override
    public void onUpgrade(SQLiteDatabase db,int oldVersion,int newVersion){
    }
}
```

(7)在 activity_main.xml 文件布局里面添加一个 TextView 控件、3 个 Button 控件、一个 ListView 控件。设置 ListView 控件 id 为 listview_result，“新增”按钮 Button 控件 id 为 button_add，“查询”按钮 Button 控件 id 为 button_search，“清空”按钮 Button 控件 id 为 button_clear，并使用约束布局，如图 5-50 所示。

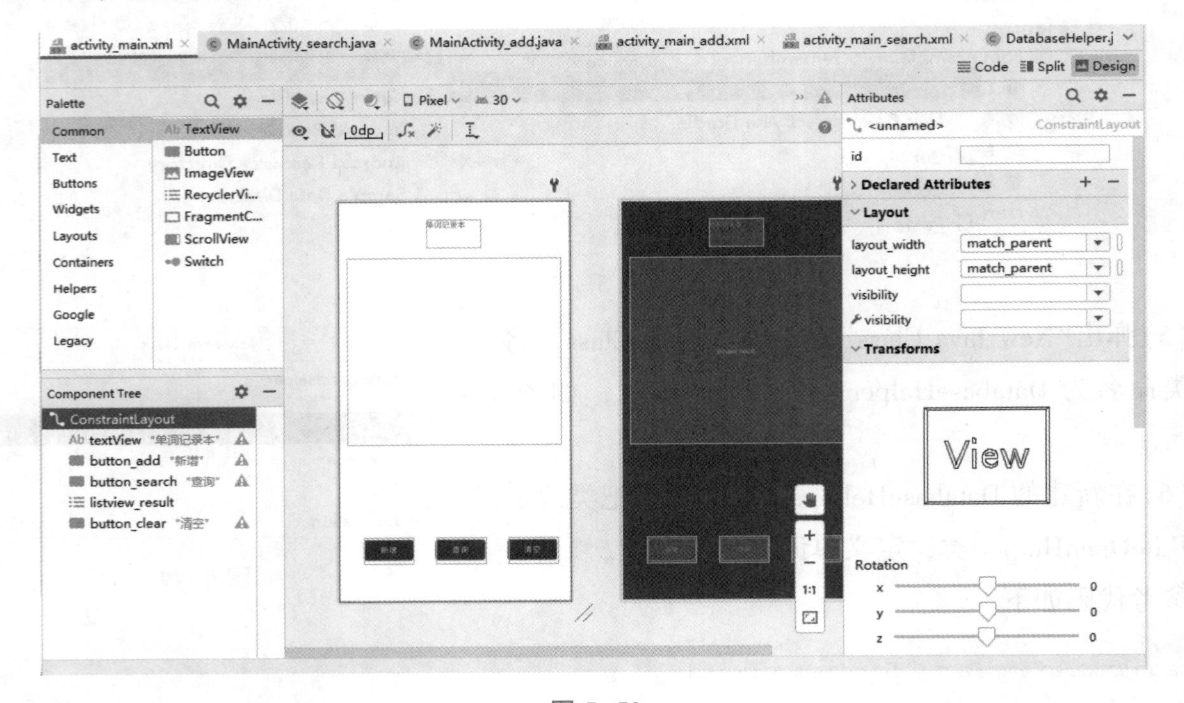

图 5-50

(8)在 activity_main.xml 布局里面有 ListView 控件，还需要新增一个用于列表显示的界面。

在工程目录中 activity_main.xml 文件上单击鼠标右键，在弹出的快捷菜单中执行“New”-“XML”-“Layout XML File”命令，如图 5-51 所示。

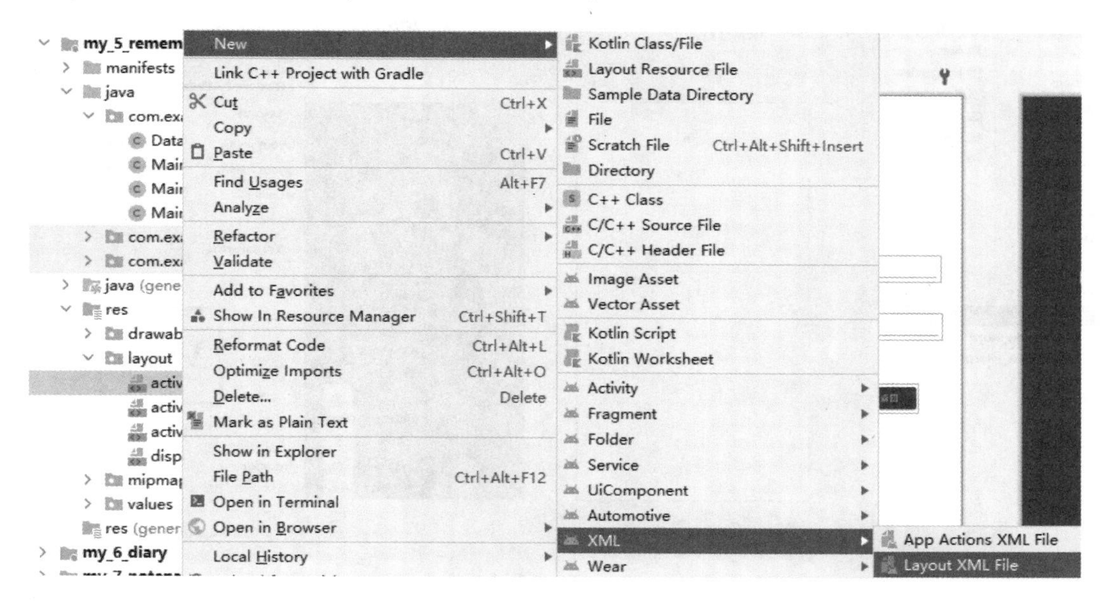

图 5-51

(9) 在弹出的“New Android Component”对话框里面可以设置 Layout File Name，单击“Finish”按钮完成创建，如图 5-52 所示。

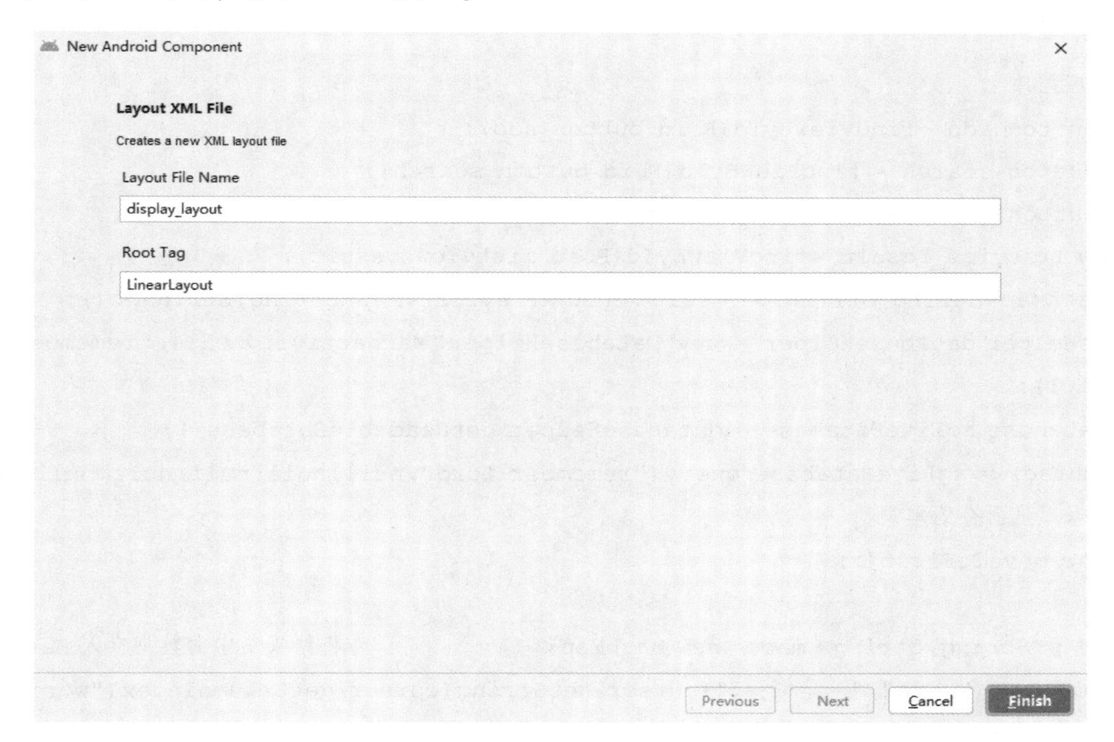

图 5-52

(10) 在 display_layout.xml 文件布局里面设置两个 TextView 控件。设置显示单词的 TextView 控件 id 为 textView_word，设置显示释义的 TextView 控件 id 为 textView_interpret，并使用约束布局，如图 5-53 所示。

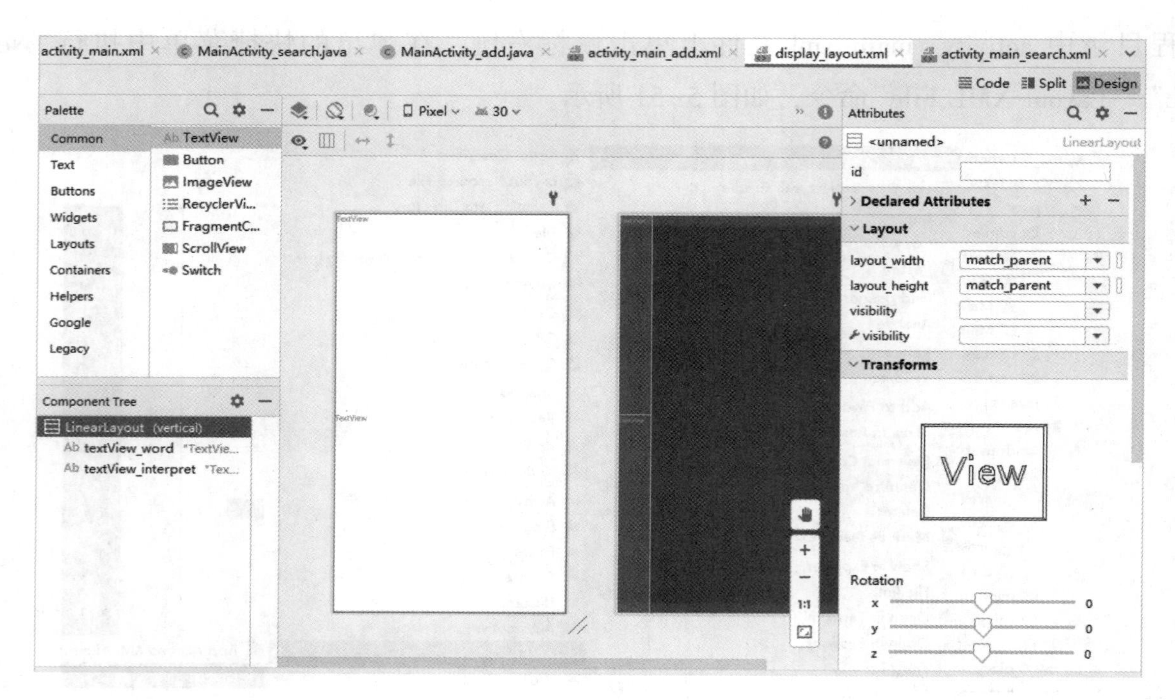

图 5-53

(11)在 MainActivity. java 文件中实现显示数据库所有单词，点击“新增”按钮跳转到新增界面，点击“查询”按钮界面跳转到查询界面，点击“清空”按钮界面和数据库都清空。

参考代码如下。

```
//绑定相应控件 id
Button button_add =findViewById(R.id.button_add);
Button button_search = findViewById(R.id.button_search);
Button button_clear =findViewById(R.id.button_clear);
ListView listview_result =findViewById(R.id.listview_result);
ArrayList<Map<String,String>> result = new ArrayList<Map<String,String>>();
DatabaseHelper databaseHelper = new DatabaseHelper(MainActivity.this,"remember_word.
db",null,1);
SQLiteDatabase sqLiteDatabase = databaseHelper.getReadableDatabase();
Cursor cursor = sqLiteDatabase.query("remember_word",null,null,null,null,null,null);
//显示数据库里面存的单词
if(cursor.moveToFirst()){
    do{
        Map<String,String> map = new HashMap<>();        //将结果集中的数据存入 HashMap
        map.put("word","  单词:  "+cursor.getString(cursor.getColumnIndex("word")));
        map.put("detail","  释义:"+cursor.getString(cursor.getColumnIndex("detail")));
        result.add(map);                                 //加入 map
    }while(cursor.moveToNext());
    SimpleAdapter  simpleAdapter  = new  SimpleAdapter (MainActivity.this, result,
R.layout.display_layout,new String[]{"word","detail"},new int[]{R.id.textView_word,
R.id.textView_interpret});
```

```
    listview_result.setAdapter(simpleAdapter);
}
//"新增"按钮,点击跳转到新增界面
button_add.setOnClickListener(new View.OnClickListener(){
    @Override
    public void onClick(View v){
        Intent intent =new Intent(MainActivity.this,MainActivity_add.class);
        startActivity(intent);
        finish();
    }
});
//"查询"按钮,点击跳转到查询界面
button_search.setOnClickListener(new View.OnClickListener(){
    @Override
    public void onClick(View v){
        Intent intent =new Intent(MainActivity.this,MainActivity_search.class);
        startActivity(intent);
    }
});
//"清空"按钮,点击清空列表显示的内容
button_clear.setOnClickListener(new View.OnClickListener(){
    @Override
    public void onClick(View v){
        sqLiteDatabase.delete("remember_word",null,null);
        result.clear();                                              //清空显示内容
        SimpleAdapter simpleAdapter =new SimpleAdapter(MainActivity.this,result,
                R.layout.display_layout,new String[]{"word","detail"},new int[]
{R.id.textView_word,R.id.textView_interpret});
        listview_result.setAdapter(simpleAdapter);
    }
});
```

(12)在 activity_main_add.xml 文件布局中，需要两个 EditText 控件、两个 Button 控件。设置输入单词的 EditText 控件 id 为 editText_word，设置输入释义的 EditText 控件 id 为 editText_interpret，设置"保存"按钮 Button 控件 id 为 button_save，设置"返回"按钮 Button 控件 id 为 button_addreturn，并使用约束布局，如图 5-54 所示。

(13)在 MainActivity_add.java 文件中实现获取用户输入单词和释义的数据，点击"保存"按钮后保存在数据库，点击"返回"按钮回到主界面并显示保存的数据。

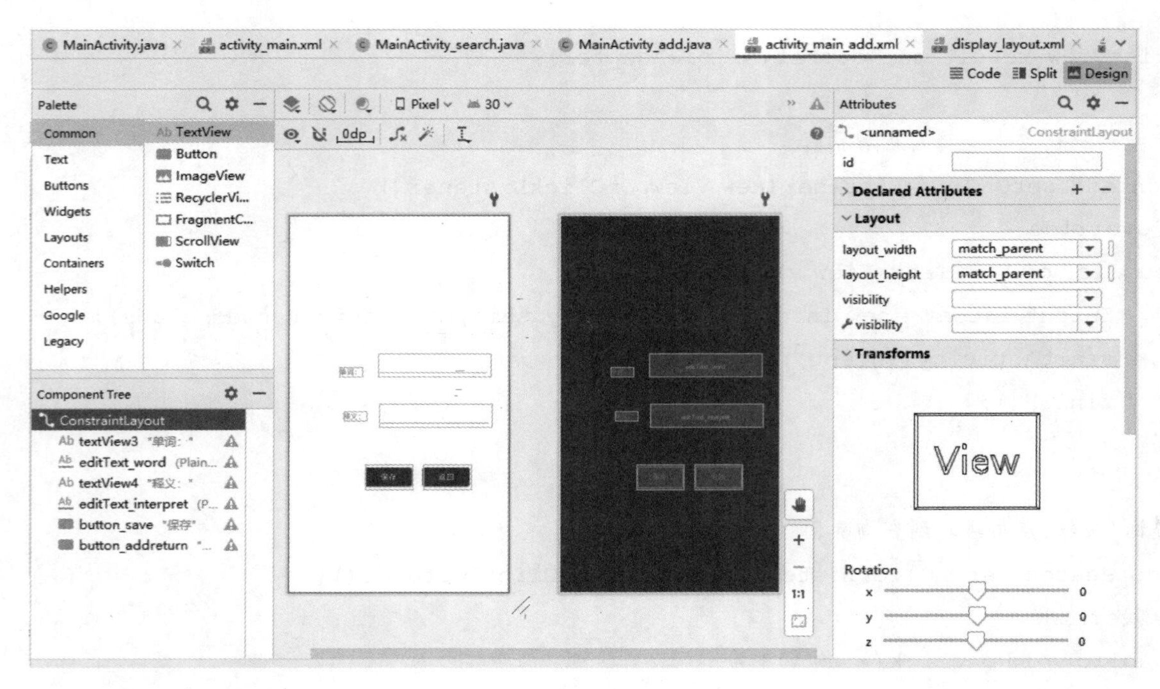

图 5-54

参考代码如下。

```
//绑定相应控件 id
EditText editText_word =findViewById(R.id.editText_word);
EditText editText_interpret =findViewById(R.id.editText_interpret);
Button button_save =findViewById(R.id.button_save);
Button button_addreturn =findViewById(R.id.button_addreturn);
DatabaseHelper databaseHelper = new DatabaseHelper(MainActivity_add.this,"remember_
word.db",null,1);
SQLiteDatabase sqLiteDatabase = databaseHelper.getReadableDatabase();
ContentValues contentValues = new ContentValues();
//点击"保存"按钮,将用户输入的单词和释义保存到数据库
button_save.setOnClickListener(new View.OnClickListener(){
    @Override
    public void onClick(View v){
        String word = editText_word.getText().toString();
        String interpret = editText_interpret.getText().toString();
        if(word.equals("")||editText_interpret.equals("")){
            Toast.makeText(MainActivity_add.this,"内容不能有空",Toast.LENGTH_LONG).show();
        }else {
            contentValues.put("word",word);
            contentValues.put("detail",interpret);
            sqLiteDatabase.insert("remember_word",null,contentValues);
            //执行插入数据库操作
            Toast.makeText(MainActivity_add.this,"添加单词成功",Toast.LENGTH_SHORT).show();
```

```
        }
    }
});
//点击"返回"按钮,程序返回主界面
button_addreturn.setOnClickListener(new View.OnClickListener(){
    @Override
    public void onClick(View v){
        Intent intent =new Intent(MainActivity_add.this,MainActivity.class);
        startActivity(intent);
        finish();
    }
});
```

(14)在 activity_main_search.xml 文件布局中，需要一个 EditText 控件、一个 Button 控件、两个 TextView 控件。设置 EditText 控件 id 为 editText_search_query，设置 Button 控件 id 为 button_search_find，设置显示内容的 TextView 控件 id 为 textView_search_result，并使用约束布局，如图 5-55 所示。

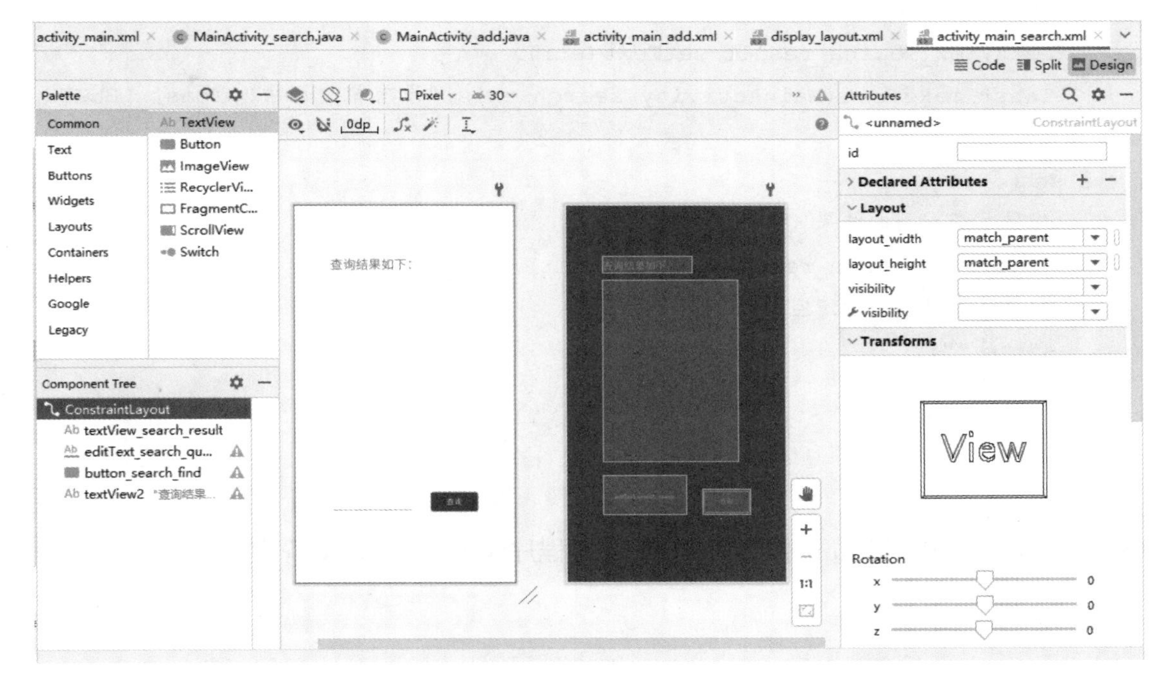

图 5-55

(15)在 MainActivity_search.java 文件中实现获取用户输入单词，点击"查询"按钮。如果有数据，在界面显示单词和释义；如果没有数据，提示用户没有数据。

参考代码如下。

```
//绑定相应控件 id
Button button_search_find =findViewById(R.id.button_search_find);
EditText editText_search_query =findViewById(R.id.editText_search_query);
```

```
TextView textView_search_result =findViewById(R.id.textView_search_result);
DatabaseHelper databaseHelper = new DatabaseHelper(MainActivity_search.this,"remember_
word.db",null,1);
SQLiteDatabase sqLiteDatabase = databaseHelper.getReadableDatabase();
//点击按钮,搜索数据库里面是否存在,如有就显示,没有就提示用户
button_search_find.setOnClickListener(new View.OnClickListener(){
    @Override
    public void onClick(View v){
        String key = editText_search_query.getText().toString();  //获取要查询的单词
        Cursor cursor = sqLiteDatabase.query("remember_word",null,
                "word = ?",new String[]{key},
                null,null,null);
        while(cursor.moveToNext()){
            String word=cursor.getString(1);
            String interpret=cursor.getString(2);
            str +="\n"+" 单词: " +word+"\n"+" 释义:"+interpret;
        }
        if(("").equals(str)){
            textView_search_result.setText(str);
            Toast.makeText(MainActivity_search.this,"没有相关记录",Toast.LENGTH_SHORT)
.show();
        }else {
            //显示查询到的结果
            textView_search_result.setText(str);
            //显示字符串之后清空结果
            str = "";
        }
    }
});
```

(16)单击工具栏中的“run”按钮▶,将应用程序运行到移动设备中。

任务 7 日记本

【任务描述】

设计一个每天记录日记的应用程序,如图 5-56、图 5-57 所示。

(1)用户需要输入日期和日记内容。

(2)用户点击“保存”按钮后，日记保存。

(3)用户输入日期，点击“查询”按钮后，显示当天填写的日记，如果无则提示“没有记录”。

图 5-56

图 5-57

经验分享

内部存储位于系统中很特殊的一个位置，文件默认只能被应用程序自身访问到，且一个应用程序所创建的所有文件都在和应用包名相同的目录下。一个应用程序自身卸载之后，内部存储中的这些文件也被删除。如果你在创建内部存储文件的时候将文件属性设置成可读，那么其他 App 能够访问你的数据，前提是它知道这个应用的包名。如果一个文件的属性为私有(private)，那么即使知道包名，其他应用也无法访问。内部存储一般用 Context 来获取和操作。

【操作步骤】

(1)打开 Android Studio 软件，新建工程。

操作视频

(2)在 activity_main. xml 文件布局里面添加一个 TextView 控件、两个 Button 控件，两个 EditText 控件。设置输入日期的 EditText 控件 id 为 editText_Data，输入内容的 EditText 控件 id 为 editText_content，为使输入位置明显，给输入内容控件添加边框(添加边框的方法参考项目 1 任务 4)。设置“保存”按钮 Button 控件 id 为 button_save，“查询”按钮 Button 控件 id 为 button_query，并使用约束布局，如图 5-58 所示。

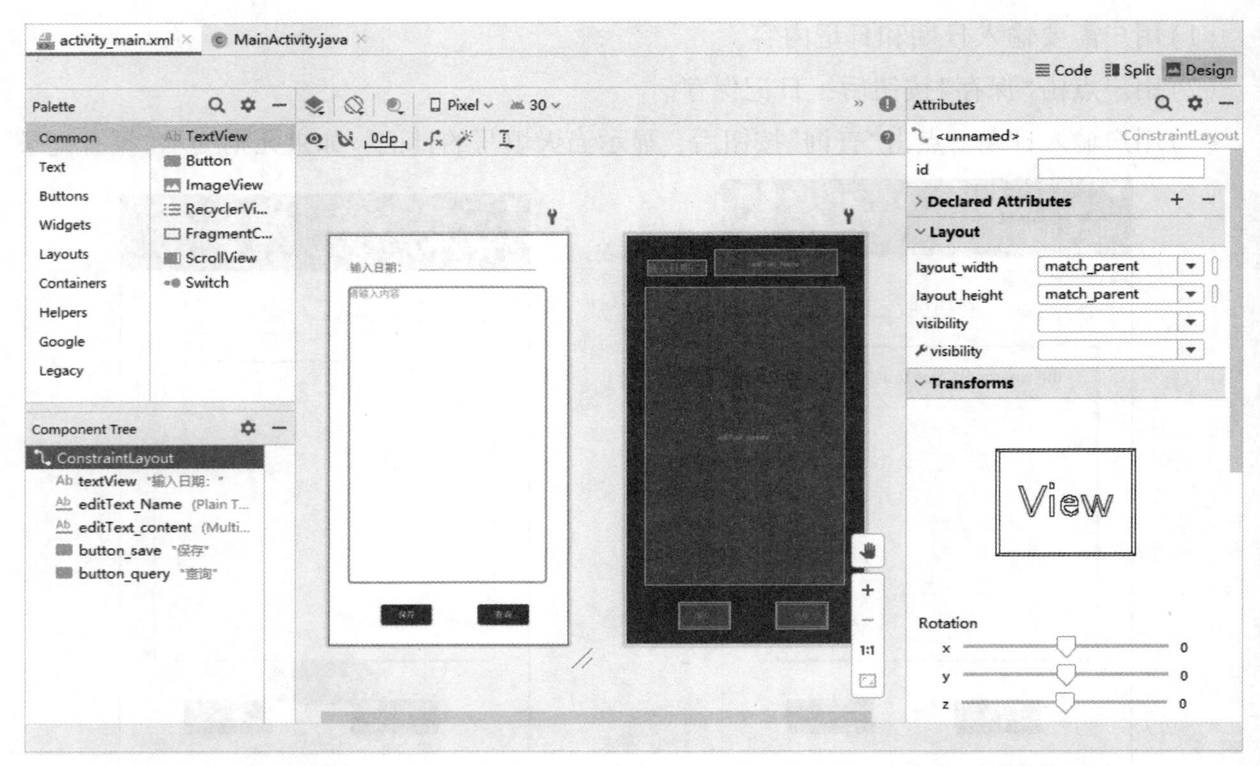

图 5-58

（3）在 MainActivity. java 文件中添加实现保存日记和查询日记功能的代码。

① 绑定相应控件 id。

参考代码如下。

```
//绑定输入日期的输入控件
EditText editText_Data =findViewById(R.id.editText_Data);
//绑定输入内容的输入控件
EditText editText_content= findViewById(R.id.editText_content);
//绑定"保存"按钮控件
Button button_save =findViewById(R.id.button_save);
//绑定"查询"按钮控件
Button button_query =findViewById(R.id.button_query);
```

② 点击"保存"按钮，将输入日期和日记保存。

参考代码如下。

```
button_save.setOnClickListener(new View.OnClickListener(){
    @Override
    public void onClick(View v){
        FileOutputStream fos =null;                                    //定义文件输出流
        String text = editText_content.getText().toString();          //获取文本信息
        try{
            //获取文件输出流,并指定文件保存的位置
            fos = openFileOutput(editText_Data.getText().toString(),MODE_PRIVATE);
```

```
            //保存文本信息
            fos.write(text.getBytes());
            //清除缓存
            fos.flush();
        }catch(FileNotFoundException e){
            e.printStackTrace();
        }catch(IOException e){
            e.printStackTrace();
        }finally{
            if(fos ! =null){
                try{
                    //关闭文件输出流
                    fos.close();
                    Toast.makeText(MainActivity.this,"保存成功",Toast.LENGTH_SHORT).show();
                }catch(IOException e){
                    e.printStackTrace();
                }
            }
        }
    }
});
```

③ 点击“查询”按钮，实现根据输入的日期查找相应的日记，如无则提示“没有记录”。参考代码如下。

```
button_query.setOnClickListener(new View.OnClickListener(){
    @Override
    public void onClick(View v){
        FileInputStream fis =null;                                          //定义文件输出流
        try{
            fis = openFileInput(editText_Data.getText().toString());  //输入文件名
            buffer = new byte[fis.available()];                             //保存数组数据
            fis.read(buffer);                                               //读取数据
        }catch(FileNotFoundException e){
            e.printStackTrace();
        }catch(IOException e){
            e.printStackTrace();
        }finally{
            if(fis ! =null){
                try{
                    fis.close();
                    String data = new String(buffer);
```

```
                editText_content.setText(data);
            }catch(IOException e){
                e.printStackTrace();
            }
        }else {
            editText_content.setText("");                        //如果没有内容清空显示
            Toast.makeText(MainActivity.this,"没有记录",Toast.LENGTH_SHORT).show();
        }
    }
  }
});
```

(4)单击工具栏中的“run”按钮▶，将应用程序运行到移动设备中。

经验分享

获取文件输出流，并指定文件保存的位置，代码如下。

```
fos=openFileOutput(editText_Data.getText().toString(),MODE_PRIVATE);
```

任务 8 创建记事本

【任务描述】

设计一个创建记事本应用程序，如图 5-59、图 5-60 所示。

(1)用户需要输入文件名和记事本的内容。

(2)用户点击“保存”按钮后，保存用户创建的文件并将用户输入的内容保存在里面。

(3)当用户输入文件名，点击“查询”按钮时，如果存在该文件，显示内容，如果无则提示用户“没有记录”。

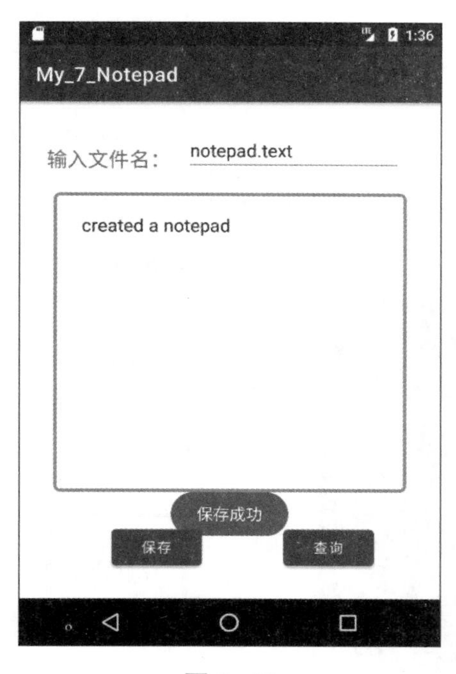

图 5-59

图 5-60

经验分享

考虑内部存储空间容量有限，普通用户不能直接直观地查看目录文件等其他原因，Android 在外部存储空间中也提供特殊目录供应用存放私有文件，文件路径为：/storage/emulated/0/Android/data/应用包名称。当用户卸载 App 时，系统也会自动删除外部存储空间下的对应 App 私有目录文件夹及其内容。从用户角度来说安全数码存储卡(SD 卡)有内置和外置之分，但是对于开发者，只有内部存储和外部存储，内置 SD 卡和外置 SD 卡都属于外部存储范畴。外部存储中的文件是可以被用户或者其他应用程序修改的。

【操作步骤】

(1)打开 Android Studio 软件，新建工程。

(2)用外部存储文件，需要获取系统权限。打开“manifests”文件夹下的 AndroidManifest. xml 文件，添加如下权限代码。

```
<uses-permission android:name="android.permission.WRITE_EXTERNAL_STORAGE"/>
<uses-permission android:name="android.permission.READ_EXTERNAL_STORAGE"/>
```

(3)在 activity_ main. xml 文件布局里面添加一个 TextView 控件、两个 Button 控件，两个 EditText 控件。设置输入文件名的 EditText 控件 id 为 editText_ Name，输入内容的 EditText 控件 id 为 editText_ content，为使输入位置明显，给输入内容的 EditText 控件添加边框(添加边框参考项目 1 任务 4)。设置“保存”按钮 Button 控件 id 为 button_ save，“查询”按钮 Button 控件 id

为 button_query。使用约束布局，如图 5-61 所示。

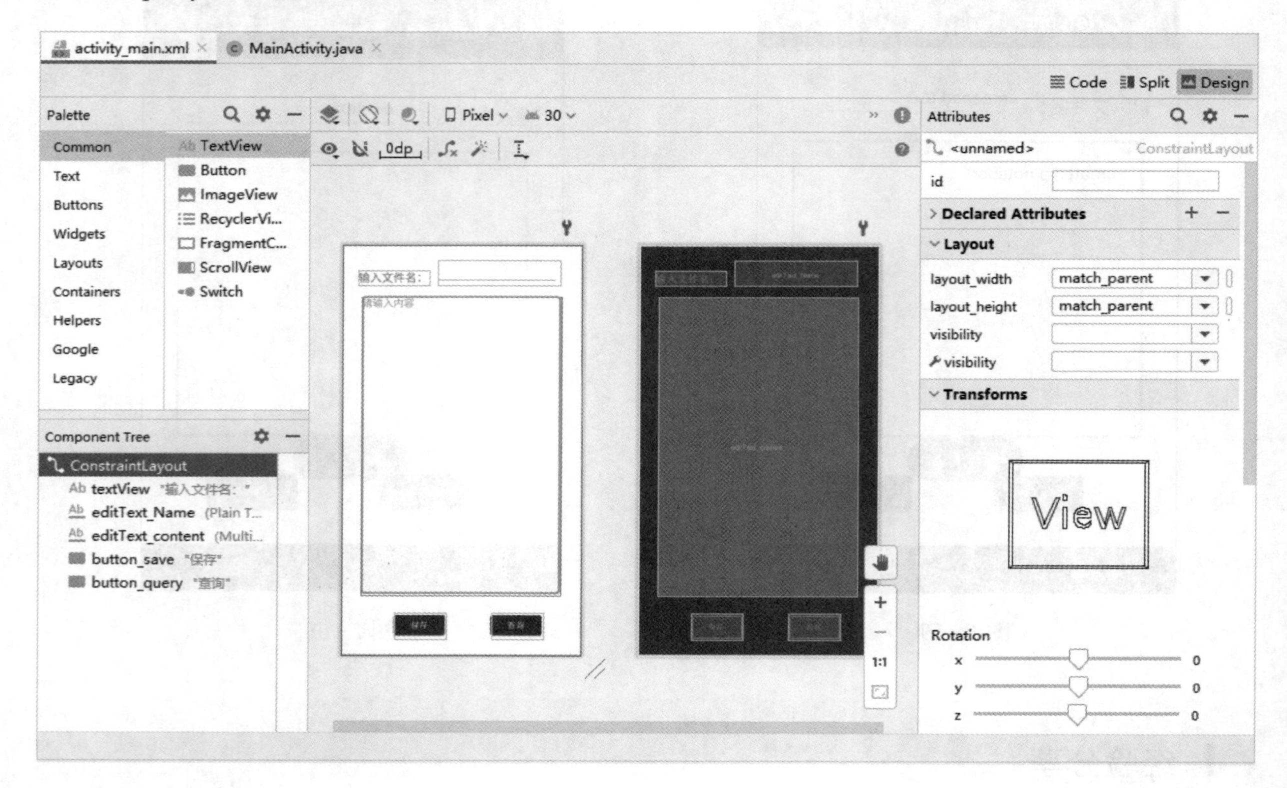

图 5-61

(4)在 MainActivity. java 文件中添加实现保存文件和查询文件功能的代码。

① 声明变量。

```
privateFile file;                        //创建文件变量
byte[] buffer = null;                    //定义要保存的数组
```

② 绑定相应控件 id。

```
//绑定输入文件名的控件
EditText editText_Name =findViewById(R.id.editText_Name);
//绑定输入内容的控件
EditText editText_content= findViewById(R.id.editText_content);
//绑定“保存”按钮控件
Button button_save =findViewById(R.id.button_save);
//绑定“查询”按钮控件
Button button_query =findViewById(R.id.button_query);
```

③ 点击“保存”按钮，将输入的文件名和内容保存。

```
button_save.setOnClickListener(new View.OnClickListener(){
    @Override
    public void onClick(View v){
```

```
        String file_name = editText_Name.getText().toString();          //获取文件名
        file = new File(Environment.getExternalStorageDirectory(),file_name);//新建文件
        FileOutputStream fos = null;                                    //定义文件输出流
        String text = editText_content.getText().toString();           //获取文本信息
        try {
            fos = new FileOutputStream(file);   //获取文件输出流,并指定文件保存的位置
            fos.write(text.getBytes());                                 //写入文件
            fos.flush();                                                //清除缓存
        }catch(FileNotFoundException e){
            e.printStackTrace();
        }catch(IOException e){
            e.printStackTrace();
        }finally {
            if(fos ! =null){
                try {
                    //关闭文件输出流
                    fos.close();
                    Toast.makeText(MainActivity.this,"保存成功",Toast.LENGTH_SHORT).show();
                }catch(IOException e){
                    e.printStackTrace();
                }
            }
        }
    }
});
```

④ 点击“查询”按钮，实现根据输入的文件名查找相应的文件，如无则提示“没有记录”。

```
button_query.setOnClickListener(new View.OnClickListener(){
    @Override
    public void onClick(View v){
        String file_name = editText_Name.getText().toString();          //获取输入的文件名
        file = new File(Environment.getExternalStorageDirectory(),file_name);//新建文件
        FileInputStream fis = null;                                     //定义文件输出流
        try {
            fis = new FileInputStream(file);
            //fis = openFileInput("meno");
            buffer = new byte[fis.available()];                         //保存数组数据
            fis.read(buffer);                                           //读取数据
        } catch(FileNotFoundException e){
            e.printStackTrace();
```

```
        } catch (IOException e) {
            e.printStackTrace();
        } finally {
            if(fis ! =null) {
                try {
                    fis.close();
                    String data = new String(buffer);
                    editText_content.setText(data);
                } catch (IOException e) {
                    e.printStackTrace();
                }
            }else {
                editText_content.setText("");
                Toast.makeText(MainActivity.this,"没有记录",Toast.LENGTH_SHORT).show();
            }
        }
    }
});
```

(5)单击工具栏中的“run”按钮▶，将应用程序运行到移动设备中。

任务9 获取联系人

【任务描述】

设计一个获取联系人的应用程序，如图5-62、图5-63所示。

(1)用户需要输入姓名、电话和地址。

(2)当用户点击“保存”按钮后跳转到信息确认界面，确认界面显示刚才填写的信息。

经验分享

由于通讯录在手机里是以数据库存储的，所以我们可以通过context.getContentResolver().query(Phone.CONTENT_URI,null,null,null)方法来获得通讯录的内容。返回的是一个游标对象，通过moveToNext()方法来遍历通讯录信息。

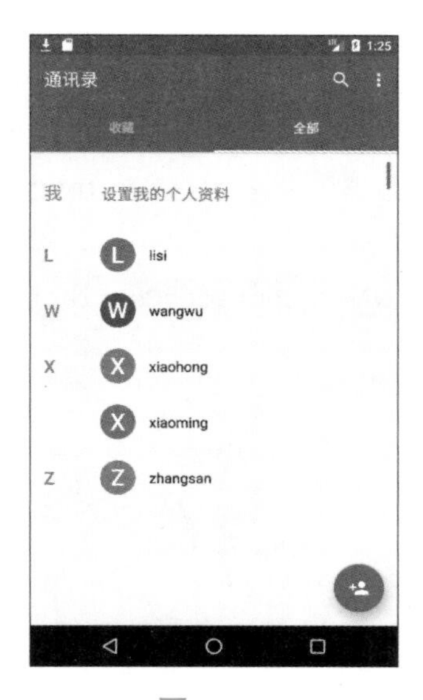

图 5-62

图 5-63

【操作步骤】

(1)打开 Android Studio 软件，新建工程。

操作视频

(2)应用程序需要获取系统的通讯录，需要获取系统权限，打开"manifests"文件夹下的 AndroidManifest. xml 文件，添加如下权限代码。

```
<! --获取读取手机联系人的权限-->
<uses-permission android:name="android.permission.READ_CONTACTS"/>
```

(3)在 activity_main. xml 布局里面添加一个 TextView 控件、一个 Button 控件。设置 TextView 控件 id 为 textView，Button 控件 id 为 button_contacts，并使用约束布局，如图 5-64 所示。

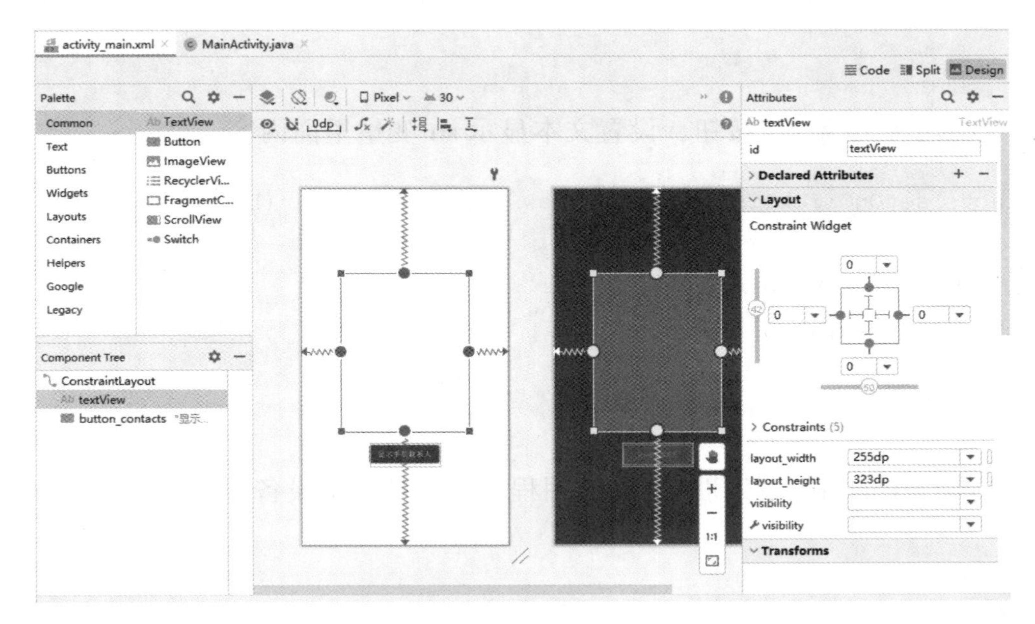

图 5-64

(4)在 MainActivity. java 文件中添加查询手机通讯录和显示手机联系人功能的代码。

① 声明变量。

```
privateString con_name =ContactsContract. PhoneLookup. DISPLAY_NAME;//希望获得姓名
private String con_phone =ContactsContract. CommonDataKinds. Phone. NUMBER;
//希望获得电话号码
String[]cols = {ContactsContract. PhoneLookup. DISPLAY_NAME, ContactsContract. CommonDataKinds.
Phone. NUMBER};
```

② 绑定相应控件 id。

```
//绑定"显示手机联系人"按钮控件
Button button_contacts =findViewById(R. id. button_contacts);
//绑定文本显示控件
TextView textView =findViewById(R. id. textView);
```

③ 获取系统上的联系人和电话号码，并保存在 str 变量里。

```
StringBuilder str= new StringBuilder();                    //定义变量,用于保存数据
ContentResolver resolver = getContentResolver();           //声明并获取对象
Cursor cursor = resolver. query (ContactsContract. CommonDataKinds. Phone. CONTENT _URI,
cols,null,null,null);
int name_index = cursor. getColumnIndex(con_name);
int phone_index =cursor. getColumnIndex(con_phone);
for(cursor. moveToFirst();! cursor. isAfterLast();cursor. moveToNext()){
    String name  =cursor. getString(name_index);
    String phone =cursor. getString(phone_index);
    str. append(name+" \n "+phone+" \n");
}
cursor. close();
```

④ 点击"显示手机联系人"按钮，设置文本显示 str 变量里面内容。

```
button_contacts. setOnClickListener(new View. OnClickListener(){
    @Override
    public void onClick(View v){
        textView. setText(str. toString());
    }
});
```

(5)单击工具栏中的"run"按钮▶，将应用程序运行到移动设备中。

【单元小结】

本单元在任务设计过程中，讲述了 EditText、CheckBox、Button 等类型变量的声明，用

SharedPreferences 实现数据保存，通过 SQLiteOpenHelper 类创建数据，通过游标的应用结合 do while 语句实现数据记录的遍历，运用 cursor. moveToFirst( )、cursor. moveToNext( ) 等游标方法定位记录，实现文件的创建、文件的写入与保存、文件读取等技能。

【拓展任务】

训练 1　记录每个月工资

【任务描述】

利用所学知识通过数据库保存每个月的工资，如图 5-65、图 5-66 所示。

(1) 用户主界面显示保存每个月工资功能和查询每个月工资功能。

(2) 当用户输入月份和工资，点击“保存”按钮时，数据保存在数据库，界面跳转到显示工资信息界面。

(3) 在显示工资信息界面点击“清空”按钮，界面显示的数据和数据库里面的数据清空。

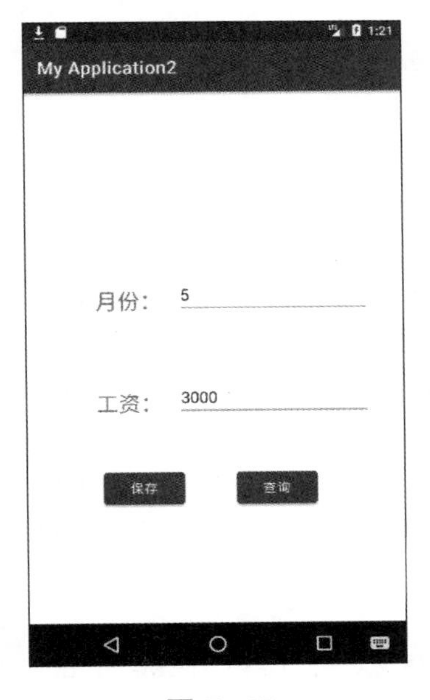

图 5-65

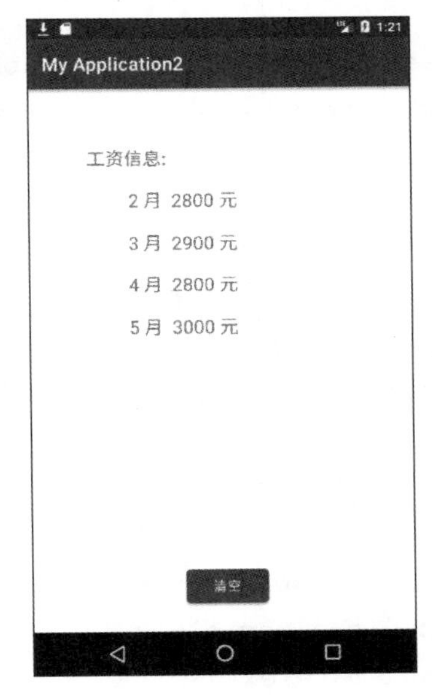

图 5-66

核心代码提示如下。

DatabaseHelper. java 代码：

```
public classDatabaseHelper extends SQLiteOpenHelper {
    public static final String CREATE_RecordWages="create table RecordWages ("+
            "id integer primary key autoincrement,"
            +"月份 text,"
```

```
        +"工资 text)";
    public DatabaseHelper(@ Nullable Context context,@ Nullable String name,@ Nullable
SQLiteDatabase.CursorFactory factory,int version){
        super(context,name,factory,version);
    }
    @Override
    public void onCreate(SQLiteDatabase db){
        db.execSQL(CREATE_RecordWages);                              //创建数据库
    }
    @Override
    public void onUpgrade(SQLiteDatabase db,int oldVersion,int newVersion){
    }
}
```

MainActivity.java 代码：

```
EditText editText_month=findViewById(R.id.editText_month);
EditText editText_Wages =findViewById(R.id.editText_Wages);
Button button_save =findViewById(R.id.button_save);
Button button_query =findViewById(R.id.button_query);
DatabaseHelper databaseHelper = new DatabaseHelper (MainActivity.this," RecordWages.
db",null,1);
SQLiteDatabase sqLiteDatabase = databaseHelper.getReadableDatabase();
ContentValues contentValues =new ContentValues();
button_save.setOnClickListener(new View.OnClickListener(){
    @Override
    public void onClick(View v){
        if(editText_month.getText().toString().equals("") || editText_Wages.getText()
.toString().equals("")){
            Toast.makeText(MainActivity.this,"请填写完整信息!",Toast.LENGTH_LONG).show();
        }else {
            contentValues.put("月份",editText_month.getText().toString());
            contentValues.put("工资",editText_Wages.getText().toString());
            sqLiteDatabase.insert("RecordWages",null,contentValues);
            contentValues.clear();
            Toast.makeText(MainActivity.this,"保存成功",Toast.LENGTH_LONG).show();
            Intent intent = new Intent(MainActivity.this,MainActivity2.class);
            startActivity(intent);                          //跳转到显示工资界面
        }
    }
});
button_query.setOnClickListener(new View.OnClickListener(){
    @Override
    public void onClick(View v){
        Intent intent =new Intent(MainActivity.this,MainActivity2.class);
```

```
        startActivity(intent);
    }
});
```

MainActivity2. java 代码:

```
TextView textview_display=findViewById(R.id.textView_display);
Button button_clear=findViewById(R.id.button_clear);
//实例化一个数据库,数据库名 RecordWages.db
DatabaseHelper databaseHelper = new DatabaseHelper (MainActivity2.this," RecordWages.
db",null,1);
//获取数据库
SQLiteDatabase sqLiteDatabase = databaseHelper.getReadableDatabase();
//实例化一个游标,用于查找数据库内容
Cursor cursor = sqLiteDatabase.query("RecordWages",null,null,null,null,null,null);
if(cursor.moveToFirst()){
    do{
        //通过列索引获取值
        String month = cursor.getString(cursor.getColumnIndex("月份"));
        String weight=cursor.getString(cursor.getColumnIndex("工资"));
        str+="         "+month+" 月   "+weight+" 元"+"\n\n";
    }while(cursor.moveToNext());
    cursor.close();
    textview_display.setText(str);
}
button_clear.setOnClickListener(new View.OnClickListener(){
    @Override
    public void onClick(View v){
        sqLiteDatabase.delete("RecordWages",null,null);
        str = "工资信息:"+"\n\n";
        textview_display.setText(str);
    }
});
```

训练 2　用对话框实现新增单词

【任务描述】

设计一个单词记录本应用程序，如图 5-67~图 5-69 所示。

(1)程序主界面显示已经添加了的单词，有 3 个按钮，分别为“新增”“查询”“清空”。

(2)当用户点击“清空”按钮，界面显示的单词清空(含数据库存储的数据)。

（3）当用户点击“新增”按钮，弹出新增单词对话框。用户在对话框中输入单词和释义，点击“新增”按钮，数据存入数据库，界面显示新增的单词。

（4）当用户点击“查询”按钮，跳转到查询界面。用户在查询界面输入单词，点击“查询”按钮，查询界面显示单词和释义。

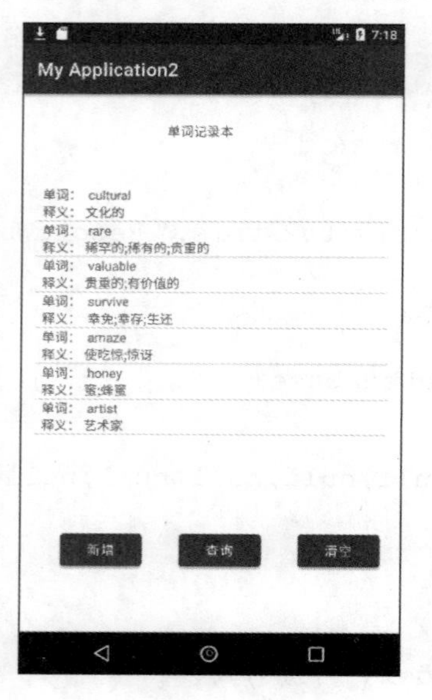

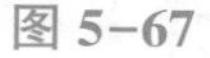
图 5-67

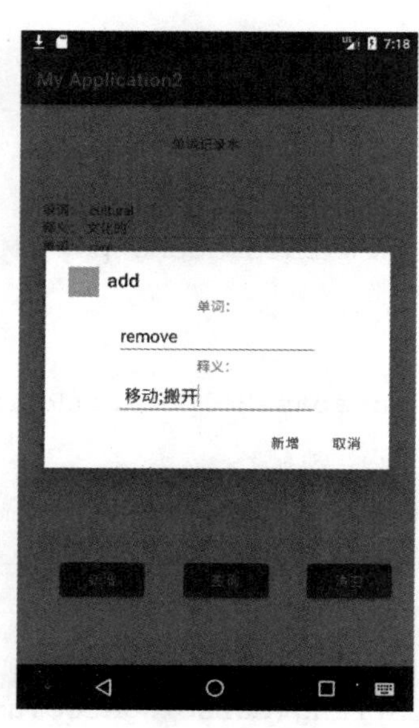

图 5-68

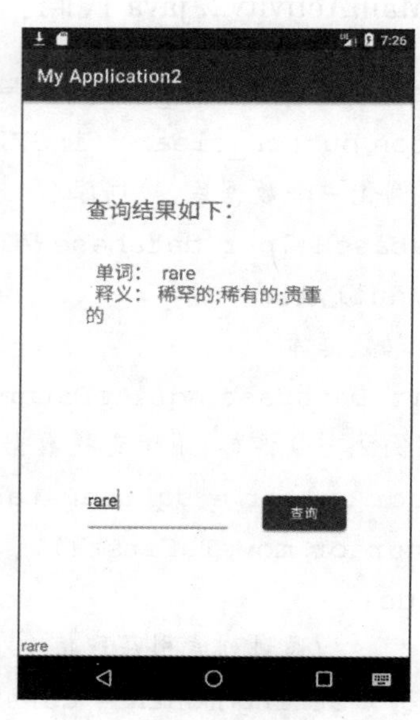

图 5-69

核心代码提示如下。

```
public class MainActivity extends AppCompatActivity{
    //声明相关变量
    ListView listview_result;
    Button button_add,button_search,button_clear;
    DatabaseHelper databaseHelper;
    SQLiteDatabase sqLiteDatabase;
    Cursor cursor;
    SimpleAdapter simpleAdapter;
    ArrayList<Map<String,String>> result;
    @Override
    protected void onCreate(Bundle savedInstanceState){
        super.onCreate(savedInstanceState);
        setContentView(R.layout.activity_main);
        //绑定相应控件 id
        button_add =findViewById(R.id.button_add);
        button_search = findViewById(R.id.button_search);
        button_clear =findViewById(R.id.button_clear);
        listview_result =findViewById(R.id.listview_result);
        //界面显示单词函数
        view_word();
        //新建对话框
        AlertDialog.Builder builder = new AlertDialog.Builder(this);
```

```
        //"新增"按钮,点击弹出新增单词对话框
        button_add.setOnClickListener(new View.OnClickListener(){
            @Override
            public void onClick(View v){
                //获取布局
                View view1 = View.inflate(MainActivity.this,R.layout.add_layout,null);
                //设置参数
                builder.setTitle("add").setIcon(R.drawable.ic_launcher_background).setView
(view1);
                builder.setPositiveButton("取消",new DialogInterface.OnClickListener(){
                    @Override
                    public void onClick(DialogInterface dialog,int which){
                        dialog.dismiss();                          //取消对话框
                    }
                }).setNegativeButton("新增",new DialogInterface.OnClickListener(){
                    @Override
                    public void onClick(DialogInterface dialog,int which){
                        //获取布局中的控件
                        EditText editText_word = view1.findViewById(R.id.editText_word);
                        EditText editText_interpret=view1.findViewById(R.id.editText_
interpret);
                        DatabaseHelper databaseHelper=new DatabaseHelper(MainActivity.
this,"remember_word.db",null,1);
                        SQLiteDatabase sqLiteDatabase = databaseHelper.getReadableDatabase();
                        ContentValues contentValues = new ContentValues();
                        String word = editText_word.getText().toString();
                        String interpret = editText_interpret.getText().toString();
                        if(word.equals("") ||editText_interpret.equals("")){
                            Toast.makeText(MainActivity.this,"内容不能有空",Toast.LENGTH_
LONG).show();
                        }else {
                            contentValues.put("word",word);
                            contentValues.put("detail",interpret);
                            sqLiteDatabase.insert("remember_word",null,contentValues);
                            //执行插入数据库操作
                            Toast.makeText(MainActivity.this,"添加单词成功",Toast.LENGTH_
SHORT).show();
                            view_word();
                        }
                        dialog.dismiss();                    //取消对话框
                    }
                });
                //创建对话框
                builder.create().show();
            }
```

```
    });
    //"查询"按钮,点击跳转到查询界面
    button_search.setOnClickListener(new View.OnClickListener(){
        @Override
        public void onClick(View v){
            Intent intent =new Intent(MainActivity.this,MainActivity2.class);
            startActivity(intent);
        }
    });

    //"清空"按钮,点击清空列表显示的内容
    button_clear.setOnClickListener(new View.OnClickListener(){
        @Override
        public void onClick(View v){
            sqLiteDatabase.delete("remember_word",null,null);
            result.clear();                                          //清空显示内容
            SimpleAdapter simpleAdapter =new SimpleAdapter(MainActivity.this,result,
                R.layout.display_layout,new String[]{"word","detail"},new int[]
{R.id.textView_word,R.id.textView_interpret});
            listview_result.setAdapter(simpleAdapter);
        }
    });
}
//显示单词
void view_word(){
    result = new ArrayList<Map<String,String>>();
    databaseHelper = new DatabaseHelper(MainActivity.this,"remember_word.db",null,
1);
    sqLiteDatabase = databaseHelper.getReadableDatabase();
    cursor = sqLiteDatabase.query("remember_word",null,null,null,null,null,null);
    //显示数据库里面存的单词
    if(cursor.moveToFirst()){
        do{
            Map<String,String> map = new HashMap<>();   //将结果集中的数据存入 HashMap
            map.put("word"," 单词: "+cursor.getString(cursor.getColumnIndex("word")));
            map.put("detail"," 释义:"+cursor.getString(cursor.getColumnIndex("detail")));
            result.add(map);                                         //加入 map
        }while(cursor.moveToNext());
        simpleAdapter =new SimpleAdapter(MainActivity.this,result,
            R.layout.display_layout,new String[]{"word","detail"},new int[]{R.id.
textView_word,R.id.textView_interpret});
        listview_result.setAdapter(simpleAdapter);
    }
}
```

UNIT 6 单元 6

多媒体

学习目标

本单元将学习多媒体开发相关的知识，如音频播放、视频播放、打电话、录音机等技能。视频和音频的录制、使用照相机拍照等涉及 Android 系统的硬件编程。读者可以举一反三，对 Android 系统提供的硬件资源进行更多的开发。

【单元概述】

Android 提供了多种多媒体应用。

- MediaPlayer

MediaPlayer 类可实现音频和视频，该类提供了开始或恢复播放 start( )、暂停播放 paus
( )、停止播放 stop( )等方法。该类位于 android. media 包下。

MediaPlayer 获取资源文件有多种方式。

例：播放应用内的音频文件

MediaPlayer mMediaPlayer=new MediaPlayer. create(this, R. raw. love);

例：播放内存卡中音频文件

```
MediaPlayer mMediaPlayer=new MediaPlayer.setDataSource("file://mnt
sdcard/Music/test.mp3");
```

例：获取网络上的媒体文件

```
MediaPlayer mMediaPlayer = new MediaPlayer.setDataSource (this, Uri
parse("http://localhost/testt.mp3"));
```

- VideoView

VideoView 视频播放控件可以播放多种格式视频文件。

VideoView 视频提供了开始或恢复播放 start( )、暂停播放 pause( )、停止播放 stopPlabac
( )、重新播放 resume( )、释放资源 suspend( )等方法。

除此之外，Android 还提供打电话、录音机、调用摄像头、获取当前位置等多媒体开发
支持。

任务 1 简单音乐播放器

【任务描述】

设计一个简单的音乐播放器，如图 6-1 所示。

(1)音乐播放器能实现播放本地自带的音乐。

(2)音乐播放器能实现播放、暂停和停止的功能。

经验分享

音乐播放器在应用程序中经常见到，有些可以设置成为播放背景音乐。

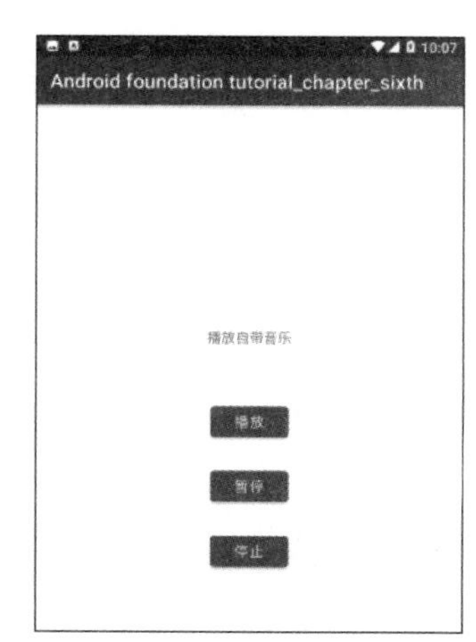

图 6-1

操作视频

【操作步骤】

(1)打开 Android Studio 软件，新建一个工程。

(2)在项目工程布局里面添加一个 TextView 控件和 3 个 Button 控件，设置“播放”按钮 Button 控件 id 为 button_start、“暂停”按钮 Button 控件 id 为 button_pause，“停止”按钮 Button 控件 id 为 button_stop，并使用约束布局，如图 6-2 所示。

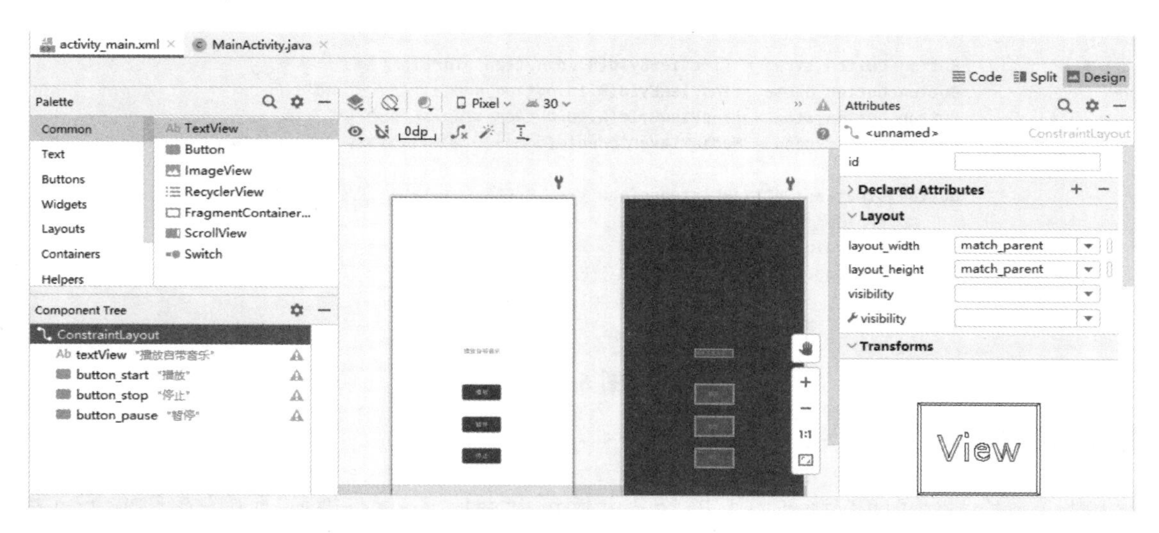

图 6-2

(3)添加存放资源的文件夹，在项目工程目录的 res 文件夹上单击鼠标右键，在弹出的快捷菜单中执行“new”-“Directory”命令，在弹出的“New Directory”对话框中将文件夹命名为 raw，如图 6-3 所示。

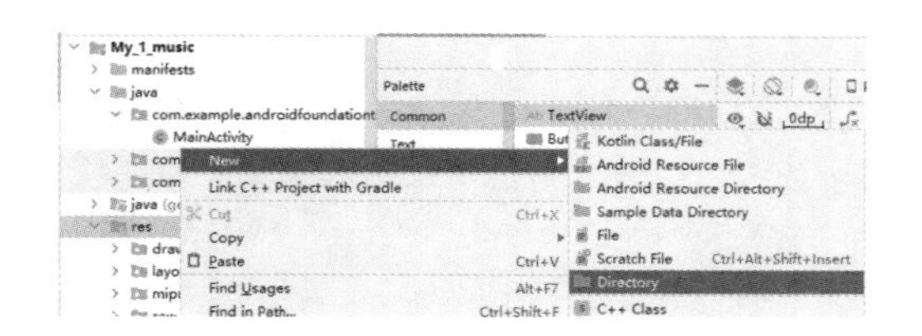

图 6-3

(4)把 a1. mp3 文件复制到 raw 文件夹中，如图 6-4 所示。

(5)打开 MainActivity. java 文件，绑定 3 个 Button 控件 id，绑定音频文件路径，如图 6-5 所示。

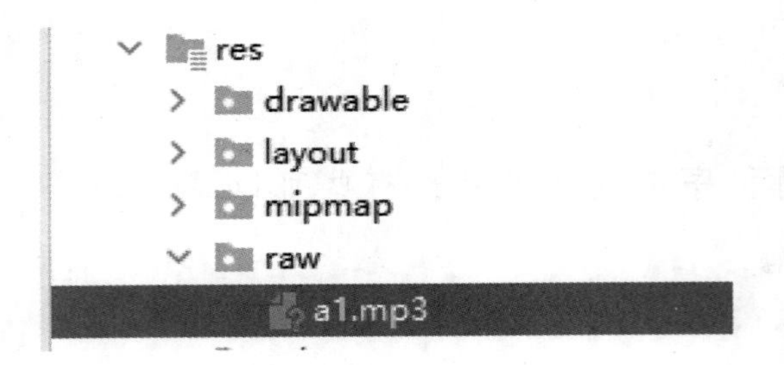

图 6-4

```
activity_main.xml ×   MainActivity.java ×
1   package com.example.androidfoundationtutorial_chapter_sixth;
2
3   import ...
9
10  public class MainActivity extends AppCompatActivity {
11
12      @Override
13      protected void onCreate(Bundle savedInstanceState) {
14          super.onCreate(savedInstanceState);
15          setContentView(R.layout.activity_main);
16
17          Button button_strat = findViewById(R.id.button_start);//绑定"开始"按钮
18          Button button_pause =findViewById(R.id.button_pause);//绑定"暂停"按钮
19          Button button_stop = findViewById(R.id.button_stop);//绑定"停止"按钮
20          MediaPlayer mysong = MediaPlayer.create( context: MainActivity.this,R.raw.a1); //绑定音频资源
21
22          button_strat.setOnClickListener(new View.OnClickListener() {
23              @Override
24              public void onClick(View v) {
25                  mysong.start();//播放音乐
26              }
27          });
```

图 6-5

参考代码如下。

```
Button button_strat= findViewById(R.id.button_strat);      //绑定"开始"按钮 Button 控件 id
Button button_pause =findViewById(R.id.button_pause);      //绑定"暂停"按钮 Button 控件 id
Button button_stop = findViewById(R.id.button_stop);       //绑定"停止"按钮 Button 控件 id
MediaPlayer mysong = MediaPlayer.create(MainActivity.this,R.raw.a1);  //绑定音频资源
button_strat.setOnClickListener(new View.OnClickListener(){
    @Override
    public void onClick(View v){
        mysong.start();                                                  //播放音乐
    }
});
button_pause.setOnClickListener(new View.OnClickListener(){
    @Override
    public void onClick(View v){
        mysong.pause();                                                  //暂停音乐
    }
});
```

```
button_stop.setOnClickListener(new View.OnClickListener(){
    @Override
    public void onClick(View v){
        mysong.stop();                                          //停止播放音乐
        mysong.release();                                       //释放内存
    }
});
```

(6)单击工具栏中的“run”按钮▶，将应用程序运行到移动设备中。

经验分享

给媒体变量赋予 mp3 文件的语句如下。

```
mysong=MediaPlayer.create(MainActivity.this,R.raw.lianzu);
```

播放使用 mysong.start()方法。

停止使用 mysong.stop()方法。

释放内存使用 mysong.release()方法。

任务 2 简单视频播放器

【任务描述】

设计一个简单的视频播放器，如图 6-6 所示。

(1)视频播放器能实现播放本地自带的视频。

(2)视频播放器能实现播放、停止的功能。

(3)播放视频的时候有控制条和加载进度条。

图 6-6

经验分享

日常生活中经常见到有些应用程序内嵌一些视频以增强应用程序的趣味性。

【操作步骤】

（1）打开 Android Studio 软件，新建一个工程。

（2）在项目工程布局里面添加一个 VideoView 控件和两个 Button 控件，设置 VideoView 控件 id 为 VideoView，“播放”按钮 Button 控件 id 为 button_start，“停止”按钮 Button 控件 id 为 button_stop，并使用约束布局，如图 6-7 所示。

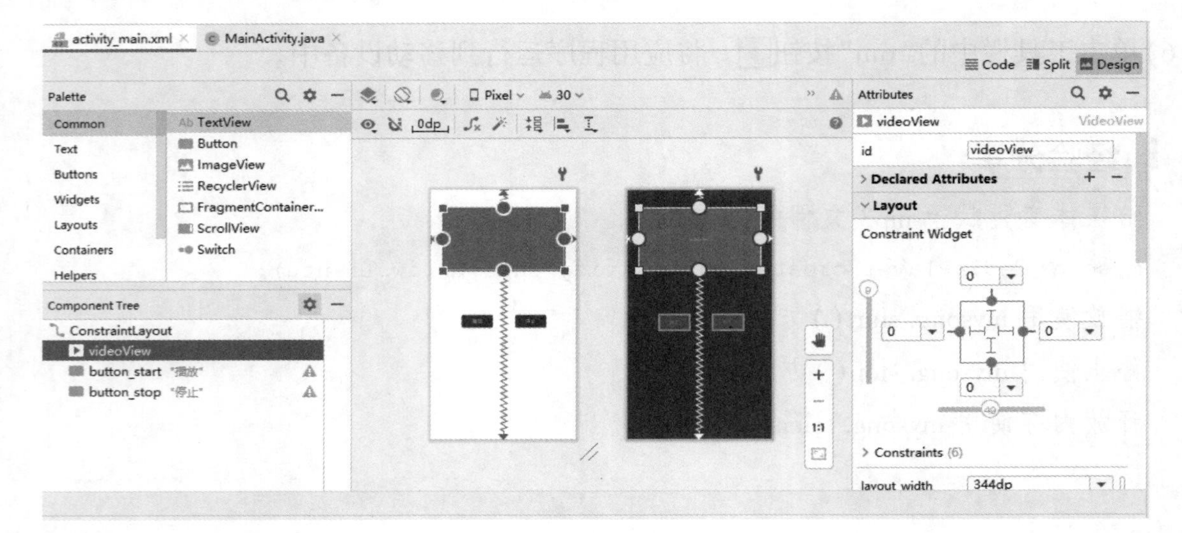

图 6-7

（3）添加存放资源文件夹，在项目工程目录的 res 文件夹上单击鼠标右键，在弹出的快捷菜单中执行“new”-“Directory”命令，在弹出的“New Directory”对话框中将文件夹命名为 raw，如图 6-8、图 6-9 所示。

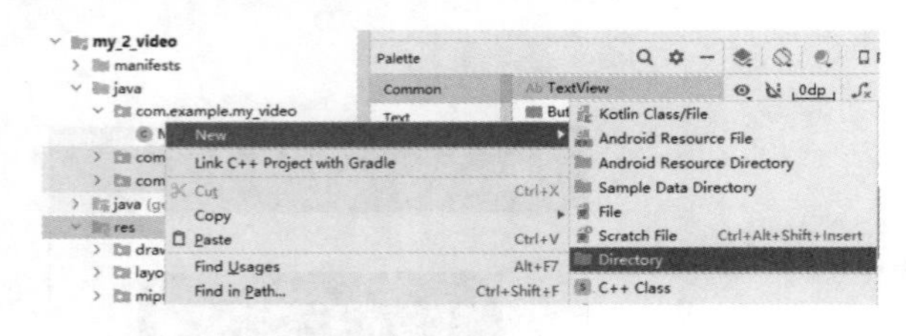

图 6-8

图 6-9

（4）把 a1. mp4 复制到 raw 文件夹中，如图 6-10 所示。

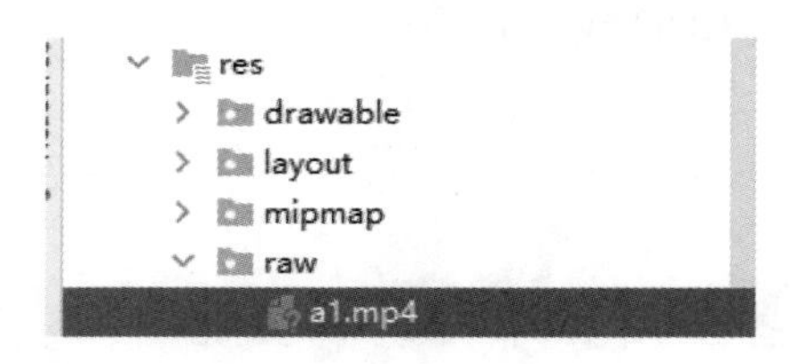

图 6-10

（5）打开 MainActivity. java 文件，绑定两个 Button 控件 id，绑定 VideoView 控件 id，如图 6-11 所示。

```java
package com.example.my_video;

import ...

public class MainActivity extends AppCompatActivity {

    @Override
    protected void onCreate(Bundle savedInstanceState) {
        super.onCreate(savedInstanceState);
        setContentView(R.layout.activity_main);

        Button button_start = findViewById(R.id.button_start);//绑定"开始"按钮id
        Button button_stop =findViewById(R.id.button_stop);//绑定"停止"按钮id
        VideoView videoView =findViewById(R.id.videoView);//绑定视频播放控件id
        videoView.setVideoURI(Uri.parse("android.resource://"+getPackageName()+"/"+R.raw.a1));//设置播放路径

        button_start.setOnClickListener(new View.OnClickListener() {
            @Override
            public void onClick(View v) {
                videoView.start();
                MediaController medis =new MediaController( context: MainActivity.this);//显示控制条
                videoView.setMediaController(medis);//视频加载进度条
                medis.setMediaPlayer(videoView);
                medis.show();
            }
        });
```

图 6-11

参考代码如下。

```java
Button button_start= findViewById(R.id.button_start);    //绑定"开始"按钮 Button 控件 id
Button button_stop =findViewById(R.id.button_stop);      //绑定"停止"按钮 Button 控件 id
VideoView videoView =findViewById(R.id.videoView);       //绑定 VideoView 视频播放控件 id
VideoView.setVideoURI (Uri.parse ( " android.resource://" + getPackageName ( ) +"/" +
R.raw.a1));                                              //设置播放路径
button_start.setOnClickListener(new View.OnClickListener(){
    @Override
    public void onClick(View v){
        videoView.start();
        MediaController medis =new MediaController(MainActivity.this);//显示控制条
        VideoView.setMediaController(medis);             //视频加载进度条
        medis.setMediaPlayer(videoView);
        medis.show();
    }
});
button_stop.setOnClickListener(new View.OnClickListener(){
    @Override
    public void onClick(View v){
        videoView.stopPlayback();
    }
});
```

（6）单击工具栏中的“run”按钮▶，将应用程序运行到移动设备中。

经验分享

设置视频播放路径的语句如下。

```
videoView.setVideoURI(Uri.parse("android.resource://"+getPackageName()+"/"
+R.raw.a1));
```

播放的语句是“videoView. start();”。

停止的语句是“videoView. stopPlayback();”。

添加视频进度条的语句如下。

```
MediaController medis =new MediaController(MainActivity.this);
                                                  //显示控制条
   videoView.setMediaController(medis);//视频加载进度条
   medis.setMediaPlayer(videoView);
   medis.show();
}
```

任务3 设置动态背景

【任务描述】

设计一个简单的登录界面，登录界面是动态背景，如图6-12所示。

（1）打开应用程序时显示动态背景图和音乐。

（2）有相关登录控件的布局。

图 6-12

经验分享

动态背景其实是一个循环播放的视频。在游戏登录界面经常可以看到动态背景，动态背景可以丰富界面。

【操作步骤】

操作视频

（1）打开 Android Studio 软件，新建一个工程。

（2）在项目工程布局里面添加 VideoView 控件和两个 Button 控件、两个 textView 文本显示控件和两个 EditText 控件。程序只需要实现动态背景，所以只需要设置视频显示控件 id 为 videoView，并使用约束布局，如图 6-13 所示。

（3）添加存放资源文件夹，在项目工程目录的 res 文件夹上单击鼠标右键，在弹出的快捷菜单中执行“new”-“Directory”命令，在弹出的“New Directory”对话框中将文件夹命名为 raw，如图 6-14 所示。

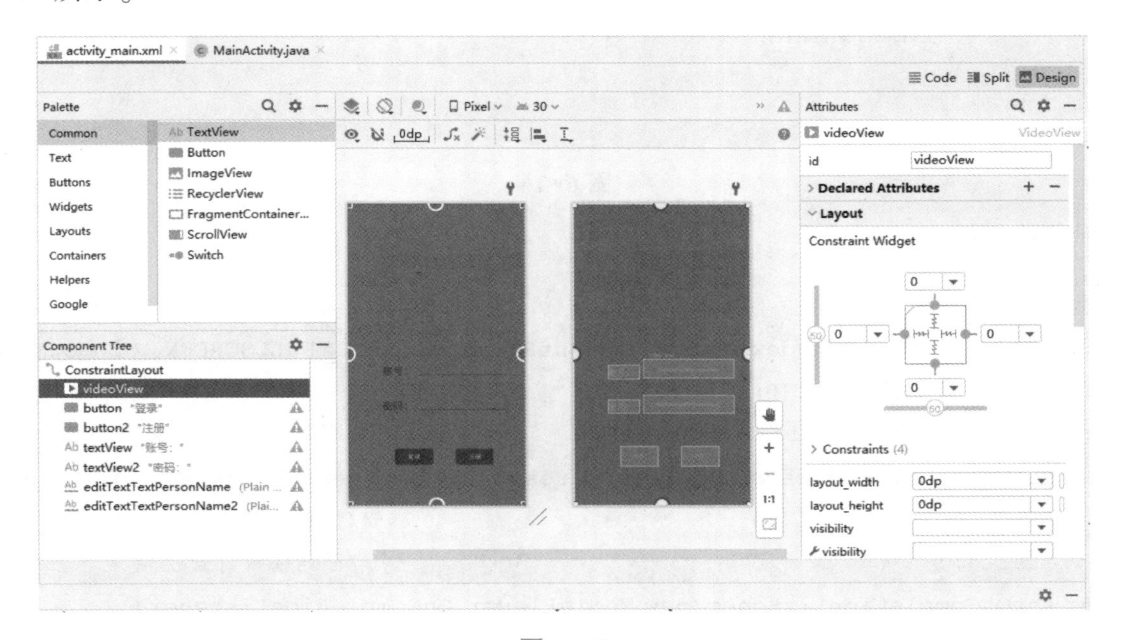

图 6-13

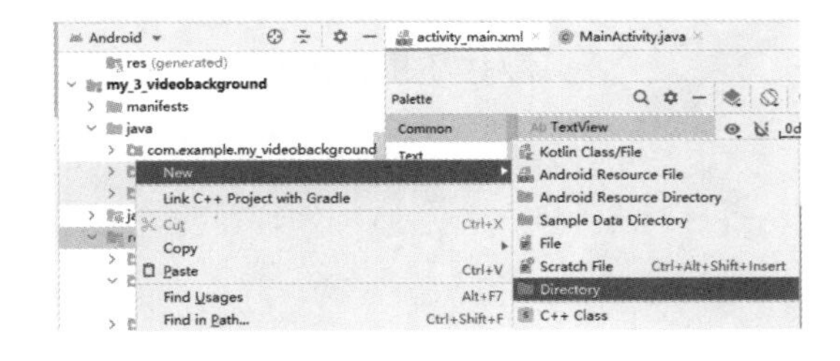

图 6-14

（4）把 a2. mp4 复制到 raw 文件夹中，如图 6-15 所示。

（5）打开 MainActivity. java 文件，声明 videoView 变量，绑定 VideoView 控件 id，设置全屏播放，如图 6-16 所示。

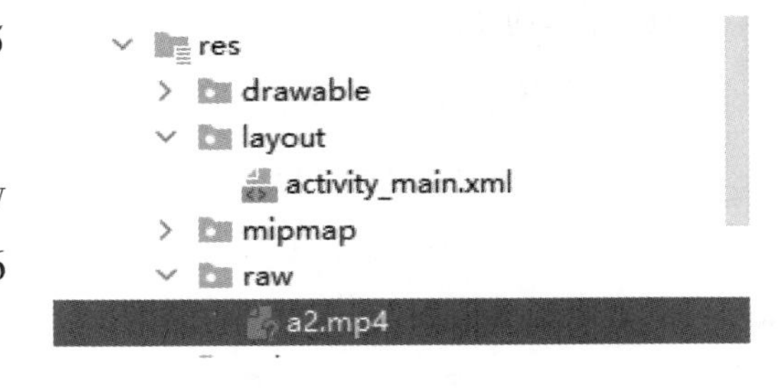

图 6-15

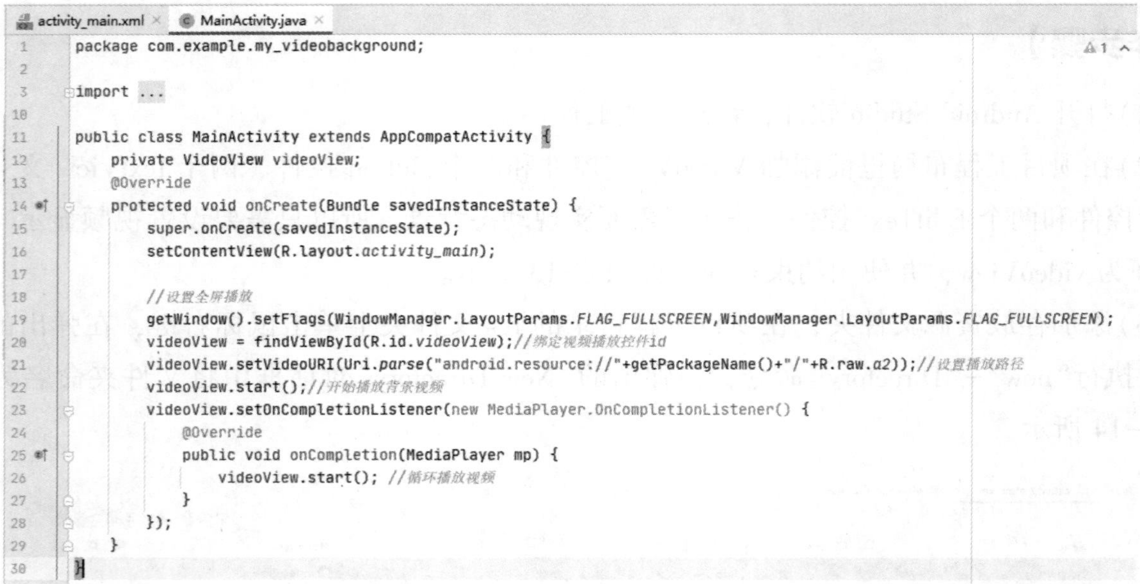

```
1   package com.example.my_videobackground;
2
3   import ...
10
11  public class MainActivity extends AppCompatActivity {
12      private VideoView videoView;
13      @Override
14      protected void onCreate(Bundle savedInstanceState) {
15          super.onCreate(savedInstanceState);
16          setContentView(R.layout.activity_main);
17
18          //设置全屏播放
19          getWindow().setFlags(WindowManager.LayoutParams.FLAG_FULLSCREEN,WindowManager.LayoutParams.FLAG_FULLSCREEN);
20          videoView = findViewById(R.id.videoView);//绑定视频播放控件id
21          videoView.setVideoURI(Uri.parse("android.resource://"+getPackageName()+"/"+R.raw.a2));//设置播放路径
22          videoView.start();//开始播放背景视频
23          videoView.setOnCompletionListener(new MediaPlayer.OnCompletionListener() {
24              @Override
25              public void onCompletion(MediaPlayer mp) {
26                  videoView.start(); //循环播放视频
27              }
28          });
29      }
30  }
```

图 6-16

参考代码如下。

```
//设置全屏播放
getWindow().setFlags(WindowManager.LayoutParams.FLAG_FULLSCREEN, WindowManager.
LayoutParams.FLAG_FULLSCREEN);
videoView = findViewById(R.id.videoView);                //绑定 VideoView 控件 id
videoView.setVideoURI(Uri.parse("android.resource://"+getPackageName()+"/"+R.raw.
a2));                                                    //设置播放路径
videoView.start();                                       //开始播放背景视频
videoView.setOnCompletionListener(new MediaPlayer.OnCompletionListener(){
    @Override
    public void onCompletion(MediaPlayer mp){
        videoView.start();                               //循环播放视频
    }
});
```

（6）运行 run 按钮将应用下载到移动设备中。

经验分享

循环播放视频语句如下。

```
videoView.start();
```

设置全屏播放语句如下。

```
getWindow().setFlags(WindowManager.LayoutParams.FLAG_FULLSCREEN, WindowManager.
LayoutParams.FLAG_FULLSCREEN);
```

任务 4 打电话

【任务描述】

设计一个应用程序，界面上有联系方式，点击号码跳转到拨打电话界面，如图 6-17、图 6-18 所示。

(1) 应用程序上有联系方式。

(2) 点击电话号码跳转到拨打电话界面并自动填入号码。

图 6-17

图 6-18

经验分享

在有些应用程序中，为了方便使用者联系，经常会留有一个电话号码，点击它能直接跳转到拨打电话界面并自动输入号码。

【操作步骤】

操作视频

(1) 打开 Android Studio 软件，新建一个工程。

(2) 在项目工程布局里面添加两个 TextView 控件。程序只需要实现点击电话号码跳转到播打电话界面，所以只需要设置电话号码的 TextView 控件 id 为 textView_phone，并使用约束布局，如图 6-19 所示。

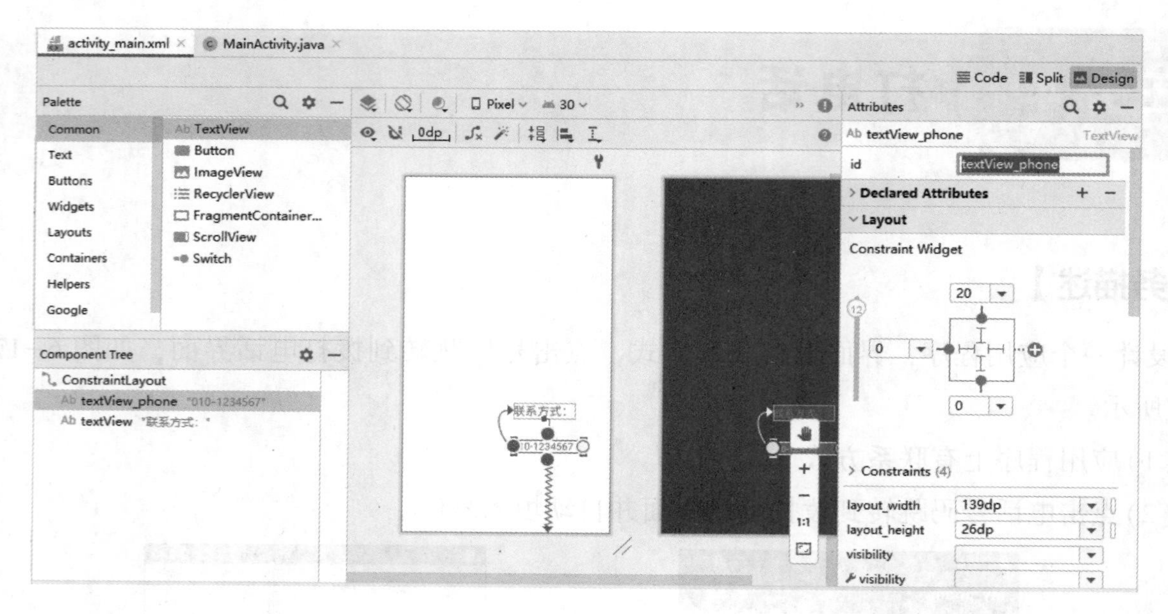

图 6-19

（3）打开 MainActivity. java 文件，绑定 TextView 控件 id，定义意图，并将要拨打的电话号码通过意图发送数据，如图 6-20 所示。

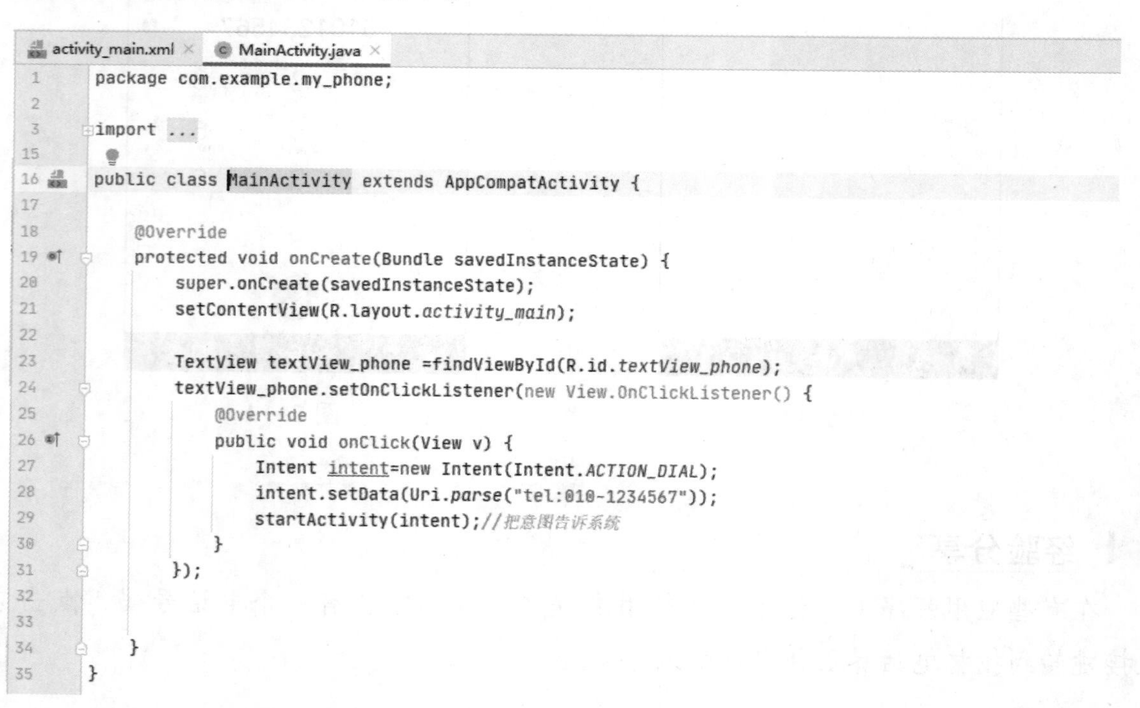

图 6-20

（4）程序调用拨打电话界面需要系统给予权限，打开"manifests"文件夹下的 AndroidManifest. xml 文件，添加访问权限，如图 6-21 所示。

（5）单击工具栏中的"run"按钮▶，将应用程序运行到移动设备中。

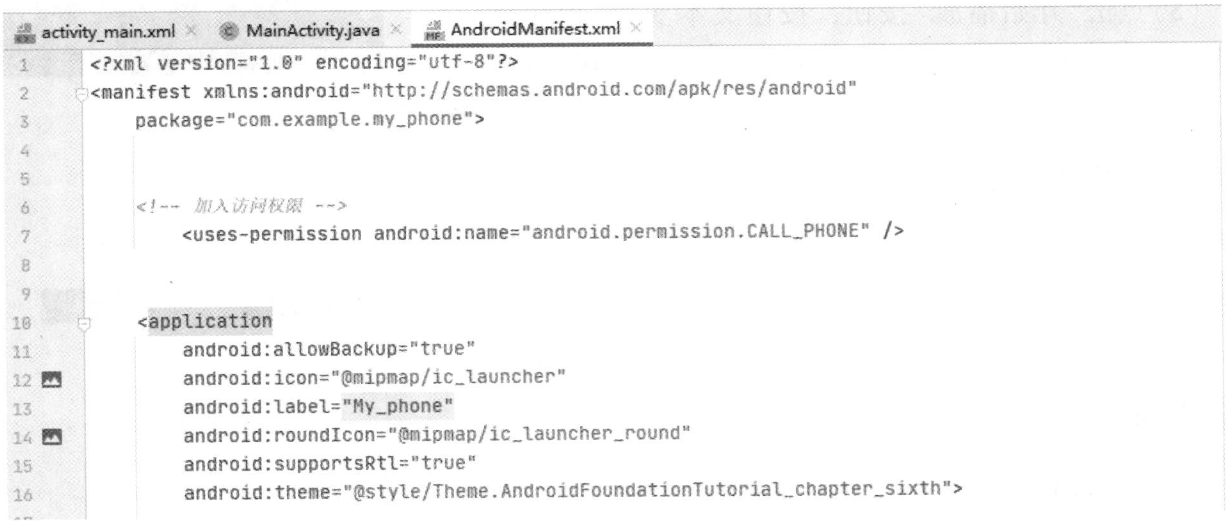

```
1  <?xml version="1.0" encoding="utf-8"?>
2  <manifest xmlns:android="http://schemas.android.com/apk/res/android"
3      package="com.example.my_phone">
4
5
6      <!-- 加入访问权限 -->
7          <uses-permission android:name="android.permission.CALL_PHONE" />
8
9
10     <application
11         android:allowBackup="true"
12         android:icon="@mipmap/ic_launcher"
13         android:label="My_phone"
14         android:roundIcon="@mipmap/ic_launcher_round"
15         android:supportsRtl="true"
16         android:theme="@style/Theme.AndroidFoundationTutorial_chapter_sixth">
```

图 6–21

经验分享

加入访问权限语句如下。

```
<uses-permission android:name="android.permission.CALL_PHONE"/> videoView.start();
```

跳转到拨打电话界面语句如下。

```
Intent intent=new Intent(Intent.ACTION_DIAL);
```

发送自动填充号码语句如下。

```
intent.setData(Uri.parse("tel:010-1234567"));
```

启动意图语句如下。

```
startActivity(intent);
```

任务 5 录音机

【任务描述】

设计一个应用程序，它有录音和播放的功能，如图 6–22 所示。

(1) 应用程序中添加两个按钮。

(2) 点击“开始录音”按钮，按钮文本变为“停止录音”，程序开始录音；再次点击按钮，按钮文本变为“开始录音”，程序停止录音。

(3)点击“开始播放”按钮，按钮文本变为“停止播放”，程序开始播放录音；播放完毕，按钮文本变为“开始播放”。

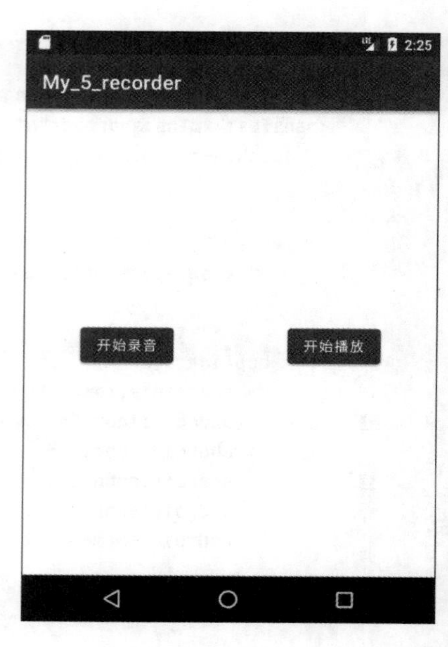

图 6-22

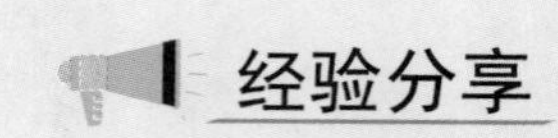

一些聊天软件经常需要用到录音的功能，这里是模拟实现最简单的录音功能。

【操作步骤】

(1)打开 Android Studio 软件，新建一个工程。

(2)在项目工程布局里面添加两个 Button 按钮控件，设置”开始录音”按钮 Button 控件 id 为 button_ play，设置“开始播放”按钮 Button 控件 id 为 button_ stop，并使用约束布局，如图 6-23 所示。

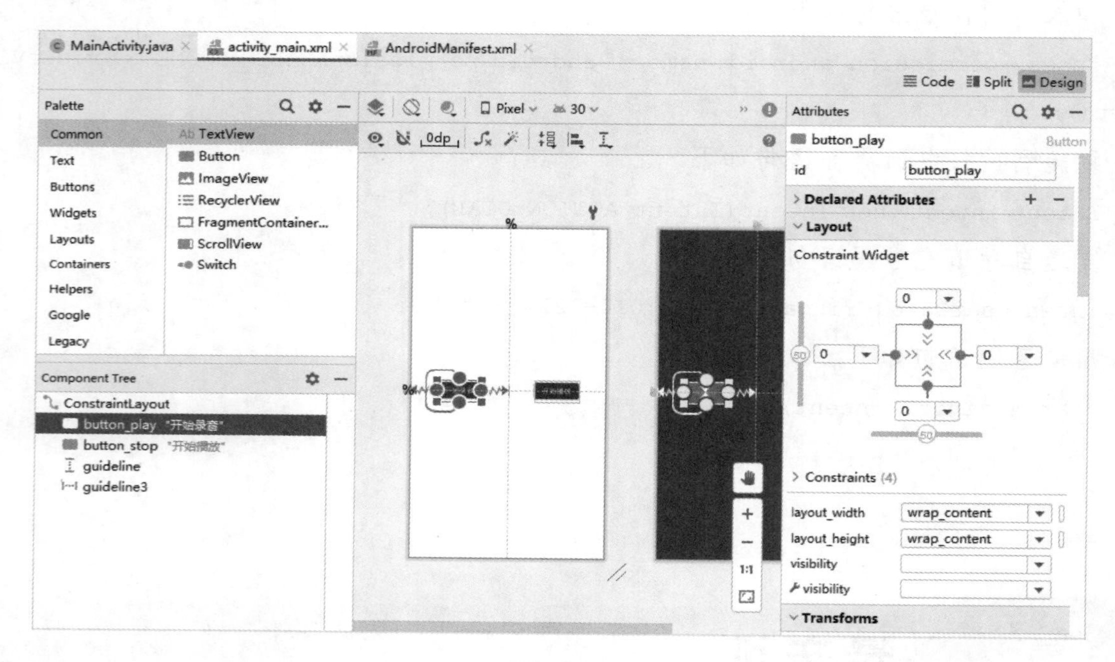

图 6-23

(3)打开 MainActivity. java 文件，定义如下变量，如图 6-24 所示。

```
Button button_record;
Button button_stop;
private boolean mIsRecord_cont = false;          //是否是录音状态
private boolean mIsPlay_cont = false;            //是否是播放状态
private MediaRecorder mRecorder = null;          //录音操作对象
private MediaPlayer mPlayer = null;              //媒体播放器对象
private String mFileName = null;                 //录音存储路径绑定
```

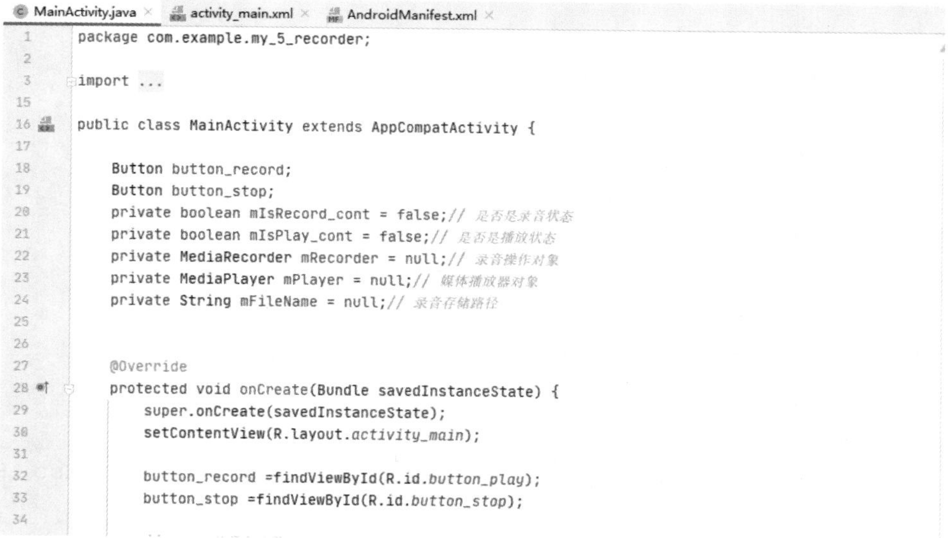

MainActivity.java × activity_main.xml × AndroidManifest.xml ×

```
1   package com.example.my_5_recorder;
2
3   import ...
15
16  public class MainActivity extends AppCompatActivity {
17
18      Button button_record;
19      Button button_stop;
20      private boolean mIsRecord_cont = false;// 是否是录音状态
21      private boolean mIsPlay_cont = false;// 是否是播放状态
22      private MediaRecorder mRecorder = null;// 录音操作对象
23      private MediaPlayer mPlayer = null;// 媒体播放器对象
24      private String mFileName = null;// 录音存储路径
25
26
27      @Override
28      protected void onCreate(Bundle savedInstanceState) {
29          super.onCreate(savedInstanceState);
30          setContentView(R.layout.activity_main);
31
32          button_record =findViewById(R.id.button_play);
33          button_stop =findViewById(R.id.button_stop);
34
```

图 6-24

参考代码如下。

```
Buttonbutton_record;
Button button_stop;
private boolean mIsRecord_cont = false;                    //是否是录音状态
private boolean mIsPlay_cont = false;                      //是否是播放状态
private MediaRecorder mRecorder = null;                    //录音操作对象
private MediaPlayer mPlayer = null;                        //媒体播放器对象
private String mFileName = null;                           //录音存储路径
@Override
protected void onCreate(Bundle savedInstanceState){
    super.onCreate(savedInstanceState);
    setContentView(R.layout.activity_main);
    button_record =findViewById(R.id.button_play);
    button_stop =findViewById(R.id.button_stop);
    // 设置文件保存路径
    if(Environment.getExternalStorageState().equals(Environment.MEDIA_MOUNTED)){
        mFileName=Environment.getExternalStorageDirectory().getAbsolutePath();
        mFileName+="/luying.3gp";
    }
    button_record.setOnClickListener(new View.OnClickListener(){
        @Override
        public void onClick(View v){
            // 判断录音按钮的状态,根据相应的状态处理事务
            button_record.setText("请稍后");
            button_record.setEnabled(false);
            if(mIsRecord_cont){
                mRecorder.stop();                          //录音停止
                mRecorder.release();                       //释放内存
```

```
            mRecorder = null;
            button_record.setText("开始录音");
        } else {
            //新建录音实例
            mRecorder = new MediaRecorder();
            //设置来源
mRecorder.setAudioSource(MediaRecorder.AudioSource.MIC);
            //设置所录制的格式
mRecorder.setOutputFormat(MediaRecorder.OutputFormat.THREE_GPP);
            //设置录制保存位置
            if(mFileName == null){
                Toast.makeText(getApplicationContext(),"没有内存卡",Toast.LENGTH_SHORT).
show();
            } else {
                mRecorder.setOutputFile(mFileName);
            }
            //设置所录制的声音的编码格式
mRecorder.setAudioEncoder(MediaRecorder.AudioEncoder.AMR_NB);
            try {
                mRecorder.prepare();
            } catch(Exception e){
            }
            mRecorder.start();//开始录音
            button_record.setText("停止录音");
        }
        mIsRecord_cont = ! mIsRecord_cont;
        button_record.setEnabled(true);
    }
});
button_stop.setOnClickListener(new View.OnClickListener(){
    @Override
    public void onClick(View v){
        //判断播放按钮的状态,根据相应的状态处理事务
        button_stop.setText("稍等");
        button_stop.setEnabled(false);
        if(mIsPlay_cont){
            mPlayer.release();                                    //媒体释放内存
            mPlayer = null;
            button_stop.setText("开始播放");
        } else {
            mPlayer = new MediaPlayer();                          //新建媒体播放器
            try {
                mPlayer.setDataSource(mFileName);                 //设置多媒体数据来源
                mPlayer.prepare();
```

```
                mPlayer.start();
            }catch(IOException e){
            }
            //播放完成,改变按钮状态
            mPlayer.setOnCompletionListener(new MediaPlayer.OnCompletionListener(){
                @Override
                public void onCompletion(MediaPlayer mp){
                    mIsPlay_cont =!mIsPlay_cont;
                    button_stop.setText("开始播放");
                }
            });
            button_stop.setText("停止播放");
        }
        mIsPlay_cont =!mIsPlay_cont;
        button_stop.setEnabled(true);
    }
});
}
```

(4)程序打开图库需要系统给予权限，打开“manifests”文件夹下的 AndroidManifest.xml 文件，添加如下访问权限代码。

```
<uses-permission android:name="android.permission.RECORD_AUDIO"/>
<uses-permission android:name="android.permission.WRITE_EXTERNAL_STORAGE" />
<uses-permission android:name="android.permission.READ_EXTERNAL_STORAGE" />
```

代码添加位置如图 6-25 所示。

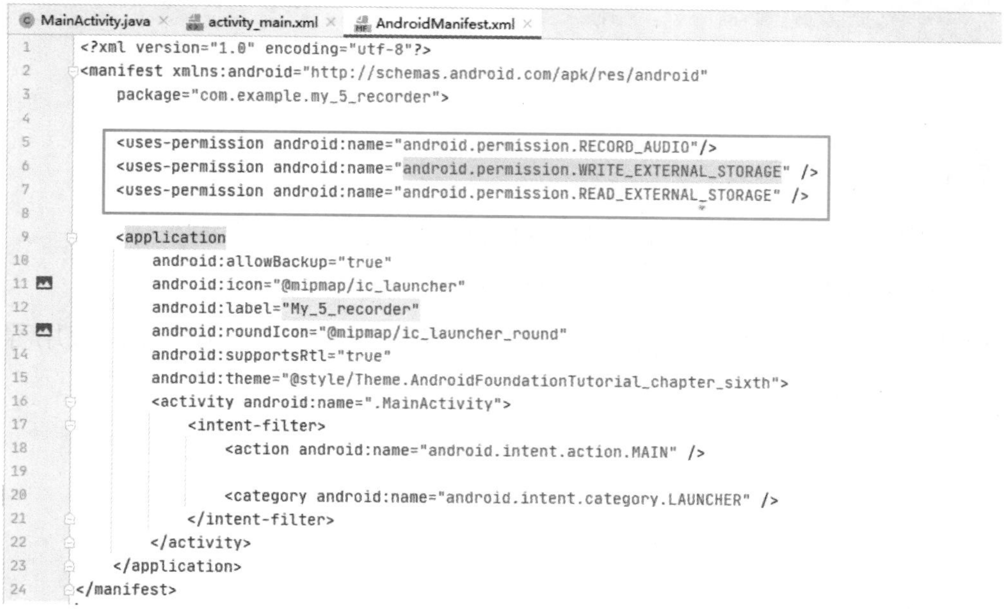

```
MainActivity.java × | activity_main.xml × | AndroidManifest.xml ×
1  <?xml version="1.0" encoding="utf-8"?>
2  <manifest xmlns:android="http://schemas.android.com/apk/res/android"
3      package="com.example.my_5_recorder">
4
5      <uses-permission android:name="android.permission.RECORD_AUDIO"/>
6      <uses-permission android:name="android.permission.WRITE_EXTERNAL_STORAGE" />
7      <uses-permission android:name="android.permission.READ_EXTERNAL_STORAGE" />
8
9      <application
10         android:allowBackup="true"
11         android:icon="@mipmap/ic_launcher"
12         android:label="My_5_recorder"
13         android:roundIcon="@mipmap/ic_launcher_round"
14         android:supportsRtl="true"
15         android:theme="@style/Theme.AndroidFoundationTutorial_chapter_sixth">
16         <activity android:name=".MainActivity">
17             <intent-filter>
18                 <action android:name="android.intent.action.MAIN" />
19
20                 <category android:name="android.intent.category.LAUNCHER" />
21             </intent-filter>
22         </activity>
23     </application>
24 </manifest>
```

图 6-25

(5)单击工具栏中的“run”按钮▶，将应用程序运行到移动设备中。

经验分享

新建录音实例语句如下。

```
mRecorder = new MediaRecorder();
```

设置录音来源语句如下。

```
mRecorder.setAudioSource(MediaRecorder.AudioSource.MIC);
```

设置所录制的格式语句如下。

```
mRecorder.setOutputFormat(MediaRecorder.OutputFormat.THREE_GPP);
```

设置所录制的声音的编码格式语句如下。

```
mRecorder.setAudioEncoder(MediaRecorder.AudioEncoder.AMR_NB);
```

开始录音语句如下。

```
mRecorder.start();
```

录音停止语句如下。

```
mRecorder.stop();
```

释放内存语句如下。

```
mRecorder.release();
```

任务6 获取本地图片

【任务描述】

设计一个应用程序实现添加头像功能，如图 6-26、图 6-27 所示。

(1)应用程序中添加图片显示控件和按钮控件。

(2)点击“打开图片”按钮，程序跳转到图库，点击图片返回应用程序，应用程序显示刚刚选中的图片。

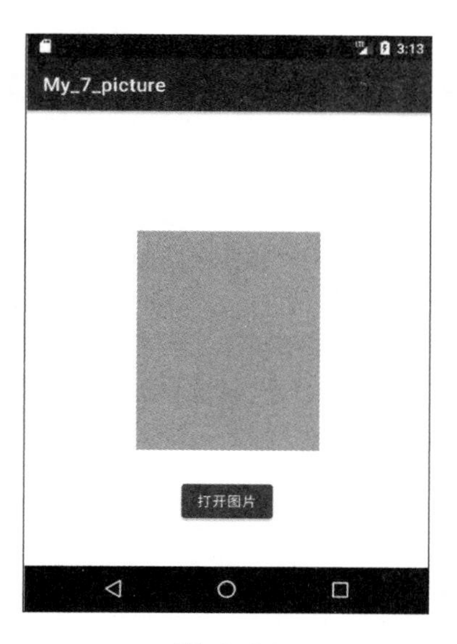

图 6-26

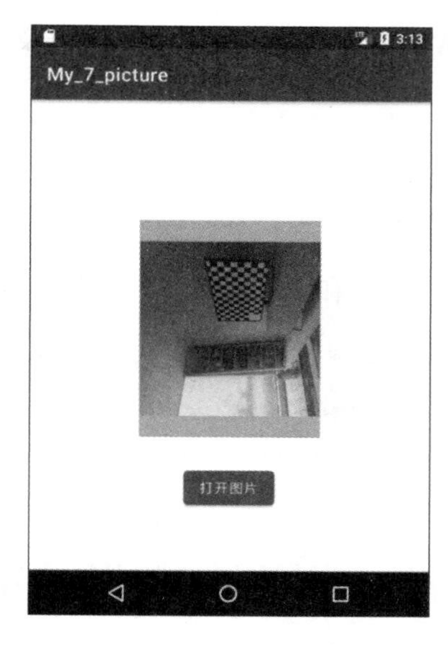

图 6-27

经验分享

在一些应用程序中，有需要从图库里面添加相片的功能，如设置头像、保存一些佐证图片等。

【操作步骤】

（1）打开 Android Studio 软件，新建一个工程。

（2）在项目工程布局里面添加 ImageView 控件和 Button 控件，并使用约束布局，如图 6-28 所示。

操作视频

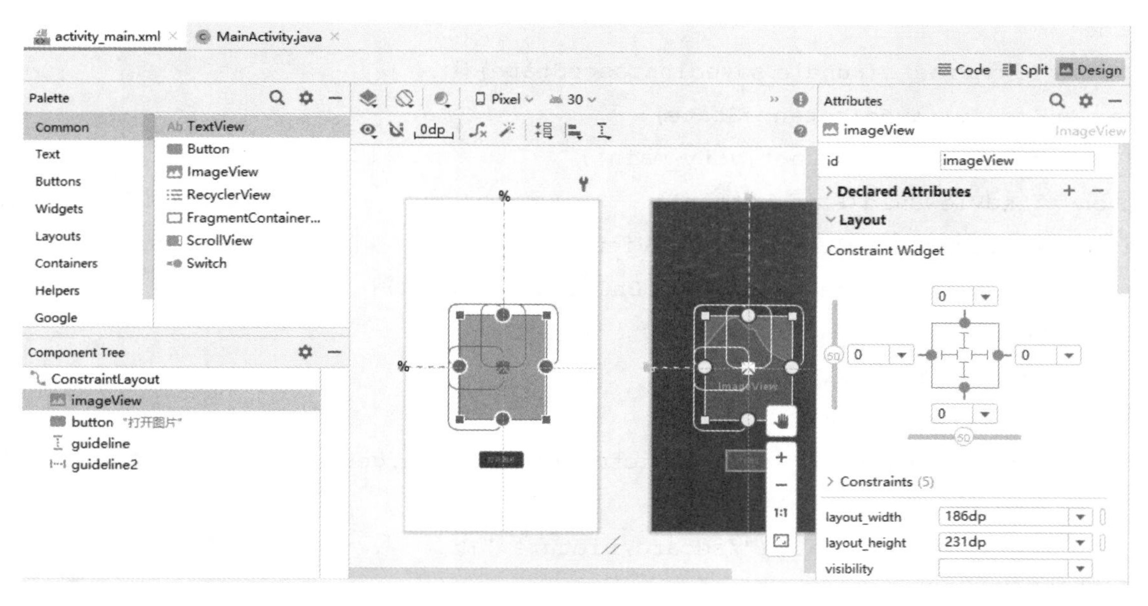

图 6-28

（3）打开 MainActivity. java 文件，定义如下变量。

```
ImageView imageView;
Button button;
private File tempFile;
```

绑定 imageView 和 button 对应的控件 id，如图 6-29 所示。

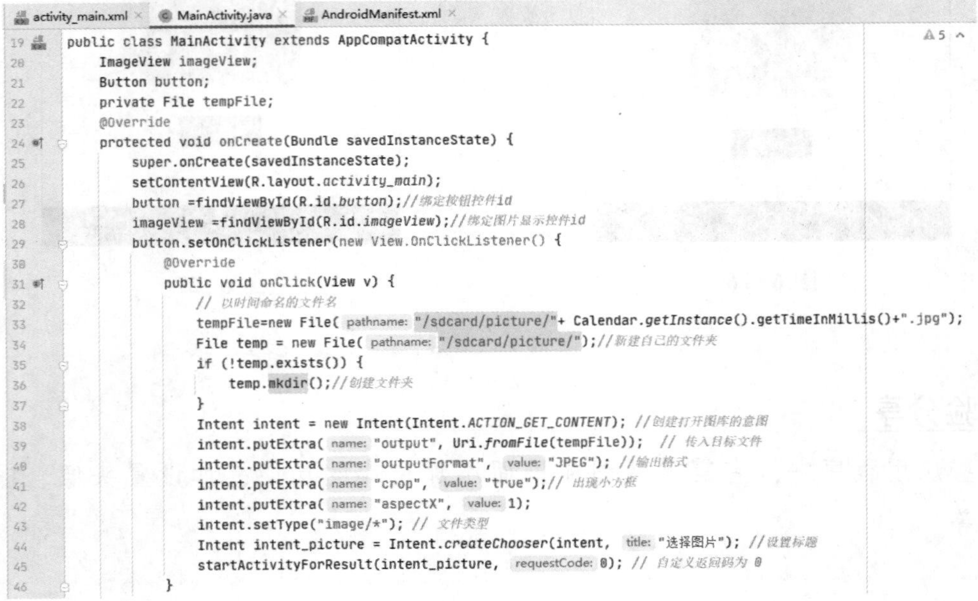

```
activity_main.xml × | MainActivity.java × | AndroidManifest.xml ×
19  public class MainActivity extends AppCompatActivity {
20      ImageView imageView;
21      Button button;
22      private File tempFile;
23      @Override
24      protected void onCreate(Bundle savedInstanceState) {
25          super.onCreate(savedInstanceState);
26          setContentView(R.layout.activity_main);
27          button =findViewById(R.id.button);//绑定按钮控件id
28          imageView =findViewById(R.id.imageView);//绑定图片显示控件id
29          button.setOnClickListener(new View.OnClickListener() {
30              @Override
31              public void onClick(View v) {
32                  // 以时间命名的文件名
33                  tempFile=new File( pathname: "/sdcard/picture/"+ Calendar.getInstance().getTimeInMillis()+".jpg");
34                  File temp = new File( pathname: "/sdcard/picture/");//新建自己的文件夹
35                  if (!temp.exists()) {
36                      temp.mkdir();//创建文件夹
37                  }
38                  Intent intent = new Intent(Intent.ACTION_GET_CONTENT); //创建打开图库的意图
39                  intent.putExtra( name: "output", Uri.fromFile(tempFile)); // 传入目标文件
40                  intent.putExtra( name: "outputFormat", value: "JPEG"); //输出格式
41                  intent.putExtra( name: "crop", value: "true");// 出现小方框
42                  intent.putExtra( name: "aspectX", value: 1);
43                  intent.setType("image/*"); // 文件类型
44                  Intent intent_picture = Intent.createChooser(intent, title: "选择图片"); //设置标题
45                  startActivityForResult(intent_picture, requestCode: 0); // 自定义返回码为 0
46              }
```

图 6-29

参考代码如下。

```
ImageViewimageView;
Button button;
private File tempFile;
@Override
protected void onCreate(Bundle savedInstanceState){
    super.onCreate(savedInstanceState);
    setContentView(R.layout.activity_main);
    button =findViewById(R.id.button);                          //绑定按钮 Button 控件 id
    imageView =findViewById(R.id.imageView);                    //绑定 ImageView 控件 id
    button.setOnClickListener(new View.OnClickListener(){
        @Override
        public void onClick(View v){
            //以时间命名的文件名
            tempFile=new File("/sdcard/picture/"+Calendar.getInstance().getTimeInMillis()
+".jpg");
            File temp = new File("/sdcard/picture/");           //新建自己的文件夹
            if(! temp.exists()){
                temp.mkdir();                                   //创建文件夹
```

```
        }
        Intent intent = new Intent(Intent.ACTION_GET_CONTENT);   //创建打开图库的意图
        intent.putExtra("output",Uri.fromFile(tempFile));        //传入目标文件
        intent.putExtra("outputFormat","JPEG");                  //输出格式
        intent.putExtra("crop","true");                          //出现小方框
        intent.putExtra("aspectX",1);
        intent.setType("image/* ");                              //文件类型
        Intent intent_picture = Intent.createChooser(intent,"选择图片");//设置标题
        startActivityForResult(intent_picture,0);                //自定义返回码为0
      }
  });
}
@Override
protected void onActivityResult(int requestCode,int resultCode,Intent data){
    super.onActivityResult(requestCode,resultCode,data);
    Uri selectedImage = data.getData();
    try {
        //从文件中提取图片
        Bitmap bitmap = BitmapFactory.decodeStream(this
             .getContentResolver().openInputStream(Uri.parse(selectedImage.toString
())));
        imageView.setImageBitmap(bitmap);                        //显示图片
    }catch(FileNotFoundException e){
        //TODO Auto-generated catch block
        e.printStackTrace();
    }
    }
```

(4)应用程序打开图库需要系统给予权限，打开“manifests”文件夹下的AndroidManifest.xml文件，添加如下访问权限代码。

```
<uses-permission android:name="android.permission.WRITE_EXTERNAL_STORAGE"/>
```

(5)单击工具栏中的“run”按钮▶，将应用程序运行到移动设备中。

经验分享

加入访问权限语句如下。

```
<uses-permission android:name="android.permission.WRITE_EXTERNAL_STORAGE"/>;
```

创建打开图库的意图语句如下。

```
Intent intent = new Intent(Intent.ACTION_GET_CONTENT);
```

任务7 调用摄像头

【任务描述】

设计一个应用程序，实现通过摄像头拍照、保存并显示在界面功能，如图6-30~图6-32。

(1)应用程序中添加图片显示控件和“打开摄像头”按钮控件。

(2)点击“打开摄像头”按钮，程序跳转到照相机，点击拍照保存图片并返回程序，程序显示照相的图片。

> **经验分享**
>
> 在一些应用程序中，需要通过照相识别，此时就需要用到摄像头拍照。

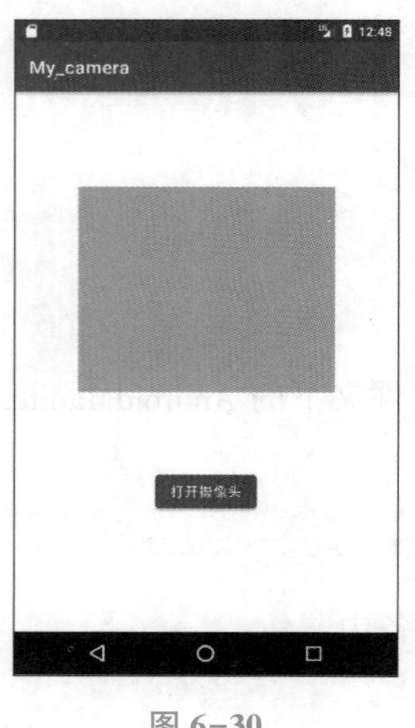

图6-30

图6-31

图6-32

【操作步骤】

(1)打开 Android Studio 软件，新建一个工程。

(2)在项目工程布局里面添加 ImageView 控件和 Button 控件，并使用约束布局，如图6-33所示。

操作视

(3)打开 MainActivity. java 文件，定义如下变量。

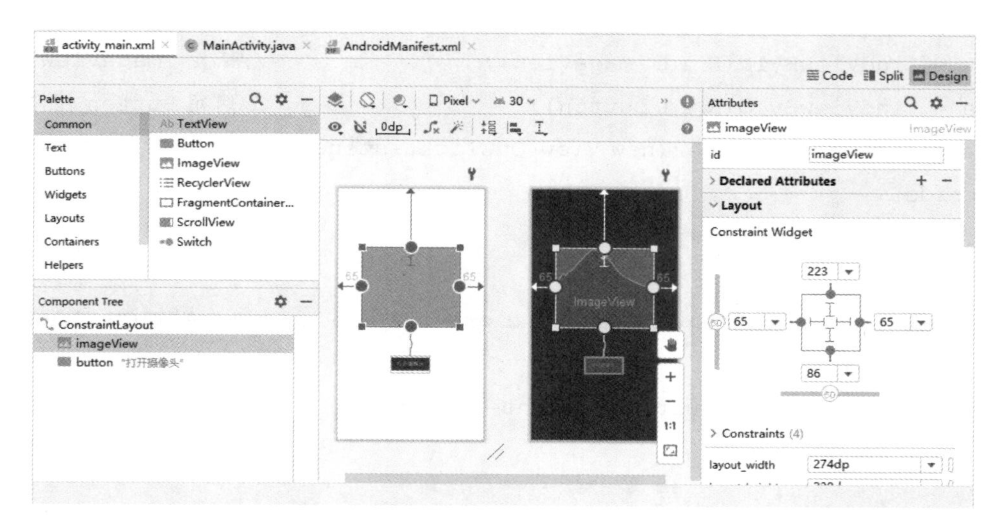

图 6-33

```
private Button btnCamera;
private ImageView imageView;
Intent cameraIntent;
```

绑定 ImageView 控件和 Button 控件 id，如图 6-34 所示。

```
activity_main.xml  MainActivity.java
12  public class MainActivity extends AppCompatActivity {
13      private Button btnCamera;
14      private ImageView imageView;
15      Intent cameraIntent;
16      @Override
17      protected void onCreate(Bundle savedInstanceState) {
18          super.onCreate(savedInstanceState);
19          setContentView(R.layout.activity_main);
20
21          imageView = findViewById(R.id.imageView);//绑定图片显示控件
22          btnCamera = findViewById(R.id.button);//绑定按钮控件
23
24          btnCamera.setOnClickListener(new View.OnClickListener() {
25              @Override
26              public void onClick(View v) {
27                  //新建一个打开摄像头的意图
28                  cameraIntent = new Intent(android.provider.MediaStore.ACTION_IMAGE_CAPTURE);
29                  //启动意图
30                  startActivityForResult(cameraIntent,  requestCode: 0);
31              }
32          });
33      }
```

图 6-34

参考代码如下。

```
privateButton btnCamera;
private ImageView imageView;
Intent cameraIntent;
@Override
protected void onCreate(Bundle savedInstanceState){
    super.onCreate(savedInstanceState);
    setContentView(R.layout.activity_main);
```

```
    imageView = findViewById(R.id.imageView);                    //绑定 ImageView 控件 id
    btnCamera = findViewById(R.id.button);                       //绑定 Button 控件 id
    btnCamera.setOnClickListener(new View.OnClickListener(){
        @Override
        public void onClick(View v){
            //新建一个打开摄像头的意图
            cameraIntent = new Intent(android.provider.MediaStore.ACTION_IMAGE_CAPTURE);
            //启动意图
            startActivityForResult(cameraIntent,0);
        }
    });
}
@Override
protected void onActivityResult(int requestCode,int resultCode,Intent data){
    super.onActivityResult(requestCode,resultCode,data);
    if(requestCode == 0 && resultCode == RESULT_OK){
        Bitmap photo;
        Bundle extras= data.getExtras();                        //从返回的 data 里面获取附加值
        photo =(Bitmap)extras.get("data");                       //从附加值里面获取图片
        imageView.setImageBitmap(photo);                          //显示图片
    }
}
```

（4）应用程序调用摄像头需要系统给予权限，打开“manifests”文件夹下的 AndroidManifest.xml 文件，添加访问权限代码如下。

```
<action android:name="android.media.action.VIDEO_CAPTURE" />
<action android:name="android.media.action.VIDEO_CAMERA" />
```

代码添加位置如图 6-35 所示。

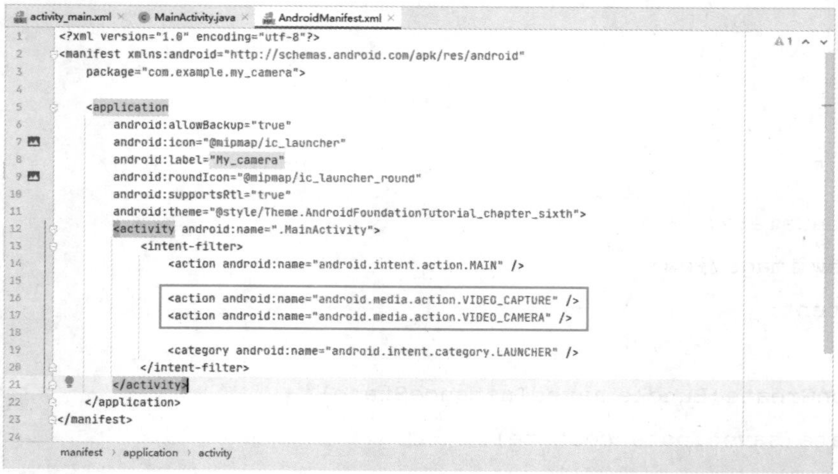

```
activity_main.xml × MainActivity.java × AndroidManifest.xml ×
1  <?xml version="1.0" encoding="utf-8"?>
2  <manifest xmlns:android="http://schemas.android.com/apk/res/android"
3      package="com.example.my_camera">
4
5      <application
6          android:allowBackup="true"
7          android:icon="@mipmap/ic_launcher"
8          android:label="My_camera"
9          android:roundIcon="@mipmap/ic_launcher_round"
10         android:supportsRtl="true"
11         android:theme="@style/Theme.AndroidFoundationTutorial_chapter_sixth">
12         <activity android:name=".MainActivity">
13             <intent-filter>
14                 <action android:name="android.intent.action.MAIN" />
15
16                 <action android:name="android.media.action.VIDEO_CAPTURE" />
17                 <action android:name="android.media.action.VIDEO_CAMERA" />
18
19                 <category android:name="android.intent.category.LAUNCHER" />
20             </intent-filter>
21         </activity>
22     </application>
23 </manifest>
24
manifest › application › activity
```

图 6-35

(5)单击工具栏中的“run”按钮▶，将应用程序运行到移动设备中。

经验分享

加入访问权限语句如下。

```
<action android:name="android.media.action.VIDEO_CAPTURE" />
<action android:name="android.media.action.VIDEO_CAMERA" />
```

创建打开摄像头的意图语句如下。

```
cameraIntent=new Intent(android.provider.MediaStore.ACTION_IMAGE_CAPTURE);
```

任务8 获取当前位置

【任务描述】

设计一个应用程序获取当前位置功能，如图6-36所示。

(1)应用程序添加文本显示控件和“获取当前位置”按钮控件。

(2)点击“获取当前位置”按钮，程序显示所在位置的经度和纬度。

经验分享

在一些应用程序中，经常需要用到位置权限，比如一些地图应用程序。

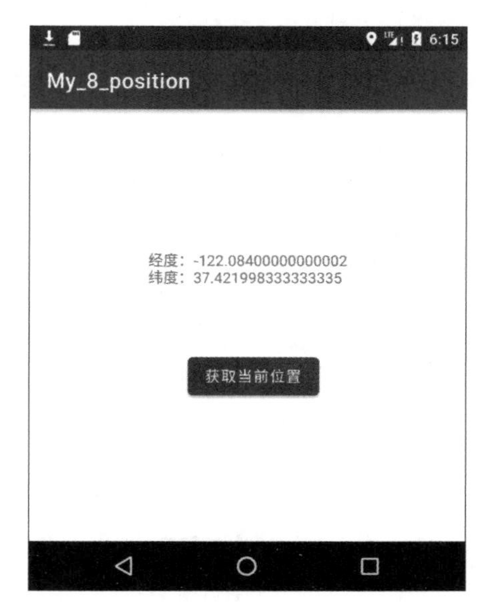

图6-36

【操作步骤】

(1)打开Android Studio软件，新建一个工程。

(2)在项目工程布局里面添加TextView控件和Button控件，并使用约束布局，如图6-37所示。

操作视频

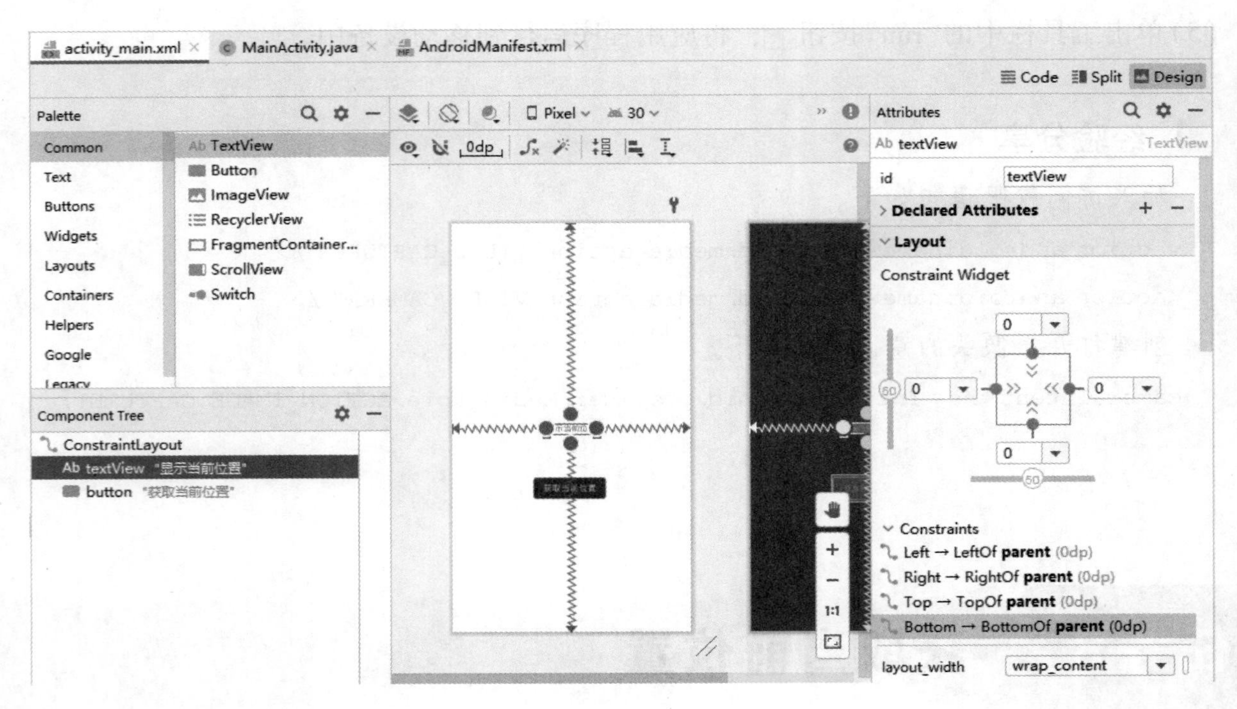

图 6-37

(3)打开 MainActivity. java 文件，定义如下变量。

```
protected LocationManager locationManager;
TextView textView;
```

绑定 TextView 控件和 Button 控件 id，如图 6-38 所示。

```
1   package com.example.my_8_position;
2
3   import ...
23
24  public class MainActivity extends AppCompatActivity {
25      protected LocationManager locationManager;
26      TextView textView;
27      Button button;
28
29      @SuppressLint("MissingPermission")
30      @Override
31      protected void onCreate(Bundle savedInstanceState) {
32          super.onCreate(savedInstanceState);
33          setContentView(R.layout.activity_main);
34
35          textView =findViewById(R.id.textView);//绑定文本显示控件id
36          button =findViewById(R.id.button);//绑定按钮id
37          //需要获取LocationManager的一个实例
38          locationManager = (LocationManager) getSystemService(Context.LOCATION_SERVICE);
39          button.setOnClickListener(new View.OnClickListener() {
40              @Override
41              public void onClick(View v) {
42
43                  locationManager.requestLocationUpdates(
44                          LocationManager.GPS_PROVIDER,
45                          minTimeMs: 1000,
46                          minDistanceM: 1,
```

图 6-38

参考代码如下。

```
protected LocationManager locationManager;
TextView textView;
Button button;
@SuppressLint("MissingPermission")
@Override
protected void onCreate(Bundle savedInstanceState){
    super.onCreate(savedInstanceState);
    setContentView(R.layout.activity_main);
    textView =findViewById(R.id.textView);                  //绑定文本显示控件 id
    button =findViewById(R.id.button);                      //绑定按钮 id
    //需要获取 LocationManager 的一个实例
    locationManager =(LocationManager)getSystemService(Context.LOCATION_SERVICE);
    button.setOnClickListener(new View.OnClickListener(){
        @Override
        public void onClick(View v){
            locationManager.requestLocationUpdates(
                    LocationManager.GPS_PROVIDER,
                    1000,
                    1,
                    new LocationListener(){
                        @Override
                        public void onLocationChanged(@NonNull Location location){
                            //显示当前的经度和纬度
                            textView.setText("经度:"+location.getLongitude()+
                                    "\n 纬度:"+location.getLatitude());
                        }
                    }
            );
        }
    });
}
```

(4)应用程序获取位置信息需要系统给予权限，打开“manifests”文件夹下的 AndroidManifest.xml 文件，添加访问权限代码如下。

```
<uses-permission android:name="android.permission.ACCESS_COARSE_LOCATION"/>
<uses-permission android:name="android.permission.INTERNET"/>
<uses-permission android:name="android.permission.ACCESS_FINE_LOCATION" />
```

代码添加位置如图 6-39 所示。

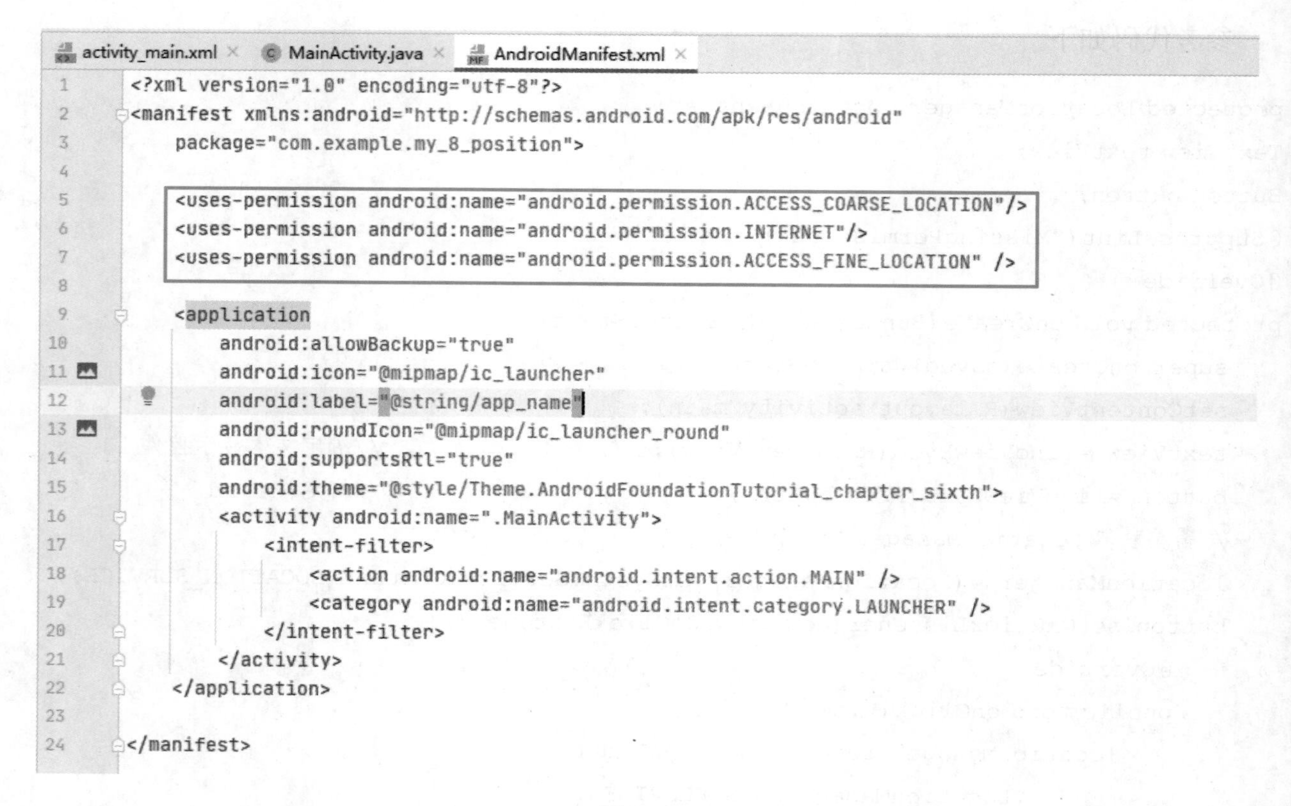

图 6-39

(5)单击工具栏中的“run”按钮▶，将应用程序运行到移动设备中。

经验分享

获取 LocationManager 的一个实例语句如下。

```
locationManager=(LocationManager)getSystemService(Context.LOCATION_SERVICE);
```

显示当前的经度和纬度语句如下。

```
textView.setText("经度:"+location.getLongitude()+"\n 维度:"+location.getLatitude());
```

【单元小结】

本单元在任务设计过程中，讲述了应用 MediaPlayer 实现音频的播放、暂停、停止、释放内存，应用 VideoView 控件与 MediaController 实现视频的播放，实现视频作为背景的效果，打电话，应用 MediaRecorder 实现录音机功能，获取本地图片，调用摄像头，智能定位等技能。

【拓展任务】

训练1　更换头像

【任务描述】

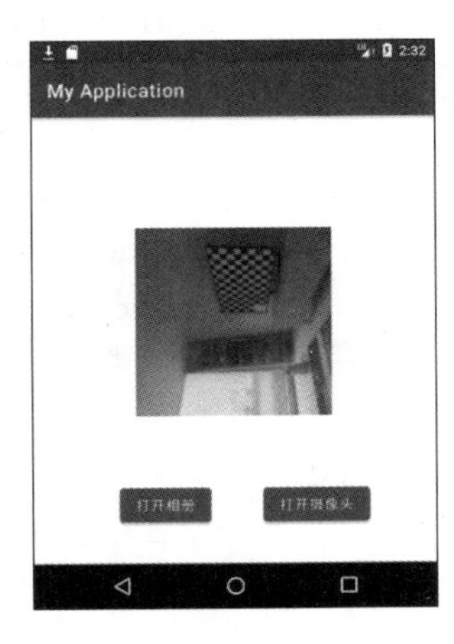

图 6-40

设计一个应用程序，实现添加头像功能，如图 6-40 所示。

(1) 应用程序中添加图片显示控件和两个按钮控件。

(2) 点击“打开相册”按钮，应用程序跳转到图库，点击图片返回应用程序，应用程序显示刚刚选中的图片。

(3) 点击“打开摄像头”按钮，应用程序跳转到照相机，点击拍照并保存图片返回应用程序，应用程序显示照相的图片。

核心代码提示如下。

在 AndroidManifest. xml 文件中添加权限：

```
<uses-permission android:name="android.permission.WRITE_EXTERNAL_STORAGE"/>
```

在 MainActivity. java 文件中添加相关控件代码：

```
//定义相关控件
Button button_picture,button_camera;
ImageView imageView;
private File tempFile;
@Override
protected void onCreate(Bundle savedInstanceState){
    super.onCreate(savedInstanceState);
    setContentView(R.layout.activity_main);
    button_picture=findViewById(R.id.button_picture);
    button_camera=findViewById(R.id.button_camera);
    imageView =findViewById(R.id.imageView);
    button_picture.setOnClickListener(new View.OnClickListener(){
        @Override
        public void onClick(View v){
            //以时间命名的文件名
            tempFile=new File("/sdcard/picture/"+ Calendar.getInstance().getTimeInMillis()+
".jpg");
            File temp = new File("/sdcard/picture/");              //新建自己的文件夹
            if(! temp.exists()){
                temp.mkdir();                                      //创建文件夹
            }
```

```
            Intent intent = new Intent(Intent.ACTION_GET_CONTENT);  //创建打开图库的意图
            intent.putExtra("output",Uri.fromFile(tempFile));       //传入目标文件
            intent.putExtra("outputFormat","JPEG");                 //输出格式
            intent.putExtra("crop","true");                         //出现小方框
            intent.putExtra("aspectX",1);
            intent.setType("image/* ");                             // 文件类型
            Intent intent_picture = Intent.createChooser(intent,"选择图片");//设置标题
            startActivityForResult(intent_picture,1);               //自定义返回码为 0
        }
    });
    button_camera.setOnClickListener(new View.OnClickListener(){
        @Override
        public void onClick(View v){
            //新建一个打开摄像头的意图
            Intent cameraIntent = new Intent(android.provider.MediaStore.ACTION_IMAGE_
CAPTURE);
            //启动意图
            startActivityForResult(cameraIntent,0);
        }
    });
}
@Override
protected void onActivityResult(int requestCode,int resultCode,Intent data){
    super.onActivityResult(requestCode,resultCode,data);
        if(requestCode == 1 && resultCode == RESULT_OK){
        Uri selectedImage = data.getData();
        try {
            //从文件中提取图片
            Bitmap bitmap = BitmapFactory.decodeStream(this
                    .getContentResolver().openInputStream(Uri.parse(selectedImage.
toString())));
            imageView.setImageBitmap(bitmap);                 //显示图片
        } catch(FileNotFoundException e){
            // TODO Auto-generated catch block
            e.printStackTrace();
        }
    }
    if(requestCode == 0 && resultCode == RESULT_OK){
        Bitmap photo;
        Bundle extras= data.getExtras();                      //从返回的 data 里面获取附加值
        photo =(Bitmap)extras.get("data");                    //从附加值里面获取图片
        imageView.setImageBitmap(photo);                      //显示图片
    }
}
```